本书由以下项目资助

国家自然科学基金重大研究计划"黑河流域生态-水文过程集成研究"集成项目
"黑河流域水资源综合管理决策支持系统研究"（91325302）
国家自然科学基金面上项目"极度缺水地区水资源'农转非'的弹性机制与适应性策略研究"
（41671526）

"十三五"国家重点出版物出版规划项目

国家出版基金项目
NATIONAL PUBLICATION FOUNDATION

黑河流域生态－水文过程集成研究

内陆河流域水资源综合管理

吴　锋　邓祥征　著

科学出版社　龙門書局

北　京

内 容 简 介

本书针对干旱区内陆河流域水资源稀缺性、水资源利用效率与水资源生产力开展深入研究,分析水-生态-经济耦合系统的模型研究进展,阐述水-生态-经济耦合系统的互馈作用机制,构建水-生态-经济耦合系统的模型方法体系,并在黑河流域开展应用实践研究。本书重点从流域气候变化、城镇化与产业转型发展、土地利用变化和水资源综合管理四个方面开展情景设计,并基于水-生态-社会经济耦合系统模型开展情景模拟,模拟结果为干旱区内陆河流域的水资源可持续管理提供决策参考。

本书对水文水资源相关的各级政府管理部门具有重要的参考价值,同时也可供相关专业的高等院校学生学习参考。

审图号:CS(2019)5275 号

图书在版编目(CIP)数据

内陆河流域水资源综合管理/吴锋,邓祥征著. —北京:龙门书局,2020.1

(黑河流域生态-水文过程集成研究)

国家出版基金项目 "十三五"国家重点出版物出版规划项目

ISBN 978-7-5088-5646-9

Ⅰ.①内… Ⅱ.①吴… ②邓… Ⅲ.①干旱区-内陆水域-水资源管理-研究-中国 Ⅳ.①TV213.4

中国版本图书馆 CIP 数据核字(2019)第 207951 号

责任编辑:李晓娟 杨逢渤/责任校对:樊雅琼
责任印制:肖 兴/封面设计:黄华斌

科学出版社 龍門書局 出版

北京东黄城根北街 16 号
邮政编码:100717
http://www.sciencep.com

中国科学院印刷厂 印刷

科学出版社发行 各地新华书店经销

*

2020 年 1 月第 一 版 开本:787×1092 1/16
2020 年 1 月第一次印刷 印张:15 3/4 插页:2
字数:370 000

定价:208.00 元
(如有印装质量问题,我社负责调换)

《黑河流域生态-水文过程集成研究》编委会

《内陆河流域水资源综合管理》
委员会

主 笔　吴　锋　邓祥征

成 员　吴晓娟　黄宁钰　张　韬

　　　　孙中孝　刘　宇　姜群鸥

总　序

20 世纪后半叶以来，陆地表层系统研究成为地球系统中重要的研究领域。流域是自然界的基本单元，又具有陆地表层系统所有的复杂性，是适合开展陆地表层地球系统科学实践的绝佳单元，流域科学是流域尺度上的地球系统科学。流域内，水是主线。水资源短缺所引发的生产、生活和生态等问题引起国际社会的高度重视；与此同时，以流域为研究对象的流域科学也日益受到关注，研究的重点逐渐转向以流域为单元的生态–水文过程集成研究。

我国的内陆河流域面积占全国陆地面积 1/3，集中分布在西北干旱区。水资源短缺、生态环境恶化问题日益严峻，引起政府和学术界的极大关注。十几年来，国家先后投入巨资进行生态环境治理，缓解经济社会发展的水资源需求与生态环境保护间日益激化的矛盾。水资源是联系经济发展和生态环境建设的纽带，理解水资源问题是解决水与生态之间矛盾的核心。面对区域发展对科学的需求和学科自身发展的需要，开展内陆河流域生态–水文过程集成研究，旨在从水–生态–经济的角度为管好水、用好水提供科学依据。

国家自然科学基金重大研究计划，是为了利于集成不同学科背景、不同学术思想和不同层次的项目，形成具有统一目标的项目群，给予相对长期的资助；重大研究计划坚持在顶层设计下自由申请，针对核心科学问题，以提高我国基础研究在具有重要科学意义的研究方向上的自主创新、源头创新能力。流域生态–水文过程集成研究面临认识复杂系统、实现尺度转换和模拟人–自然系统协同演进等困难，这些困难的核心是方法论的困难。为了解决这些困难，更好地理解和预测流域复杂系统的行为，同时服务于流域可持续发展，国家自然科学基金 2010 年度重大研究计划"黑河流域生态–水文过程集成研究"（以下简称黑河计划）启动，执行期为 2011~2018 年。

该重大研究计划以我国黑河流域为典型研究区，从系统论思维角度出发，探讨我国干旱区内陆河流域生态–水–经济的相互联系。通过黑河计划集成研究，建立我国内陆河流域科学观测–试验、数据–模拟研究平台，认识内陆河流域生态系统与水文系统相互作用的过程和机理，提高内陆河流域水–生态–经济系统演变的综合分析与预测预报能力，为国家内陆河流域水安全、生态安全及经济的可持续发展提供基础理论和科技支撑，形成干旱区内陆河流域研究的方法、技术体系，使我国流域生态水文研究进入国际先进行列。

　　为实现上述科学目标，黑河计划集中多学科的队伍和研究手段，建立了联结观测、试验、模拟、情景分析以及决策支持等科学研究各个环节的"以水为中心的过程模拟集成研究平台"。该平台以流域为单元，以生态－水文过程的分布式模拟为核心，重视生态、大气、水文及人文等过程特征尺度的数据转换和同化以及不确定性问题的处理。按模型驱动数据集、参数数据集及验证数据集建设的要求，布设野外地面观测和遥感观测，开展典型流域的地空同步实验。依托该平台，围绕以下四个方面的核心科学问题开展交叉研究：①干旱环境下植物水分利用效率及其对水分胁迫的适应机制。②地表－地下水相互作用机理及其生态水文效应。③不同尺度生态－水文过程机理与尺度转换方法。④气候变化和人类活动影响下流域生态－水文过程的响应机制。

　　黑河计划强化顶层设计，突出集成特点；在充分发挥指导专家组作用的基础上特邀项目跟踪专家，实施过程管理；建立数据平台，推动数据共享；对有创新苗头的项目和关键项目给予延续资助，培养新的生长点；重视学术交流，开展"国际集成"。完成的项目，涵盖了地球科学的地理学、地质学、地球化学、大气科学以及生命科学的植物学、生态学、微生物学、分子生物学等学科与研究领域，充分体现了重大研究计划多学科、交叉与融合的协同攻关特色。

　　经过连续八年的攻关，黑河计划在生态水文观测科学数据、流域生态－水文过程耦合机理、地表水－地下水耦合模型、植物对水分胁迫的适应机制、绿洲系统的水资源利用效率、荒漠植被的生态需水及气候变化和人类活动对水资源演变的影响机制等方面，都取得了突破性的进展，正在搭起整体和还原方法之间的桥梁，构建起一个兼顾硬集成和软集成，既考虑自然系统又考虑人文系统，并在实践上可操作的研究方法体系，同时产出了一批国际瞩目的研究成果，在国际同行中产生了较大的影响。

　　该系列丛书就是在这些成果的基础上，进一步集成、凝练、提升形成的。

　　作为地学领域中第一个内陆河方面的国家自然科学基金重大研究计划，黑河计划不仅培育了一支致力于中国内陆河流域环境和生态科学研究队伍，取得了丰硕的科研成果，也探索出了与这一新型科研组织形式相适应的管理模式。这要感谢黑河计划各项目组、科学指导与评估专家组及为此付出辛勤劳动的管理团队。在此，谨向他们表示诚挚的谢意！

2018 年 9 月

前　言

　　水资源系统是一个动态、多变、非平衡与开放耗散的"非结构化"或"半结构化"系统，不仅涉及与水相关的自然生态系统，而且与经济社会乃至法规制度等有着密切的联系，因此水资源综合管理是流域可持续管理的重要研究方向。社会经济系统已成为影响流域水循环的重要因素，传统的水资源管理模式与理念亟待升级，对有限的水资源在生产、生活与生态之间进行高效配置，缓解流域水资源的社会经济系统生产功能与生态系统服务功能不平衡的问题，维持流域可持续发展。将社会经济耗水与生态需水作为建设"水-生态-经济"耦合系统的"总阀门"，把流域作为建设"水-生态-经济"耦合系统的主轴线，研究现状条件下的各类用水结构、水资源的利用效率，推求合理的产业布局，探索适合本地区的社会经济发展规模和发展方向。分析预测未来居民生活水平提高、产业发展及生态环境保护等不同情景下的水资源需求；研究空间显性的社会经济数据制备、多主体博弈的智能决策模拟等问题，在空间尺度上最优化地动态配置水资源以产生生态、经济与社会综合效益；综合考虑气候变化、土地利用规划、社会经济发展中长期预测定制不同的情景方案，开展情景驱动模型预测流域"水-生态-经济"耦合系统的演变规律成为水资源系统研究的重点方向。

　　水资源管理可以促进水资源的高效循环、有序开发、合理配置、公平分配与可持续利用，确保水资源供给能够长期满足人类生存、生活及生产消耗与生态环境保育的需水诉求。我国干旱地区内陆河流域总面积229.2万km²，占国土面积的23.9%，仅有全国5%的水资源，具有独特的地理位置和自然特征，人口增长与社会经济发展给区域水资源稀缺造成了更大压力，存在生态环境严重退化等问题。急需建立科学合理的可持续水资源管理模式，才能有效缓解内陆河流域日益恶化的生态环境和持续增长的社会经济用水之间的矛盾，实现干旱与半干旱区流域"水-生态-经济"耦合系统的协同与可持续发展。以流域为单元对水资源实行综合管理，是实现资源开发与环境保护相协调的最佳尺度。流域综合管理模式从水的自然属性出发，不仅能较好地维护流域的整体性，也能同时保持流域水生态系统的整体服务功能发挥，确保流域经济效益、社会效应与生态效应目标的整体实现，为流域水资源综合管理提供决策参考。

　　本书以黑河流域作为干旱与半干旱区内陆河流域的案例，研究生态-水文过程演化与社会经济系统模式的耦合机制，构建流域、区县与灌区三个尺度的水资源优化配置模型，解析水资源供需变化与社会经济系统状态的相互作用机制，全书共分为 9 章。第 1 章阐述我国干旱区与半干旱区水资源问题，并对内陆河流域水资源危机的研究进展进行梳理；第 2 章介绍流域尺度的"水–生态–经济"耦合系统的建模理论方法；第 3 章在建模理论的基础上，构建以权衡生态–经济用水的区域可持续发展为目标的流域"水–生态–经济"耦合系统模型；第 4 章介绍嵌入水土资源要素型投入产出表的编制方法等，并解析流域产业用水特征与变化驱动因素；第 5 章模拟黑河流域在气候变化情景下水资源变动对社会经济系统的影响；第 6 章预测黑河流域城镇化与产业转型发展情景下非农用水变化特征；第 7 章开展黑河流域未来土地利用变化模拟，分析土地利用变化情景下的流域水资源供需矛盾，并为流域水资源管理提供了情景方案；第 8 章探讨黑河流域的水资源综合管理制度；第 9 章则在前 8 章的基础上，对干旱地区内陆河流域水资源综合管理的研究提出建议与展望。各章的作者为：

第 1 章　邓祥征

第 2 章　吴　锋、张　韬、吴晓娟

第 3 章　吴　锋、孙中孝、刘　宇

第 4 章　邓祥征、刘　宇、吴　锋

第 5 章　吴　锋、黄宁钰

第 6 章　吴　锋、刘　宇

第 7 章　姜群鸥、黄宁钰

第 8 章　吴　锋、黄宁钰

第 9 章　邓祥征

全书由吴锋与邓祥征负责统稿、审定，并由吴锋进行核对。本书涉及内容广泛，兼具地理科学、宏观经济学、水文水资源学、资源经济管理学等多学科交叉研究的成果。同时，在此感谢研究生吴晓娟与黄宁钰同学在统稿过程中给予的帮助与协作。短时间内完成这样的研究，加上作者的知识水平有限，难免出现纰漏和不足。敬请有关专家和同仁批评指正。

作　者

2019 年 7 月

目　　录

总序

前言

第1章　干旱与半干旱区内陆河流域的水资源危机 ························· 1

　　1.1　干旱与半干旱区的水资源问题解析 ·························· 1

　　1.2　流域水资源综合管理概述 ····························· 12

　　1.3　内陆河流域水资源危机的研究进展 ···················· 27

第2章　流域水-生态-经济耦合系统建模理论 ····················· 37

　　2.1　流域水-生态-经济耦合系统模型框架设计 ··············· 37

　　2.2　流域水-生态-经济耦合系统模型介绍 ··················· 46

第3章　流域水-生态-经济耦合系统建模实践 ····················· 68

　　3.1　水资源 CGE 模型构建 ·························· 68

　　3.2　水资源-经济社会系统集成模型（WESIM） ·············· 74

第4章　WESIM 模型社会经济数据库构建——以黑河流域为例 ··········· 102

　　4.1　县级投入产出表的编制 ····················· 102

　　4.2　嵌入水土资源要素的投入产出表编制 ·············· 117

　　4.3　基于投入产出表的产业用水特征分析 ·············· 122

　　4.4　投入产出表输入 WESIM 模型的数据制备 ·············· 131

第5章　气候变化情景下的内陆河流域水资源变动的社会经济影响——以黑河流域
　　　　为例 ····································· 134

　　5.1　未来气候变化情景参数的遴选 ·················· 134

　　5.2　服务于区域气候模式模拟的土地利用/覆被数据制备 ·········· 138

　　5.3　未来气候变化情景的区域气候模式动力降尺度模拟 ·········· 143

　　5.4　气候变化情景的水文胁迫模拟分析 ·············· 148

　　5.5　气候变化胁迫的水资源对社会经济系统影响与配置 ·········· 152

第6章　城镇化与产业转型发展情景下非农用水预测——以黑河流域为例 ······· 157

　　6.1　城镇化与社会经济发展情景下的产业用水需求分析 ·········· 157

　　6.2　产业转型方案与水资源调控措施的适应性管理研究 ·········· 166

6.3　区域产业用水需求驱动效应分解 ……………………………………… 177

第7章　土地利用变化情景下的流域水资源供需矛盾模拟——以黑河流域为例 ……… 181

7.1　社会经济情景下的土地利用结构模拟 ………………………………… 181

7.2　未来情景下的流域土地利用空间格局模拟 …………………………… 188

7.3　土地利用变化情景下的水资源供需矛盾分析 ………………………… 196

第8章　内陆河流域的水资源综合管理制度分析——以黑河流域为例 …………… 200

8.1　黑河流域的水资源管理制度研究 ……………………………………… 200

8.2　黑河流域的水价调控效应分析 ………………………………………… 219

第9章　内陆河流域水资源综合管理研究展望 ……………………………………… 229

参考文献 …………………………………………………………………………………… 231

索引 ………………………………………………………………………………………… 241

第1章 干旱与半干旱区内陆河流域的水资源危机

1.1 干旱与半干旱区的水资源问题解析

1.1.1 干旱与半干旱区水资源概况

1.1.1.1 全球干旱与半干旱区水资源概况

全球干旱与半干旱区的定义与划分标准较多。关于干旱与半干旱区的范围和界线，根据不同的研究目的有着不同的划分标准。在划分全球干旱与半干旱区的各种方法中，除了某些如土壤、植被、地貌等非气候因素有重要的参考价值以外，气候方法最为重要。1953年，梅格斯（Meigs）采用桑斯怀特（Thornthwaite）湿润指数来确定地球表面的干旱地区，他把世界干旱地区划分成三类：半干旱区、干旱区与极端干旱区。

世界干旱与半干旱区在除了寒带以外的各气候带都有分布，遍及 50 多个国家与地区。除南极洲外，各大洲干旱与半干旱区的面积合计占陆地面积的 34.9%。其分布情况为：亚欧大陆干旱与半干旱区面积占其陆地面积的 39.6%，主要分布在阿拉伯半岛、中东内陆盆地、伊朗中南部、蒙古国、俄罗斯和中国西北部陆地区域，以及印度部分地区等；欧洲干旱与半干旱区面积很小，仅占欧洲陆地面积的 1.3%；澳大利亚干旱与半干旱区面积占大洋洲陆地面积的 65.7%，主要分布在中部和西部，是世界著名的干旱地区；非洲干旱与半干旱区面积占非洲陆地面积 43.7%，主要分布在北非；北美洲干旱与半干旱区占北美洲陆地面积的 16.6%，主要分布在内陆高原、西部大平原（美国），墨西哥高原和加利福尼亚荒原地区；南美洲干旱与半干旱区面积占南美洲陆地面积的 18.9%，主要分布在西部沿海地区。由此可见，干旱区主要分布于中纬度地带。

1.1.1.2 我国干旱与半干旱区水资源概况

20 世纪 70 年代时，联合国环境与发展大会曾指出水资源短缺将是石油危机之后的人类社会经济发展的另一次资源危机。中国是世界人均水资源最贫乏的国家之一，人均可利用水资源量约为 2100m³。过去 50 年，中国的地表水和水资源总量分别减少了 5% 和 4%（刘宁，2013）。水资源的演化受自然环境演变、气候变化及经济社会发展等过程的综合影响，面临短缺、供需矛盾、环境污染、生态系统退化等突出问题。内陆河流域作为占我国国土面积 1/3 的广大区域，更是水资源短缺区，先天性的水资源短缺加之不合理的利用使得水问题成为内陆河流域社会经济发展和环境保护的关键性问题（Feng et al.，2007）。我国西北与中亚相连的内陆干旱区位于欧亚大陆，是全球最大的一块内陆干旱区。我国的干旱与半干旱区主要集中在西北地区，涉及新疆、青海、甘肃、宁夏及陕西等地，是我国水资源短缺最严重的地区之一。干旱与半干旱区面积约为 250 万 km²，平均年降水量 230mm，其中年降水量少于 400mm 的面积占我国国土总面积的 45%，蒸发能力为降水量的 8～10 倍；水资源总量 1979 亿 m³，占全国水资源总量的 5.84%，可利用水资源量约 1364 亿 m³，人均水资源占有量约为 1573m³，人均和地均水资源占有量分别约为全国人均与地均水平的 68% 和 27%。

中国西北干旱与半干旱区的水资源多分布于内陆河流域，内陆河流域面积约占干旱与半干旱区总面积的 77%。对于内陆河地区，山区面积仅占其总面积的 39%，降水却是平原的两倍以上。平原的干燥度高达 10 以上，为极度干旱地区。我国干旱地区除额尔齐斯河属于北冰洋流域外，其余都是内陆水系。内陆河主要发育在西北和藏北高原地区的封闭盆地内，绝大多数发源于上游多冰川覆盖的山区，单独流入盆地，没有大的统一水系。内陆河由于本身的地理位置、地形、水源补给不同，在其水系发育、分布等方面也存在较大差异。在我国西北部地区，甘肃、新疆和柴达木盆地内陆区属温带、暖温带干旱区，大部分地区降水量不超过 200mm，其内部及周边分布有天山、昆仑山、祁连山等高大山体，降水相对较多，同时有大面积高山冰川发育，众多内陆河发源于此，如塔里木河、黑河、石羊河等。其中，塔里木河是世界第五大内陆河，伊犁河、黑河、疏勒河等都是我国较长的内陆河。据统计，西北干旱区共有大、小内陆河 676 条，其中准噶尔盆地数量最多，占 57.2%；塔里木盆地占 27.1%；青海柴达木盆地与甘肃河西走廊合计占 15.7%。干旱区内陆河大多数是水量小、长度不大的中、小型河流；大型河流不多，却集中了绝大部分水资源量。年径流量超过 10 亿 m³ 的内陆河有 20 条，仅占河流总数的 3%，其径流量却占总径流量的 62.2%；年径流量超过 1 亿 m³ 的河流为 109 条，占 16.1%，其径流量却占总径流量的 90.4%。其余 83.9% 的小河，水量只有 86.65 亿 m³，平均每条河水量仅 0.15 亿 m³ 左右（曲耀光和樊胜岳，2000）。

1.1.2 干旱与半干旱区水资源变化影响因素

随着人类经济社会的快速发展，粗放的生产模式使得人类赖以生存的环境遭受到前所未有的干扰和破坏，使得自然环境要素质量与整体演变路径发生了变化。IPCC 第五次气候变化评估报告指出，1901～2012 年全球地表平均温度升高 0.89℃（0.69～1.08℃），特别是北半球的中高纬度地区的升温显著高于全球平均升温。近半个世纪以来，全球几乎所有地区都经历了升温过程，变暖最快的区域为北半球中纬度地区，而全球最大的干旱与半干旱区分布于此；1980～2010 年期间，每十年增温都要比自 1850 年以来的任何十年增温快。全球气温的持续上升加速了水循环速度，20 世纪中叶以来，极端水文事件的强度和频率也发生了明显变化，导致全球不同尺度的水资源重新分配。由此，以全球变暖为主的气候变化已成为当今全球性的重大环境问题之一。而干旱与半干旱区水资源由于其水循环过程的特殊性，以及以冰雪融水为补给基础的水资源系统，对气候变化（包括人类活动引起的气候变化）更为敏感，其水资源系统对于由气候变化而产生的负面影响的适应调节能力更差、更脆弱。

水资源是干旱与半干旱区的基本保障性自然资源和战略性经济资源，也是制约经济社会发展、生态环境建设的关键因素。气候变化引起的水资源无论在数量上还是时空分布上的变化，都会使干旱区资源开发利用过程中生态保护与经济发展的矛盾更加突出，受气候变暖导致冰雪快速消融和山区降水增加的影响，内陆河流域的山前来水增加，耕地迅速扩展。未来冰川退化与枯水期有导致水资源利用竞争冲突的风险。因此，气候变化对干旱与半干旱区水资源的影响、干旱与半干旱区水资源对全球气候变化的响应与适应方式及未来变化趋势已成为当前国内外研究的焦点问题。

1.1.2.1　我国西北干旱与半干旱区气候变化认识

气候变化通过气温、降水、辐射及二氧化碳浓度等多个路径作用于生态-水文过程，并与下垫面变化共同作用改变地表的产汇流过程。我国西北干旱区的水资源形成、时空分布、水资源补给转化等方面的特点十分鲜明，水循环过程独特，在世界干旱区都具有较强的代表性。因此，以我国西北干旱区作为研究区域，评估气候变化对干旱区水文过程影响具有重要意义。

近年来西北干旱区呈现明显暖湿化趋势，其中冬季增温最快，夏季降水增加速率最大。通过选取西北干旱区 128 个能较为均匀地覆盖整个干旱区的代表观测站点，利用国家气象信息中心提供的均一化气候数据资料，对 1961~2010 年西北干旱区气候变化进行统计分析（姚俊强，2013）。从西北干旱区各年代的年、季气温距平统计（表 1-1）可看出：相对于前 30 年气温平均值而言，20 世纪 90 年代以来，气温增幅显著，进入 21 世纪以来增温幅度更甚，年平均气温增加 1.0℃。说明在全球气候变暖的背景下，西北干旱区的气温全年总体呈变暖趋势，且增暖非常显著。西北地区尽管在过去 200 年气温有变化，但直到近 50 年才呈现出明显变暖趋势。西北干旱区变暖幅度因季节和地域而存在差异。其中，冬季增暖最明显（约 0.50℃/10a），对年平均气温的升高贡献最大，夏季增暖缓慢，春季增暖最小（0.27℃/10a）。空间上，降水量增加趋势从东南向西北递增，新疆北部增加最多（11.70mm/10a），新疆南部（5.80mm/10a）和甘肃走廊（3.20mm/10a）增加最少。

表 1-1　中国西北平均气温的年际变化

时期	1971~2000年均值/℃	气温距平/℃				
		1961~1970年	1971~1980年	1981~1990年	1991~2000年	2001~2010年
春季	9.3	-0.2	-0.2	-0.1	0.4	1.4
夏季	21.3	-0.7	-0.1	-0.1	0.2	0.8
秋季	7.4	-0.8	0	-0.2	0.2	1.1
冬季	-8.7	-1.1	-0.8	0.1	0.7	0.6
全年平均	7.3	-0.5	-0.3	-0.1	0.4	1.0

通过对各站点降水数据的统计及插值运算得出，近50年来，西北干旱区年降水量平均为157mm，大部分站点均少于200mm。其中，塔克拉玛干沙漠和河西走廊是全区降水量最少的地方。从西北干旱区平均降水的年际变化（表1-2）可以看出：相对于前30年平均而言，20世纪80年代开始降水缓慢增加，春季平均降水增长幅度为3.5mm；90年代春季降水增长幅度达11mm，增长显著；2000年以后增长幅度更大，春季平均增加了16.4mm。同时在季节分配上发生了变化，表现为春季降水有逐步增加的趋势，秋季降水增加则比较缓慢。

表1-2　中国西北平均降水的年际变化

时期	1971～2000年均值/mm	降水量距平/mm				
		1961～1970年	1971～1980年	1981～1990年	1991～2000年	2001～2010年
春季	161.7	−18.3	−14.5	3.5	11.0	16.4
夏季	37.9	−3.6	−5.6	2.9	2.9	8.4
秋季	78.6	−5.9	−6.6	−1.1	7.7	1.2
冬季	32.9	−5.4	−1.4	2.8	−1.5	4.9
全年平均	12.9	−4.9	−0.9	−0.9	1.9	5.0

总体来说，近几十年来西北干旱区气候总体呈暖湿化趋势，地面气温呈上升趋势，降水量也有微弱的增幅，但增长的降水不足以抵消升温对冰川消融的影响。

1.1.2.2　冰川消融对干旱与半干旱区水资源的影响

冰雪融水是西北干旱区重要的水资源补给，是山前绿洲赖以生存和发展的重要保证，对维系本区脆弱生态系统及社会经济系统的可持续发展具有重要意义。随着全球变化引起的气温和降水的变化，全球大多数冰川自20世纪以来呈现出明显的退缩状态。我国第二次冰川编目数据表明，新疆冰川冰储量为全国最多，为2155.82±116.60km³，占全国总储量的47.97%；祁连山北坡的冰川融水径流全部汇入河西走廊内陆河的五大水系，从而使甘肃省可利用冰川水资源的冰川达2055条，面积1072.77km²，冰储量53.72km³（刘时银等，2015）。西北干旱区众多内陆河流来源于冰川融水或山区降水，冰川对气候变化反应十分敏感，气温升高导致冰川强烈的消融退缩，使得河流上游冰雪储量减少，冰川融水对河流的补给能力也会随着冰雪储量的减少而降低，进而影响到河流径流量和中下游地区的植被状况。可以看出，受气候变化影响极其敏感的冰川的进退对干旱区水资源和生态环境将产生重大影响。

在气温不断升高的背景下，冰川退缩在西北干旱区呈现强烈的加速趋势。相关研究结果表明，在过去50年，中国西部82.2%的冰川处于退缩状态，冰川面积减少了4.5%（刘时银等，2015）。尤其自20世纪90年代以来，西北干旱区冰川退缩趋势加剧，冰川的退缩数量和幅度都是20世纪以来最多和最大的时期，处在加速退缩和强烈消融过程中。西北干旱区的河川径流对冰川（积雪）的依赖性较强，随着气候变暖和极端气候水文事件的加剧，冰川水资源变化将更为复杂和剧烈。冰川发育、受冰川融水补给较多的河流，可能会在相当长一段时期内，径流量变化处在高位波动。而那些冰川面积小、数量少的流域，会随着温度升高、冰川退缩和冰川水资源量的减少，出现冰川消融拐点，冰川融水量锐减，冰川调剂功能下降，河川径流量变率或因降水异常而增大。冰川消融拐点会使河流水文过程越加复杂，部分流域的冰川处于强烈消融或消融殆尽，已经出现冰川消融拐点，冰川变化对区域水资源的影响也已经凸现。例如，祁连山脉中段的黑河流域，冰川消融导致的面积缩小比例占到了 30%，而近 50 年，加之人类活动影响与用水数量的急剧攀升，该流域分支径流减少了 100 多条；新疆塔里木河、疏勒河等，由于这些年的气温变化使得山区冰川融化，这几年，该流域来自山区的水量增加近 30%。

1.1.2.3 湖泊变化对干旱与半干旱区水资源的影响

内陆湖泊也是干旱区水资源的重要组成部分，是气候变化和波动的最敏感的指示器。降水增加、冰川融水增加与冻土水释放是导致我国西北地区湖泊面积变化的主要因素。2000~2014 年，西北地区湖泊总面积呈整体增加的态势，由 1.58 万 km^2 增加为 1.74 万 km^2（李晓锋等，2018）。以我国最大的内陆淡水湖泊博斯腾湖为例，湖水水位在 1987 年以前呈急剧下降趋势，之后水位持续上升，并在 2002 年达到高峰。究其原因，水位的急剧下降与上升分别是气候变化带来的天然河川径流量减少与开都河径流量持续增加的后果，而这些现象均与气候暖湿化带来的山区降水和冰川消融有关。因此，在内陆河干旱地区湖泊水位的升降、面积的变化对气候变化有重要的指示意义，气温升高不仅影响着湖面蒸发，还通过冰雪消融来调节径流，在一定时期内会抬升湖泊水位和扩大湖泊面积，尽管这种调节是有限的。另外，在全球气候变暖的大背景下，气温升高会加剧湖泊水位的下降和面积的萎缩，湖泊底部大量的含盐沉积物质被暴露出水面，成为新的沙尘暴源地，加剧干旱区的干旱化特征。

湖泊不仅是干旱与半干旱区重要的水资源、气候资源、矿产资源、环境资源，也是重要的生态资产。干旱与半干旱区水系发育的一个特点是河系多发育成为向心水系，河流直接或间接地流向盆地中心。因此，在我国干旱区广泛分布着内陆湖泊，它们是干旱区地表水体的重要存在形态。据统计，我国干旱区有大小湖泊近 400 个，其中，10km^2 以上的有 29 个，10km^2 以下的有 334 个，在我国三大自然区划单元中位居第二（王亚俊和孙占东，2007）。我国干旱区的湖泊主要分布在新疆境内，10km^2 以上的湖泊有 29 个（伊犁河的尾闾巴尔喀什湖在哈萨克斯坦境内除外），其中有 26 个湖泊分布在新疆。小于 10km^2 的湖泊约有 334 个，面积约 622.52km^2，主要分布在新疆和巴丹吉林沙漠。其中，隶属新疆焉耆盆地博湖县境内的博斯腾湖是我国最大的内陆淡水湖，位于中国天山南麓，由大、小两个湖区组成，主要由开都河水补给，是开都河的尾闾湖，又是孔雀河的源地，是中国干旱区唯一的吞吐湖。由于水分蒸发快，又没有淡水流入，所以干旱区内大部分湖泊属于盐湖和咸水湖，且大部分湖泊水资源难以满足工农业生产和人民生活的需要，淡水湖和微咸水湖泊面积不足全国大于 1km^2 的淡水湖泊总面积的 10%，其所在区域面积占全国湖泊面积的四分之一。所以，西北干旱区是湖泊水资源极度匮乏的区域。在水资源的开发利用中，地下水占有特殊并且极其重要的地位。西北干旱区地下水资源年平均总量为 2605.6 亿 m^2，占全国的 31.44%。其中宁夏只有 16.2 亿 m^3，十分稀少，西北干旱区地下水资源分布呈现地区性的显著差异。我国干旱区的地下水特征表现为大流域地下水丰富，但质量较差；小流域地下水量虽少，但质量优，且均为淡水，同时表现出山地地下水质量明显优于盆地平原的特征。沙漠区的地下水补给在学术界仍存争执，一些学者认为，沙丘中存在的水主要来自日常降水；另一部分学者认为，湖泊中的水是在最近一次的冰川活动中积蓄下来的，而陈建生教授团队研究认为祁连山的雪融化后，通过地下深处的断层（即地质上著名的阿尔金断裂带）源源不断地进入沙漠（陈建生等，2006）。

1.1.2.4 社会经济发展对干旱区水资源的压力

人口持续增长、经济持续发展与城镇化率的不断提高等社会经济要素变化也加剧了水资源需求，同时粗放的发展方式也导致部分内陆河流与湖泊的水生态环境问题。据预测，到 2050 年全球将会有 2/3 的人口生活在城市，城市化的不断推进直接导致社会对水资源需求的显著增大。同时，人口数量及其消费需求的增长拉动经济生产规模的不断扩大，同时加大了经济生产的水资源需求，进而出现社会经济用水不断挤压生态用水，三生用水（生态用水、生产用水、生活用水）问题凸显。同时，部分流域农业的快速发展，农业面源污染水环境问题也在加重，水环境污染加剧水资源紧张，加大了干旱区 "水-生态-社会经济" 的矛盾，导致水生态安全面临威胁。干旱区的生态景观格局是由水资源的时空分布所决定的，而水量的时空分布决定了生态系统和社会经济系统的空间配置和功能分区。随着西部大开发战略的实施，西部经济社会快速发展，西北干旱区人工绿洲大面积增加，出现社会经济的重心都向河流中上游转移的趋势，造成下游尾间湖泊萎缩、荒漠河岸林生态系统快速退化。同时西部区域生态旅游产业的发展，区域外部流动人口增加，生态需水与社会经济系统用水的矛盾越发突出。

1.1.2.5 气候变化对西北干旱区水资源安全影响

内陆河流量是干旱区气候变化的晴雨表，气候变暖和极端气候事件的加剧、冰川退缩及冰雪融水的变化，对径流形成及时空变化有重要影响。水安全，是指一个国家或地区乃至全球人类生存发展所需的有量与质保障的水资源，能够可持续维系流域中人与生态环境健康，确保人民生命财产不受水旱灾与水环境污染等损失的能力（夏军等，2011）。水资源安全的本质问题就是水资源的供需平衡。气候变化在未来会带来一系列如河流来水、供水等问题。相关研究表明，近 50 年来西北干旱区东部河流源区径流减少，西部径流增加。西北干旱区的塔里木河、黑河、疏勒河径流均增加；黑河秋季径流增加最快，另两条河流夏季径流增加最快；而石羊河年径流、春季径流和秋季径流分别以 1.5 亿 m^3/10a、0.1 亿 m^3/10a 和 0.8 亿 m^3/10a 的速率下降，夏季径流增加。空间分布上呈现愈往西部的河流年径流量增加愈明显（王玉洁和秦大河，2017）。因此，结合气候变化，开展西北干旱地区来水、供水及需水等不确定性方面的研究显得尤为必要。目前，对干旱区水资源系统进行评估，厘清区域水资源的平衡关系，从机制上认识气候变化对水资源的影响，研制适合于西北区域使用的区域气候与生态-水文过程模型是保障干旱区水资源安全，应对气候变化做出的措施；通过"来水-供水-需水"的社会经济系统用水和需水模型，提出生态与社会经济协同发展的综合策略，预测气候变化与未来社会经济发展的关系，从而提出可保障水资源安全的调控措施。总之，气候变化对西北干旱区极其脆弱的生态水文系统已造成严重影响，未来趋势不容乐观，积极采取应对气候变化的水文和生态系统措施已经刻不容缓。

1.1.3　干旱与半干旱区水资源的管理与利用

干旱区人口和经济规模的持续增长、土地开发规模的扩展，导致生产、生活用水不断挤占生态环境用水，部分地区甚至出现水资源开发利用严重超过最大极限的情况，从而导致生态系统不断恶化，对生态环境造成难以恢复的影响。随着经济的发展，水资源缺乏对经济、环境造成的问题日益突出，我们必须考虑经济发展中水资源的可持续利用问题。世界自然保护联盟水资源项目主任吉尔·博格坎普曾指出，当前世界面临的最大的水危机实质上是水资源管理和利用危机。因此，不断完善和加强水资源管理、保持水资源持续高效利用是解决当前水危机、保障水资源安全的根本所在。

1.1.3.1　干旱与半干旱区水资源管理

水资源管理是水资源行政主管部门运用法律、行政、经济与技术等手段对水资源的分配、开发、利用、调度和保护过程进行管理，以求可持续地满足社会经济发展和改善环境对水的需求的各种活动的总称。水资源管理的根本目的在于促进水资源的有序开发、合理配置、高效利用与公平分配，确保水资源供给能够长期满足人类生存、生活及生产和生态环境建设的需求。具有独特的地理位置和自然特征的干旱区内陆河流域，由于区域生态环境脆弱，水资源基础条件薄弱以及人类活动对水资源的过度开发，存在区域生态环境严重退化等一系列环境经济问题。只有建立起科学合理的水资源管理模式，才能有效缓解流域内日益恶化的生态环境和持续增长的社会经济用水需求之间的矛盾，进而促进水资源的有序开发、优化配置和高效利用，提高水资源利用效率，实现干旱与半干旱区流域"水-生态-社会经济"系统协调可持续发展。

目前，我国干旱与半干旱区水资源开发利用过程中存在以下问题。

水资源的供-需失衡。内陆河流域社会经济发展相对集中在流域的中下游地区，即径流散发区，降水相对稀少，蒸散发量大，绝大多数干旱地区年均降水量只有230mm，年地表蒸发量却是其年降水量的8~10倍，其主要水源是过境地表水。由于流域内径流年内分配不均，地表来水与需水过程极不协调，且流域干流缺乏骨干调蓄工程，客观上加剧了水资源供需矛盾。同时，人口增长以及工农业发展也加速了水资源需求的增长，增加了流域供水压力。水资源先天不足，加上不合理的利用结构，使得水资源供需严重失衡。水资源配置结构不尽合理，内陆河流域用水结构明显不合理，仍以农业用水为主，占总用水量的80%，用水结构优化推进缓慢，导致水资源经济效益低下，加之灌溉农业发展相对粗放，致使农业用水量超过限度，挤占了生态用水。而水资源配置方案和水权制度的完善发展不足，成为农田灌溉用水供给量居高不下的首要原因，受人力、经济成本制约致使节水改造工程难以全面推广，也使灌溉用水需求难以下降。

生态环境恶化之势显著。干旱与半干旱区在没有考虑流域水资源与水生态承载力的情况下过度开发，导致生态环境状况每况愈下。随着人类活动扰动，天然水循环关系的改变，内陆河流域人工绿洲规模的稳定扩大，流域中游区段水资源的大量消耗，致使下游的天然绿洲、河岸林、尾闾湖萎缩，土地沙漠化程度加重。除此以外，水资源短缺，灌溉方式不当和过牧引起土壤沙化、草场退化和灌区盐渍化，已成为西北干旱与半干旱区各内陆河流域下游地带生态退化的集中表现。同时，水体遭受不同程度污染也加快了水生态环境恶化。

水资源管理制度不健全。干旱与半干旱区水资源的开发利用缺乏宏观管控，强调水资源满足工农业发展的需求，而忽略经济发展、产业布局与水资源条件的匹配性；注重资源的开发利用，而对水资源的节约、配置与保护的重视程度相对缺乏；水资源管理在尺度上更倾向于区域管理、分段治理，而流域单元管理意识相对薄弱，上下游、左右岸、不同地区部门之间用水矛盾依然突出。随着流域水污染控制、水资源管理配置与水生态修复等实践工作的不断深入，流域综合管理意识得到不断加强。

针对干旱与半干旱区水资源开发过程中存在的问题，结合我国干旱与半干旱区的水文气象特征，"三条红线"最严格水资源管理方案、流域生态环境综合管理、地表水与地下水联合调度、流域水土资源综合管理与水权动态分配模式已成为内陆河流域水资源管理的普遍模式。

国家推行的"三条红线"最严格水资源管理制度已成为内陆河流域水资源管理的最优模式。2011年，中央明确提出了全国实行最严格的水资源管理制度，为保障水资源可持续利用，在水资源开发利用总量、用水效率以及水功能区限制纳污达标率三个方面划定管理红线。实行"三条红线"控制的水资源管理模式即是将"三条红线"的主要内容贯穿在水资源综合管理的全过程（包括管理理念、管理方法、管理手段、管理体制及管理制度）。实现内陆河流域水资源开发利用的过程和制度管理与设计，制定流域宏观层面的年度用水计划和微观层面的主体用水行为指导，根据内陆河流域经济发展规划与不同部门用水目标，确定供水优先次序，形成流域年度供水计划，实现内陆河流域水资源高效利用，落实流域定额管理制度、水资源调查统计和计量管理制度以及用水效率考核制度，促进流域各部门和区域用水和水资源配置的合理分配，将水资源管理节水意识落实到生产生活的各个环节；实现内陆河流域水资源保护目标，严格控制入河排污总量，落实流域水功能区划管理制度，构建水功能区监测体系，统计入河排污物质和量，完善计量及考核制度和水生态系统保护与修复工作框架，加强水功能区的监测与监控力度，处理好流域水资源开发与保护的关系，切实保证水体功能的良好发挥。目前，内陆河流域结合国家相关政策，依据流域水行政管理区域，制定了近期、中期和长期的水资源开发利用控制目标、用水效率控制目标和水功能区限制纳污目标，为落实最严格水资源管理制度奠定了坚实基础。在强化"三条红线"水资源管理模式下，应注重加强内陆河流域水资源评价、生态环境需水、水资源合理配置与高效利用、水资源需求与过程控制、流域纳污能力计算以及水资源综合保护等方面的研究工作,从而为落实最严格水资源管理制度提供科学依据。

基于生态环境综合管理的内陆河流域水资源管理模式。鉴于内陆河流域水资源不确定性特征及生态环境特点,在进行水资源综合管理时,必须考虑其引起的生态环境效应,确定生态环境综合治理的流域水资源的开发和分配方案,即将水资源作为一种动态因素,考虑其时空分布及内部不同水资源形式间的相互转化,在维护现有流域水资源系统的宏观稳定态及流域生态环境平衡的基础上确定水资源的开发管理方案,对水资源进行统筹安排、系统分配,以获得最大生态环境效益,从而实现水资源管理中恢复和维持生态系统健康发展所需要的水量,从根本上转变内陆河流域生态环境日益恶化的趋势,促进内陆河流域生态环境良性循环。

地表水与地下水联合调度的流域水资源管理模式。我国西北干旱与半干旱区与世界上其他干旱区不同,其由断陷盆地构成,这些高大的山体对截留流动水汽,形成有效降水起了重要作用,同时,高大山体的顶峰终年积雪,并发育了巨大的冰川,为盆地平原的地表径流和地下水提供了可靠的补给水源。地表水–地下水联合调度是为防治水患、保护生态环境、提高地表地下水资源综合利用效益、实现干旱区水资源优化配置而制定的总体措施与安排。通过井渠结合、系统规划与联合调配、人工回灌和抽取地下水等调度模式为内陆河流域水资源的优化利用提供有效措施。研究基于"水–生态–社会经济"耦合的内陆河流域地表水与地下水联合调度管理方法,探讨未来水资源变化的农业适应对策,调节干旱区农业用水和生态用水的矛盾,促进内陆河流域地表水与地下水集成管理与合理配置,在满足保护生态环境的要求和各行业对水资源的需求下,实现水资源的供需平衡和水量的科学分配,从而合理制定联合调度目标和开发治理方案,为生态环境保护、经济结构调整和区域经济发展提供建议。

水土资源综合管理是保障西北干旱与半干旱区绿洲生态环境可持续的必要手段。西北干旱与半干旱区最大特点是土地资源丰富,水资源相对稀缺,水土资源开发不平衡,空间不匹配。经济社会发展用水量大,挤占生态用水。封闭的内陆盆地,干旱的气候条件,决定了生态系统敏感脆弱。生态环境健康发展的前提条件就是水土资源的合理开发利用,以水定土地开发规模,严格控制耕地资源开发规模。内陆河流域开展节水型社会建设,节水出现了水资源总量的反弹效应,节水技术的投入使得用水效率提高,因第二、第三产业用水需求不大,同时政府回购节水用于满足生态需水滞后,刺激耕地规模的不断扩张,未能实现社会经济与生态系统水资源利用的系统跨越和升级,因此总体水资源效率仍然不高。只有实现农业系统向工业和服务业系统的水资源转移,甚至社会经济系统与生态系统之间的转移,才能真正实现流域尺度水资源综合管理的目标。

以优化现状、效率引导、系统分析为原则重新核定与动态水权分配模式。由于单一指标分配模式(如人口模式、汇流面积模式、GDP 模式等),不能全面体现水资源分配原则所富有的精神,容易顾此失彼。因此,选择反映尊重现状用水、公平性、效率性、可持续性和政府宏观调控等五项原则的多指标综合动态分配模式,建立系统的权重指标,自上而下分层细化开展。以县(市、区)社会经济系统用水总量控制指标为约束条件明晰区域生产、生活、生态的用水总量,基于水资源普查信息核算出产业用水信息、产值、规模与技术等现状。基于核算结果，综合考虑区域社会经济产业用水结构、灌溉模式、种植结构、耕地面积等特征，进一步构建灌区（乡镇）水权分配指标体系，在灌区（乡镇）层面开展水权分配。探索节水奖励的递增机制，在确保粮食安全、水资源效率的同时确保水资源的可持续利用。

1.1.3.2 干旱与半干旱区水资源利用与保护

干旱与半干旱区社会经济系统的用水部门较多且用水关系复杂，近年区域主要的用水部门为灌溉用水和工业、林牧渔业用水及生态环境用水等。其中，农田灌溉用水主要指的是研究区干支流沿线各灌区的种植业的作物生长需水，工程调水量指的是通过输水工程向外流域调水以满足研究区周边城市和经济区的供水。此外，西北干旱区有着大片的戈壁荒漠、聚集于河谷的林草区域及湿地、湖泊与绿洲，其周边地区及调水沿线等均是生态问题较为严重的区域。因此，对于干旱与半干旱区，居民生活用水是水资源配置的首要条件，接着在充分考虑到工业、农业用水得以保证的同时，保证流域内生态环境用水至关重要。

根据干旱区内陆河水资源形成、分布与转化的特征，干旱与半干旱区内陆河可以分为径流形成区和径流散失区两部分。径流形成区分布在山区，其中高山冰川和森林带对水资源涵养功能和气候调节功能都具有重要意义，应重点保护；径流散失区分布在平原地区，是水资源开发利用区与人类生产生活的重要聚集区域，因此更容易造成水资源污染和地下水资源的破坏。所以，干旱区水资源的管理与利用应分区进行，根据各自的区域特征制定不同的水资源管理措施，从根本上避免水资源破坏与过度开发引起的生态环境问题。

1. 径流形成区水资源的保护与利用

我国干旱与半干旱地区内陆河的径流形成区基本发源在山区，山区高山带发育冰川与多年积雪，山间带发育有森林，森林带高程以下多为草原植被覆盖，山地垂直地带植被覆盖对水资源多具有调节功能，使内陆河的径流年际变化较雨水补给型河流小得多。

我国西北干旱与半干旱区的山区高山带冰川资源非常丰富，据统计每年提供的平均融水量约 250 亿 m^3，约占西北干旱地区地表径流量的四分之一。干旱地区的冰川不能被山前平原地区直接利用，只有转化为融水补给河流出山后才有意义。冰川在气候干湿冷热及不同年份调节和释放不同数量的融水量，与河流降雨补给成负相关关系，以冰川融水补给为主的内陆河流年水量中的融水和降雨补给成分大体维持在此消彼长的状态，其水量的年际变化相对稳定。但是，冰川并非人类取之不竭的淡水储藏库，它有特定的内在平衡规律和周期性的进退变化。近 50 多年来，气候变暖使我国西北干旱与半干旱区山地冰川退缩显著，面积减少 4.9%（刘时银等，2015）。在目前全球变暖的环境下，开发利用冰川资源要从可持续利用角度出发，保护冰川稳定，同时加强对冰川资源的立法保护。

干旱与半干旱区的山间地带由于具备有利的温度和降水条件，发育有森林，它们具有较强的消减径流、控制水土流失、增加枯水期水量等调蓄河川径流的能力，在干旱与半干旱区发挥着重要的水源涵养功能。对于我国西北干旱与半干旱区而言，祁连山、天山、阿尔泰山的森林发挥着水源涵养、气候调节与固碳的功能，加强国家公园与自然保护地体系建设是保育森林生态功能的有效手段。对于已遭破坏的林区，应采取有效措施尽快退耕还林，恢复和扩大森林面积，以维系干旱区脆弱的生态环境，保护山前平原绿洲。

2. 径流散失区的水资源管理与利用

径流散失区分布在平原地区，是水资源开发利用和人类生产生活的重要聚集区域，人类不当的生活生产方式更容易造成地表水资源污染和地下水资源的破坏。干旱与半干旱区内陆河流域土地、热量资源及其丰富的山前低位山间盆地与山前平原，由于山区"外来"水源注入形成适宜不同类型生物生长、繁育的"自然"与"人工"绿洲。相比于内陆河流域上游山区，"绿洲"核心带既是灌溉农业生产最集中，人口聚集最密集，工业程度最发达，水资源开发利用强度最大的地区，也是地表水与地下水相互转化最强烈的地域。因此，从水资源的合理利用和保护，维持绿洲稳定和维护生态安全，保持变化水文条件下的绿洲适度规模出发，根据内陆河径流散失区的水资源转化和特殊的自然环境特点，以保持地方可持续发展和建立和谐社会为目标，应加强最严格水资源管理制度。

以水权交易制度为基础的水资源市场机制构建是今后水资源管理的发展趋势。而水权的动态分配，则是保证水权制度高效、公平、持续性运行的前提。水权动态分配包含了基于指标体系自下而上的目标权重分配模型和基于目标优化理论自上而下的分配模型两类。自下而上的模型方法能反映多方面的信息，从各个指标向上逐级合并获得总目标的比例权重，可操作性强，但分配方案受人为主观意识的影响较大。而后者从总目标开始向下逐级分解，获得最优解，更具客观性，但难以考虑多方面影响因素，不能全面反映分配原则。自上而下与自下而上结合的系统分析方法是开展水权初始分配的有效手段。制定严格公平的水权交易制度，合理分配上下游用水、三生用水、产业用水水量。在过去的经济社会快速发展阶段，我国干旱与半干旱区内陆河流域因大规模水利工程建设和社会经济的飞速发展，上中游地区"隐性"截留和占用下游地区水源的现象普遍存在，引发的水资源纠纷普遍，已经成为流域内构建和谐社会的重要制约因素。因此，根据各地的历史与现实，对有限的水资源进行公平、合理、科学的分配，并以法律形式对交易加以规范十分必要。上下游地区再根据自身的社会经济发展特征，在水资源约束下制定科学合理的社会经济发展和生态环境保护规划，促进地方经济、社会和生态环境的和谐发展。同时，国家、地方相关部门和研究单位应尽快制定和建立生态补偿机制，明确"水权""生存权""发展权"之间的利益关系，给予生态脆弱区更多的生存、发展机会和空间，同时制定严格的区域水资源保护法律法规，从根本上避免生态脆弱区为发展经济而破坏生态环境。

合理开发利用和保护地下水资源关系干旱与半干旱区水资源可持续利用。对于干旱与半干旱区的内陆河流域来说，地下水的合理开发和保护，包括数量和质量两个方面，数量上不超采，质量上不污染，保持适于生活饮水和农业灌溉的相关标准。因此，在数量方面，在流域大规模开采利用地下水之前，必须首先对流域地下水资源的形成、转化、补给、排泄、运动等方面进行深入研究，做好地下水开采的空间布局、范围、数量和上下游分水等方面的详细规划，根据地表水"丰平枯"的不确定性，实时开展地下水的回补，进行科学、合理、适度地开发，并按《中华人民共和国水法》（2016 年）（以下简称新《水法》）与"三条红线"的严格管理制度，进行动态监测。从质量角度而言，应保护地下水免遭污染，严控工业企业的非法排污。干旱区内陆河具有两个特点：一是地表水会一次或多次进行"地表水—地下水—地表水"循环转化过程，最后在尾闾结束；二是河流不与海相通。所以，河流水中的溶解和污染物最终沉积于低洼地区尾闾湖或者荒漠区。随着社会经济结构调整、工业化与城镇化进程加速，工业和生活废污水的排放量越来越大，种类也会越来越多，对水环境污染的威胁将越来越大。因此，制定相关法律规范水污染活动刻不容缓。一是应根据内陆盆地是闭流区、水资源稀缺、污染物质无法外排等特点，尽快建立保护水资源的地方法律法规，杜绝地下水资源遭受污染；二是要明确干旱内陆河流域地区经济发展过程中，不宜增设排污量大、污染严重的工业项目。对于必要的工业项目，废污水必须经过严格净化处理，达标排放标准，个别污染物质难以处理的，应建专门的高标准防渗渠道或管道，越过绿洲区排往将来不拟或不能利用的戈壁和沙漠中去。

1.2 流域水资源综合管理概述

经过几个世纪的不断探索，国内外流域水资源管理取得了长足进步。以流域为单元进行水资源综合管理，已为许多国际组织所接受和推荐（Warner et al., 2008）。国际上从可持续发展和水资源优化管理的角度出发，形成了流域水–生态–社会经济耦合研究的框架思路。该框架思路着重建立以水权、水市场理论为基础的水资源管理体制，以期提高水资源利用效率，促进经济、资源、环境协调发展，促使公众参与的流域尺度水文、生态、经济综合的流域水资源集成管理步入实质性的研究阶段（Said et al., 2006；Alcamo et al., 2007）。

集成流域管理的代表性工作之一体现在 2000 年底欧盟实施的水框架指令（WFD）的颁布。它的总体目标是在流域内为所有的水体建立综合的监测和管理系统，发展动态管理措施程序，制定一个不断更新的流域管理计划。它的基本要求是流域管理计划必须详尽地说明，在要求的时间内，如何达到为流域所设定的目标（生态状况、水量状况、化学状况和被保护区域状况），还必须对流域内的用水进行经济分析，为所有利益相关方采取的各种措施的成本效益进行讨论和真正参与流域管理计划做准备工作（Chave, 2001）。尽管这一指令实施近 10 余年，但是目前这些跨国界河流大都还停留在各国独立开发和管理阶段，国家间的合作与协商机制尚不健全。随着全球化和各国经济的迅速发展，对流域开发的力度将不断增大，如何实现跨行政边界的流域水资源管理是一个迫切需要解决的问题。

美国从 20 世纪 30 年代就开始设立机构来综合管理流域。美国在流域管理模型研究方面进展迅速，其在对美国东部地区 30 个州 10 000 多个径流小区近 30 年的观测资料进行系统分析的基础上建立起来的 USLE 模型影响颇为深远。1992 年 6 月，联合国环境与发展大会通过了《里约环境与发展宣言》与《21 世纪议程》等纲领性文件，明确提出了"可持续发展"的新战略和新理念：人类应与自然和谐一致、可持续地发展并为后代提供良好的生存发展空间，提出了 Integrated Water Resources Management（IWRM）模式。IWRM 是在经济和社会福利的公平、不损害生态系统可持续性的基础上，管理水、土地和相关资源的过程（Claudious, 2008；Savenije and Van der Zaag, 2008；Pollard and Du Toit, 2009）。其中，田纳西流域（Tennessee Valley）是其典型代表，其他流域包括科罗拉多（Clorado）河流域、萨克拉门托（Sacramento）河流域的水资源管理也是基于 IWRM 模式的；IWRM 在澳大利亚的墨累–达令流域（Murry-Darling Basin）、欧洲的莱茵河（River Rhine Basin）和泰晤士河（The River Thames）等流域也取得了良好的效果（Tortajada，2004；Mitchell，2005；Giri et al.，2012）；阿拉伯地区比较注重地下水管理和废水再利用，认为在制定体制框架时必须考虑 IWRM；南部非洲发展共同体（SADC）各国也均采用 IWRM 方法提高干旱少雨地区的水资源利用效率以解决粮食危机和贫困等问题（Simon et al.，2004）。典型流域水资源管理模式及经验与启示如表 1-3 所示。

黑河流域具有与墨累–达令流域及埃及流域管理类似的问题。例如，应对干旱等方面的水资源管理中存在权责不清，强调省市行政区的政府管理职权而对流域管理职权重视程度不够，经济和法律手段有待完善等。从某种意义上说，澳大利亚墨累–达令流域与埃及的流域水资源综合管理经验可以为黑河流域水资源综合管理决策支持研究提供经验借鉴。澳大利亚墨累–达令流域已形成了较为成功的水管理模式，其成功经验包括：注重流域尺度管理；决策层、执行层、协调层三层协调配合；采用封顶和水权交易等市场化管理手段；州际协议基础上发展起来的健全流域管理法律体系等（Rehan et al.，2011）。埃及为实现"至 2017 年实现最大限度开发和利用现有淡水资源、限制对水质和水资源构成威胁的项目"的目标，着手建立了尼罗河水资源控制系统，成立了尼罗河预测中心（NFC），利用 3S 技术预测河水流量变化，为相关管理决策提供依据；强化了田间排水水资源再利用，并通过实施农田集雨项目加强了降水资源的利用；通过调整种植业结构，减少了水稻种植面积，推广了生育周期短的水稻品种与椰枣等耐旱作物的种植，有效减少了农业生产用水量（Tortajada，2004）。

表 1-3　国际典型流域水资源管理模式及其经验与启示

名称	管理机构设置与模式	经验与启示
欧洲莱茵河流域	较早实现国际协调管理的河流，百余年来沿岸各国签订了众多的公约、协定和法规，建立了种类繁多的跨国管理机构，发挥组织协调、依法管理作用。1950 年建立的"莱茵河国际保护委员会（ICPR）"。开创了国际合作联合治理污染的新模式，ICPR 下设监督机构与各种专业组，各国成立相应机构，成效显著	① 预防为主、源头治理优先，制定严格、明细的规定，规范流域开发行为。 ② 注重流域管理措施落实的实时监控与效果评估，及时调整。 ③ 注重增加城市、农业区的蓄水能力，减少雨水流失。严禁在洪泛平原进行开发和占用河床空间。 ④ 提出河流生态系统管理新概念，重视河流健康功能，兼顾社会经济因素，利用现代科技的支持
美国密西西比河流域	多层次多部门的各种机构组织相互配合的流域综合管理，机构众多，包括军队及联邦政府，州政府相关部门代表组成的机构组织，还有非政府组织。各单位分工明确，形成互补关系，避免因工作重复造成矛盾。若干不同层次的协调组织，协调各方的利益	① 加强法制建设，制定一系列流域管理相关法规，约束流域各利益方的行为。 ② 以子流域为单元的全流域综合管理，通过各个机构信息共享及密切合作来实现。 ③ 重视非工程措施，而不是单纯依靠工程技术

名称	管理机构设置与模式	经验与启示
澳大利亚墨累-达令流域	建立了有效的组织机构系统,由三个层次组成,第一层为国家一级的部级理事会,为最高决策机构,第二层为部级理事会的执行机构,包括流域委员会及其办公室。第三层为社区咨询委员会,负责理事会和社区之间的双向沟通,强调公众参与流域管理	① 流域管理的权威应建立在协商机制上,方案制定阶段的充分参与是落实协议的关键。有效的组织机构系统是落实协议的保证。 ② 在水分配中,引入新的理论与方法,通过水政策改革土地权与水权分离,提供可贸易的水,形成水市场。 ③ 流域管理过程科学化、民主化、透明性与公平性

我国流域水资源管理决策研究起步较晚,但发展较快,尤其是黄河水利委员会与长江水利委员会构建的水资源管理系统为黑河流域水资源综合管理系统建设提供了经验。黄河流域也逐步建成黄河水资源开发利用和保护的信息化决策支持体系。该体系服务于黄河流域水资源合理配置和优化调度、宏观经济水资源规划管理。在水权分配方面,黄河水利委员会从 1999 年开始对黄河干流水量实施统一调度,并在中国大河中首先进行了流域初始水权分配(刘萍等,2009);在水资源综合管理决策支持系统建设方面,按照数字黄河工程的总体框架,初步建立了以数字水资源保护为蓝本,集信息采集、信息传输、数据存储、业务应用以及专家决策支持和信息服务等为一体的黄河流域水资源保护决策支持体系(张绍峰等,2005)。但黄河流域现行的统一管理机制十分脆弱,事权划分过于细腻,且对城乡生活、工业、农业和生态环境各方面的用水需求统筹不足。长江流域水资源管理与决策支持系统在流域生态保护管理方面以水流情势为基础对河流水流的数量、质量、时间等进行设计,明确了河流管理平衡人类需求和河流生态需求的生态水文目标(李翀等,2006)。在水资源配置方面,长江流域水资源管理与决策支持系统提出了以社会、经济和环境系统为依托,权衡流域社会经济发展的水资源利用效率的水资源合理优化配置方案(常福宣等,2010)。但系统运行存在所需的水文数据以及水量平衡计算参数不确定性与共享不充分等问题,尤其是与流域社会经济发展耦合度不够,水资源利用优化配置的应急调水方案以及不同的气候变化模式影响效应功能欠缺。

由于与水资源管理过程密切相关的气候环境、社会经济和管理政策等诸多因素处于不断的变化之中,因而对流域水资源管理模式的创新也将是一个永无止境不断探索与完善的动态过程。我国学者提出了流域水资源综合集成管理模式,该模式从流域水环境、水资源与各用水单元及其相关利益主体间的关系出发,以生态水文科学和流域科学理论为指导,对流域内环境、资源、生态过程以及流域经济和社会活动等一切涉水活动进行复杂、动态、分区的协调管理(程国栋和赵传燕,2008)。

随着当代社会经济的发展与生态危机的出现,人与水和谐相处成为流域发展的主题。尽管世界各国结合自己的国情开展了大量研究,并对管理措施进行了改进,能够为黑河流域水资源综合管理决策支持系统的建立提供经验借鉴,但由于流域系统是一个动态、多变、非平衡、开放耗散的"非结构化"或"半结构化"系统,涉及自然水循环和社会经济水循环二元过程,对现有模式与体系进行生搬硬套必然是不科学的。在向高精度流域模拟化发展的同时,应尝试建立流域综合管理决策系统并应用到流域综合管理实践中去。以流域高精度、实时更新的数据库为基础，设定一定的工作环境，容纳大量相互联系的模型并保证其正常运行，以实时输出模拟结果，解决目前系统中普遍存在的自然地理数据与社会经济数据的统一、不同尺度的模型等问题，提高系统模拟的精度、信度与实用性，是当前流域水资源综合管理系统建设的重要方向。

1.2.1 水资源综合管理研究的尺度问题

1.2.1.1 流域尺度上的水资源综合管理

流域综合管理包括流域环境管理、资源管理、生态管理以及流域经济和社会活动管理等一切涉水事务的统一管理，它是以流域为基本单元，把流域内的生态环境、自然资源和社会经济视为相互作用、相互依存和相互制约的统一完整的生态社会经济系统。流域水循环不仅构成了社会经济发展的资源基础，也是生态环境的控制因素，同时也是诸多水问题和生态问题的共同症结所在。以流域为单元对水资源数量与水环境质量实施统一管理，已成为目前国际公认的科学原则。流域是一个从源头到河口的天然集水单元，它具有极强的整体性和极高的上下游关联度，是具有层次结构和整体功能的复合系统。因此，以流域为单元对水资源实行综合管理，是实现资源开发与环境保护相协调的最佳途径。流域管理模式从水的自然属性出发，不仅能较好的维护流域的整体性，也能同时保持流域水生态系统的整体生态服务功能，确保流域经济效益和社会效益的充分发挥。

1. 流域水资源管理模式的定位

流域尺度上的水资源综合管理在现行的水资源管理模式下具有特殊的地位和作用。新《水法》第（十二）条规定：国家对水资源实行流域管理与行政区域管理相结合的管理体制。在这种体制下，流域管理处于统管全局的地位，从流域全局的高度管理水安全，管理关系全流域的重要事项，为行政区域管理指明方向；流域管理还负责行政区域管理难以协调、难以办到的事项，管理涉及多方利益的事项，为行政区域实现水资源一体化统一管理创造良好的条件。总之，在相结合的管理体制中，流域管理更多地发挥宏观决策和监督功能。另外，流域管理机构是流域管理体制中综合的、高层次的机构，起着承上启下的纽带作用。流域管理机构站在流域统一管理的高度，对地区间的水资源进行宏观调配，在统一不同行政区域之间的资源协调问题上充当了协调者的角色。新《水法》明确规定的"流域管理机构，在所管辖的范围内行使法律、行政法规规定的和国务院水行政主管部门授予的水资源管理和监督职责"，这也从根本上确立了流域管理机构的法律地位。

我国流域管理机构在水资源综合管理领域有举足轻重的地位。在流域管理方面，在总结、分析水管理经验教训的基础上，国家先后成立了七大流域管理机构，在按行政区划对水资源实行开发、利用与节约、保护等分级管理的同时，在一些大江、大河上建立流域管理机构，其作为水行政主管部门的派出机构对所在流域的水资源实行统一规划、调度和管理。七个流域管理机构分别为长江水利委员会、黄河水利委员会、珠江水利委员会、海河水利委员会、淮河水利委员会、松花江与辽河水利委员会和太湖流域管理局。各流域管理机构是水利部的派出机构，是具有行政管理职能的事业单位，其拥有在所管辖的流域范围内行使法律、行政法规规定和水利部授予的水资源管理权。流域水资源管理的目标应当与当地国民经济发展目标和生态环境控制目标相适应。不同时期的水资源管理与其社会经济发展水平及水资源开发利用水平密切相关，水资源管理的目标也因各地政治、社会、宗教、自然地理条件和文化素质水平、生产水平以及历史习惯的差异而不一致。

河长制承接了环境治理领域的迫切需求，有助于引导地方率先转变政府职能、打破部门壁垒。党政领导担任河长，依法依规落实地方责任，协调整合相关主体力量，促进水资源保护、水域岸线管理、水污染防治、水环境治理等工作，实现需水管理、水质管理向水利用管理、水稀缺管理的总量控制管理转变。河长治河，源远流长，史记记载"当帝尧之时，鸿水滔天，浩浩怀山襄陵，下民其忧。尧求能治水者，群臣四岳皆曰鲧可"。然而鲧九年没有取得功效，"功用不成"，"于是舜举鲧子禹，而使续鲧之业"。长期以来，我国流域管理体制的碎片化特征不仅表现为上下游各行政区之间权责利边界模糊，而且还表现为行政区内部水资源管理与水污染防治分离等缺陷。在传统体制机制下，水资源相关部门根据固有职能分担治水职责，使整个水治理体制呈现分散化特点，国内长期形成了"九龙治水水难治"的尴尬局面，难以从系统层面实现"人与自然和谐共生"的绿色发展目标，更与生态文明建设的根本要求相悖，为破解体制机制问题，中央根据各地方河湖具体水资源、水环境以及水生态现状制定了重在落实地方各级党政领导涉水主体责任的创新制度。推行河长制可以分为三个阶段，即构建河长"制"、促进河长"治"以及实现河"长治"。

2. 流域水资源管理模式的特点

流域作为整体系统，决定了它具有区别于其他尺度水资源综合管理模式的特点。流域管理一般从整个流域出发考虑效益、效率和效应的管理措施。因此，流域管理无论是规划、工程还是具体的用水管理制度，都更加注重整体性和宏观性，且流域管理不是仅仅把水资源作为流域经济的支撑，着眼于流域经济效益，而是更注重流域水资源和生态系统的统一性与和谐性，提高水资源的利用效率，降低其对生态环境影响的负效应。流域尺度的水资源综合管理特点体现在以下几个方面。

（1）统一性

统一性是流域管理的最基本特性，是由水资源的系统性与自然统一性所决定的。流域是一个相对独立的系统，流域内的"水–土–气–生–人"各要素之间相互关联性极强，相互间存在较高的互动性，这些要素相互依赖、相互作用，共同构成了一个可循环的流域整体。因此，流域水资源管理必须尊重流域的这种整体性，实行统一的管理，把流域内的各项要素作为一个统一的整体进行管理，统筹考虑水资源的各种属性，尤其是流域内的环境保护与生态效益。

（2）协调性

流域管理的范围是整个流域，因此河流的干支流、上下游、左右岸等均在流域管理的范围之内。这些区域由于地理位置不同，自然条件、生态环境、经济发展水平与管理程度各异，各方在水资源的利用和管理方面，存在一定程度上的利益冲突。例如，河流下游在水资源的利用中往往受到上游的制约，处于相对弱势地位；沿河区域中经济发展程度高者水资源利用效率相对较高，往往处于相对强势地位。所以流域管理机构在进行流域管理时，必须考虑不同区域间的差异，平衡各方利益，协调处理各方面的关系，达到全流域共同、公平发展的目的。此外，流域管理必须关注那些区域不愿或不能单独负担而全流域受益的事务，如河道内与河道外的生态保护、水土涵养、湿地保护等。在行使此项管理职责时，流域管理机构与相关区域管理机构存在潜在冲突。因此，流域管理必须协调上下游关系、全流域与某个区域的关系，做到既有利于流域的发展，又不损害单个区域的利益。

（3）可持续性

2014 年联合国峰会提出了 17 项全球可持续发展目标，其中水的可持续发展目标有 7 项，其中 2 项是改善健康与公共安全，确保饮用水安全的普遍性和享有卫生设置的普遍性；2 项是提高工业用水效率和提高污水处理率达到一半以上；3 项是通过国际合作、地方决策参与和生态保护来实现水资源管理。流域管理的统一性与协调性决定了其具有长远性的特点，即流域管理更注重流域的长远利益，这是流域尺度上的水资源管理与其他尺度管理的一项重要差异。流域的整体属性和内部极强的关联属性决定了任何对流域内局部的破坏最终必须通过流域加以修复，同时，任何对流域的破坏或施益在未来仍会在本流域得到反映。因此，流域管理不同于区域管理，它以全流域为基点，不仅关注水资源的短期经济效益功能，而且更加注重水资源的长期社会效益功能。

（4）宏观性

流域管理的宏观性是由流域管理的范围以及流域管理的性质所决定的。流域管理着眼于整个流域水资源的各个方面，其地域范围广泛、管理内容多样，且流域内设有不同的行政区域以管理区域内的具体涉水事务。因此，流域管理应将视野置于整个流域的高度，注重水资源管理的整体性和系统性。流域管理机构应当管理全流域的宏观事务，包括流域规划、水资源配置、流域项目审批、流域监督和纠纷解决，对属于行政区域管理的具体、微观的涉水事务，流域管理机构不宜进行管理，以防失去平衡流域的各方效益（包括社会经济效益与生态效益）的公正性从而影响整个流域的可持续发展。

1.2.1.2　区域尺度上的水资源综合管理

水资源的区域管理就是从行政区域角度对水资源进行管理，它一般与流域管理相对应。在这里区域的概念，在绝大多数情况下是指行政区域，但有时不一致。水资源的行政区域管理方式是以行政分区为单元，由各级政府及其相关职能部门对辖区内的所有涉水事务实行统一管理（梁勇等，2003）。区域尺度上的水资源管理从区域局部出发，以综合利用辖区内的水资源充分发展区域经济为目标，通常趋向于对水的社会属性管理。区域管理是我国水资源管理在流域管理基础上的主要形式，实行从上到下分级管理。1988 年《水法》中规定："国家对水资源实行统一管理与分级、分部门管理相结合的制度。国务院水行政主管部门负责全国水资源的统一管理工作。国务院其他有关部门按照规定的职责分工，协同水行政主管部门，负责有关水资源管理工作"，即分级、分部门的区域水资源管理模式。新《水法》规定，我国的水行政管理分别由国家、省、县三级负责，分别承担着我国水资源宏观、中观和微观管理职责。

1. 区域水资源管理模式的定位

相对于流域尺度的水资源管理，区域管理在水资源管理方面具有不可代替的地位。水资源管理涉及各方面利益，从系统管理的效能看，由于管理幅度的有限性，决定了实行区域分级管理的必要性。我国重要江河的流域面积大，跨行政区域范围广，流域内社会与经济发展水平差距也较大。针对这些特点，我国实行流域管理与行政区域管理相结合，在国务院水行政主管部门的统一管理与监督下，充分发挥各级水行政主管部门的管理作用。现行流域与行政区域相结合的水资源管理体制中，在流域统一管理的指导下，行政区域管理处于基础地位，负责本区域涉水事务的具体管理，包括落实流域管理各项制度和计划，协调区域内各用水户的利益，为本区域的经济社会发展和实现水资源的流域统一管理提供基础和保障。在相结合的管理体制中，行政区域管理更侧重于决策的执行，以及为决策提供基础和保障的作用。

在行政区域水资源统一管理方面，国内外实践已充分证明，对城乡防洪、排涝、蓄水、供水、用水、节水、污水处理及回用等涉水事务进行统一管理，符合经济社会发展要求，且行之有效。它不仅涉及持续的水资源供需平衡和抵御突变破坏，还涉及水环境与生态的维护。目前，世界上大多数国家都实行水资源区域管理或以区域管理为基础结合流域管理的管理模式，但也有一些国家实行纯粹的流域管理，如法国。由于水资源管理是国家公共事务管理中的一部分，因此一般区域管理的实施方式与国家结构和整体密切相关。

2. 区域水资源管理模式的特点

行政区域水资源管理模式主要是根据水的社会属性，从保持社会水循环系统完整性出发的水资源管理模式。现代社会中，行政区域是国家的基本组成单位，国家以行政区域为单位考察经济和社会发展水平。因此，不论基于区域在本国的地位，还是考虑区域行政首长自身职责，行政区域对水资源的管理更加注重于本区域的经济和社会效益，在管理内容上偏重于服务于本行政区域的基础功能，而相对忽视同流域其他区域的利益，导致行政区域管理具有区别于流域管理的特点：

管理范围局部性。行政区域管理的局部性是指其管理范围和管理内容上的局部化和分裂化。一般来说，行政区域多为流域的组成部分，行政区域管理的是流域的部分地区，其地域范围决定了行政区域管理的局部性特征。行政区域管理一般只注重本区域范围内的水资源效益，对同流域非本行政区域的其他区域，不作过多考虑，在水资源的配置、开发利用和保护方面，不考虑上下游其他区域，只关注流域的局部地区。行政区域管理的局部性还体现在割裂水资源特性，更重其经济效益功能，忽视社会效益，即使不完全忽略，也然只考虑给本行政区域带来社会效益的那分，对全流域受益的部分，一般难以纳入区域管理的范畴。

管理事务具体性。具体性特征是指管理内容的具体化。行政区域管理实行层级式管理，每一级的管理内容都有具体规定，层级和权限划分非常具体明确。水资源的行政区域管理机构必须依照规定管理本区域范围内的具体涉水事务，包括区域规划和水资源的开发、利用、配置、节约、保护等各项具体内容。同时，管理机构熟悉本行政区的资源情况、经济和社会发展情况，因此能够对本行政区域的水资源实行具体、深入的管理，充分发挥本区域水资源的基础作用，实现其社会经济与生态功能。

管理机制稳定性。稳定性是指区域管理的范围确定、内容固定、手段确定，这是由行政区划的稳定性和政府组织结构的稳定性所决定的。为维护社会的稳定，国家的行政区划一般不会发生变化。相应地，政府组织结构一旦确定，也将保持长期稳定。在此前提下，由法律法规或政府文件确定的政府组织机构的职责和管理方式也相对固定和明确，即使改革，也大多数为平缓变动。作为政府组成部分的水资源行政区域管理机构，其管理范围、管理内容和管理方式都由政府管理模式所确定，在没有进行政府改革或政治变革的情况下，一般都保持稳定。

1.2.2　流域水资源综合管理的理论

1.2.2.1　流域水资源综合管理原则与目标

流域水资源系统是一个动态、多变、非平衡与开放耗散的"非结构化"或"半结构化"系统，不仅涉及与水相关的自然生态系统，而且与经济社会乃至人文法规等有着密切的联系，因此流域水资源的综合管理应该遵循一定的原则。联合国 1977 年召开的世界水会议，通过了马德普拉塔行动计划（Mardel Plata Action Plan），该报告中对水资源的综合开发和管理，提出四项主要原则：一是要把发展人类社会和经济，以及保护人类赖以生存的自然生态系统看作是一个整体，而水则是维持一切生命的基础。不仅要看到水在自然界的全部循环过程，即包括降水的分布、水源保护、供水和废水处理系统，以及水和自然环境、土地利用等的相互关系，也要看到不同部门间的用水需求。同时，应当采取生态途径，并尊重现有的生态系统。不仅要考虑河流的整体或地下水系统问题，也要考虑水资源与其他自然资源间的相互关系，并且在跨国河流上展开合作。二是要使公众参与水资源的开发和管理，以及安排其参与相关工作。三是确认妇女在供水、水管理和保护水方面的关键作用；四是承认水是具有经济价值的商品。

流域水资源管理是流域综合管理与协调的核心，这是因为水资源既是流域内不可替代的重要自然资源，又是流域生态环境诸要素的重要组成部分。流域水资源管理的任务，就是通过建立完善的流域供水保障体系、合理高效的水资源利用体系、良好的水生态环境体系，实现水资源的合理开发、高效利用、合理配置、全面节约、有效保护和综合治理等。因此，流域水资源管理必须从流域整体和全局出发，应遵循两个方面的原则：区域的水管理要服从流域水资源管理，即在水资源管理体系中，流域水资源管理高于流域内行政区域的水管理，行政区域的水管理应当服从流域水资源管理的统一协调和管理。部门的专业性水管理要服从流域水资源综合管理，各行业的水管理应当纳入流域水资源管理体系，尊重和服从流域水资源管理。

联合国环境与发展大会（UNCED）通过的《中国 21 世纪议程》中，对水资源的综合管理提出如下四个目标：①水资源管理包括查明和保护潜在的供水水源。②采取富有活力的、相互作用的、循环往复式的和多部门协调的方式，把技术、社会、经济、环境和人类健康等各个方面需求都相互结合起来，统筹考虑。③遵照国家的经济发展政策，并以社会各部门、各地区的用水需要和事先安排好的用水优先权顺序为基础，以及根据可持续地开发利用、保护、养护和管理的原则，进行水资源的综合规划。④在公众充分参与的基础上，设计、实施并评价出具有明细战略意义的、经济效益高的、社会效益好的项目和方案。在这个过程中，要鼓励当地居民、社会团体等参与水管理政策的制定和决策；根据需要确立或加强（或制定）适当的体制、法律和财务机制，以确保水事政策的制定和执行，从而促进社会的进步和经济的增长，对于发展中国家更应如此。

《中国 21 世纪议程》也对水资源管理提出基本目标：①形成能够高效率利用水的节水型社会。即在对水的需求有新发展的形势下，必须把水资源作为关系社会兴衰的重要因素来对待，并根据中国水资源的特点，厉行计划用水和节约用水，大力保护并改善天然水质。②建设稳定、可靠的城乡关系供水体系。即在节水战略指导下，预测社会需水量的增长率将保持或略高于人口的增长率。在人口达到高峰以后，随着科学技术的进步，需水增长率也将相对有所降低。按照这个趋势，制定相应计划以求解决各个时期的水供需平衡问题，提高枯水期的供水安全度，以及遇特殊干旱的相应对策等，并定期修正计划。③建立综合性防洪安全社会保障制度。由于人口的增长和经济的发展，如遇同样洪水给社会经济造成的损失比过去增长很多。在中国的自然条件下江河洪水的威胁将长期存在。因此，要建立综合性防洪安全的社会保障体制，以有效地保护社会安全、经济繁荣和人生命财产安全，以求在发生特大洪水情况下，不致影响社会经济发展的全局。④加强水环境系统的建设和管理，建成国家水环境监测网。水是维系经济和生态系统的关键性要素。通过建设国家和地方水环境监测网和信息网，掌握水环境质量状况，努力控制水污染发展的趋势，加强水资源保护，实行水量与水质并重、资源与环境一体化管理，以应付缺水与水污染的挑战。

水资源管理的最终目标是使有限的水资源创造最大的社会经济效益和最佳生态效益，或者说以最小的投入满足社会经济发展对水的需求。综合上述世界层面和国内层面对水资源管理提出的目标，作为流域一级的水资源管理，其基本目标应该至少包括四个方面：①合理开发利用本流域的水资源和防治洪涝灾害。②协调流域社会经济发展与水资源开发利用的关系，处理各地区、各部门之间的用水矛盾，最大限度地满足流域内各地区、各部门用水量需求。③监督、限制水资源的不合理开发利用活动和污染、危害水资源的行为，控制水污染发展的趋势，加强水资源保护，实行水量与水质并重、资源与环境一体化管理。④统筹规划，合理分配流域内有限的水资源，并对流域内大型水利水电骨干工程进行监控、调度，确保流域内重要河流正常运行和保持生命力。

1.2.2.2　流域水资源综合管理体制与政策法规

1. 国外流域水资源管理体制与政策法规

任何制度的实施，都需要有合理的体制与机制予以支撑和保障。对于流域水资源综合管理而言，所谓的管理体制就是从流域管理的体系与制度方面对流域管理进行研究，即管理的体系和制度，管理流域尺度上的法律制度、管理机构和运行机制。

国际上流域综合管理注重流域的统一性管理，不同国家通过实践对以流域为基础的管理均找到了适合自己的模式，目前比较流行的一种模式是设立与流域管理相关的三种类型机构，即流域管理局、流域协调委员会与流域综合管理机构，三者在流域尺度上结合利益相关者的责任和义务来综合考虑流域资源的合理利用开发。流域管理局具有法律授予的高度自治权，可以统筹流域规划、开发、管理，是对经济和社会发展具有广泛权力的政府机构。高度集中的流域水资源管理模式以 1933 年美国建立的田纳西流域管理局（TVA）最为典型，由国家通过立法赋予其同意规划、开发、利用和保护流域内各种自然资源的广泛权限。田纳西流域管理局以流域的综合开发为先导，通过控制洪水、开发航运、生产电力、完善基础设施、合理利用土地资源等，促进流域农业生产和经济繁荣发展。除此之外，法令还赋予它高度自治、财务独立的法人机构地位，既拥有政府的权力，又具有私营企业的灵活性，国会拨给专用经费，直接对总统负责。这种流域机构的任务已大大超出水资源管理的范围，其目的是要"推动自然经济和社会的有序发展"；流域协调委员会是地方政府与相关部门的协调机构，遵循协调一致或多数同意的原则，其主要原则是根据协议对流域内各州的水资源开发利用以及水环境管理进行规划和协调。此类委员会往往是联邦－州际协议组织，如澳大利亚的墨累河流域委员会、美国的特拉华河流域委员会和萨斯奎那河流域管理委员会等；流域综合管理机构拥有水管理职责和控制水污染的职权。其管理的基本特征都是着眼于水循环，对流域内地表水与地下水，水量与水质实行统一规划，统一管理和统一经营，具有广泛的水管理职责，并且都具有控制水污染恶化、管理生态环境的职能，在水污染受到普遍关注的今天，这类流域管理机构得到广泛的建立。国外典型的此类机构是 1974 年英国成立的泰晤士河水务局。依照 1963 年英国颁布的水法，它负责流域统一治理和水资源统一管理，是一个拥有部分行政职能的非营利性经济实体。

国际上流域水资源管理的政策法规主要包括流域管理的专门法规和各种水法规中有关流域管理的条款。流域管理的专门法规，如美国的《田纳西河流管理法》和《下科罗拉多河管理法》、西班牙的《塔霍－赛古拉河联合用水法》、日本的《河川法》、英国的《流域管理条例》等。还有大量流域管理的规定分散在各个有关的水法规中，如 1968 年欧洲议会通过的《欧洲水宪章》、英国的《水法》、西班牙的《水法》等（萧木华，2002），均明确规定水资源管理应以自然流域为基础、按流域建立恰当的水资源管理机构。

2. 我国流域水资源管理体制与政策法规

我国现行水资源管理体制是流域管理与行政区管理相结合。在行政区，以环境保护部门为代表，对水资源进行监测、管理、评估和规划等；在流域内，流域委员会作为水利部直接派出机构对流域水资源进行综合管理。同时，引入现代科学技术和先进管理方法，实现了流域水资源的合理配置及水环境的有效整治，提高了流域管理水平。水资源管理的另一个管理机构为水资源保护局，设立在流域水行政机构内，作为流域水行政管理机构的一个事业单位，同时受国家环境保护部门和流域水资源管理机构的双重领导。水资源管理局的设立意味着水资源管理中，水质与水量被列入共同管理范畴，进入了既管水量，又管水质的新阶段，缺乏统筹是水资源综合管理的具体体现。

我国有关流域水资源的法律法规包括《水法》《水污染防治法》《防洪法》《河道管理

条例》等基本法规。地方与流域机构也结合自身情况制定了配套的法规，对流域水资源综合开发和管理有着宏观的指导和规范作用。迄今为止，全国人大先后通过了《中华人民共和国环境保护法》(1989年通过，2014年修订)、《中华人民共和国水法》(1988年通过，2002年修订，2016年修改通过)、《中华人民共和国水土保持法》(1991年通过，2010年最新修订)、《中华人民共和国水污染防治法》(1984年通过，1996年修正，2008年修订，2017年最新修订)、《中华人民共和国防洪法》(1997年通过，2016年修订)等。中国水资源法律制度正在逐步建立并形成体系，尤其是新《水法》关于流域管理制度的确立，是历史的进步，标志着我国水资源管理注重流域与行政区域紧密结合进入一个新时期，这无疑是我国水资源管理体制的一次重大变革。2016年新修订的《水法》是调整水行政主体在行使水行政管理职权过程中产生的法律关系的法律规范和原则的总和。新修订的《水法》第（十二）条和第（十三）条规定了我国水资源的管理体制。第（十二）条规定："国务院水行政主管部门负责全国水资源的统一管理和监督工作。国务院水行政主管部门在国家确定的重要江河、湖泊设立的流域管理机构，在所管辖的范围内行使法律、行政法规规定的和国务院水行政主管部门授予的水资源管理和监督职责。"《中共中央国务院关于加快水利改革发展的决定》（以下简称《决定》）专题聚焦水利改革发展，于2011年1月29日正式公布，这是新中国成立60多年来中共中央首次系统部署水利改革发展全面工作的决定。《决定》第（二十三）条明确指出，"完善流域管理与区域管理相结合的水资源管理制度，建立事权清晰、分工明确、行为规范、运转协调的水资源管理工作机制"；第（二十八）条规定，"建立健全水法规体系，抓紧完善水资源配置、节约保护、防汛抗旱、农村水利、水土保持、流域管理等领域的法律法规"，为完善我国水资源管理体制，推进依法治水提出了新的要求。为贯彻落实好《决定》和2011年中央水利工作会议精神，2012年2月国务院专门就实行最严格水资源管理制度印发了国发（2012）3号文件。文件要求进一步完善流域管理与行政区域管理相结合的水资源管理体制，切实加强流域水资源的统一规划、统一管理和统一调度。开发利用水资源，应当按照流域和区域统一制定规划，充分发挥水资源的多种功能和综合效益；加快制定主要江河流域水量分配方案，建立覆盖流域和省市县三级行政区域的取用水总量控制指标体系，实施流域和区域取用水总量控制；流域管理机构和县级以上地方人民政府水行政主管部门要依法制订和完善水资源调度方案、应急调度预案和调度计划，对水资源实行统一调度，区域水资源调度应当服从流域水资源统一调度；流域管理机构要加强重要江河湖泊的省界水质水量监测等。

1.2.2.3　现行管理体制存在问题及建议

1. 我国流域水资源管理体制现存问题

当前我国的流域水资源管理体制尚不完善，主要存在以下几个方面的问题：

流域水资源管理法律不健全。我国有《环境保护法》《水污染防治法》《水法》等关于水资源的基本法律，但是关于流域界面的法律法规的建立相对滞后，至今还没有一套完整系统的流域管理法，未能从体制上保障水资源的优化配置。虽然新《水法》的颁布确立了流域管理机构在水资源管理中的法律地位，但是对流域管理机构的职能范围界定不清，使统一管理流域的职能难以有效发挥。因此应该建立一部专门流域管理的法律来配套《水法》的实施，并且这部法内容至少应该包含流域管理的原则、流域管理的基本制度、流域管理的范围以及与地方行政管理的协调机制。再者，我国《水法》将流域分为三类，一类流域是国家确定的重要江河、湖泊的流域；二类流域是跨省、自治区、直辖市的其他江、河、湖、泊的流域；三类流域是其他江河、湖泊的流域。《水法》明确规定在一类流域上设立流域管理机构，二三类是否也应建立流域机构，《水法》中尚未明确规定。

流域管理与区域管理的事权划分不明确。流域管理与行政区域管理关系存在突出问题，流域机构与地方政府水行政主管部门的职责权限分工不明晰。新《水法》规定，我国现行的水资源管理机制为流域管理与行政管理相结合，但纵观现实情况，在水资源管理中主要是以地方水行政主管部门为主，未完全实现水资源流域管理与区域管理相结合的体制，致使流域机构名存实亡。以淮河流域为例，据统计，山东省的淮河流域用水户，办理取水许可需要流域管理机构和地方水行政主管部门分别办理，重叠率达到95%以上。

缺少信息共享机制和公众参与机制。我国现行的流域管理体制没有正式的流域内地方政府、企业和公众参与协商与决策机制，流域事务管理缺乏用水户和公众参与。各相关水资源管理部门只是自上而下的内部信息交流，很少有用水代表参与水事决策，公众的参与权与知情权没有得到应有的体现，流域机构的管理缺乏监督机制。这种决策难以避免在缺乏有效监督下的趋利性，不能充分反映区域的、他人的、行业的和用户的利益。

2. 对我国流域水资源管理的建议

结合我国现行流域水资源管理存在的问题以及其他各国流域水资源管理的相关经验，给出适用于我国现状的水资源管理建议：

完善流域管理立法。法律和法规是实现流域水资源综合管理的重要手段，只有建立系统的法律法规才能保证流域水资源管理的有效实施。目前，我国还没有一部完全意义上的水资源管理法典，因此可以将水资源管理体制作为切入点，以综合生态系统管理理念为指导，将各类的水资源管理部门在机构设置、人员配置、权限划分、功能协调等各个方面整齐划一，构建一部综合的水资源管理法，为建立以流域为主的水资源管理体制提供必要的法律依据，真正做到流域水资源综合管理有法可依。另外，每个流域都有其自身的自然人文属性，因此需制定适应于不同流域内的特别法。当综合水资源管理法与其发生冲突时，依据特别法优于普通法的法理理念，适用特别法。如此一来，就真正对流域管理的法律建设做到整体划一。

明确流域管理与区域管理的职权问题。流域与区域同为一个空间区域，但具有不同的功能属性，二者不仅是一个机构松散的共同体，同时也是一个相互关联、相互影响的统一体。因此要正确划分流域管理与行政区域管理的职权。流域管理机构是流域综合管理的总策划和实施者，不管采取何种管理机构模式都应该保证管理机构在流域管理决策的主导地位。流域管理必须以行政区域管理为基础和依托，充分考虑和兼顾区域发展要求，优化发展布局，妥善处理上中下游等的关系，使流域治理、开发与保护的整体部署与区域经济发展战略相协调；同时，行政区域管理必须服从流域统一管理，局部服从整体，接受宏观指导，积极发挥区域行政管理作用，配合流域机构做好具体的管理工作。

建立完整信息共享机制、参与协商制度，加大公众参与力度。应当积极推进流域内各行政区域，相关部门的沟通与协商，促进交流与合作；同时，加强流域内的民主协商机制和公众参与机制，让用水户代表参与水事决策，提高水资源管理信息系统的效率。全球很多国家都将用水户作为水资源管理中的代表，参与形式不尽相同。例如，在"水议会"管理模式中，用水户与地方政府、专家一起成为流域委员会委员，共同对流域水资源的开发利用、节约保护进行咨询和决策。

1.2.3 流域水资源综合管理的内容及手段

1.2.3.1 流域水资源综合管理的内容

流域水资源综合管理就是以流域为单元对水资源实行统一的管理，建立一套适应水资源自然流域特征和统一性的管理体制，以实现水资源的经济利益和社会利益最大化，保障流域的可持续发展。所谓的综合管理即指对流域复合系统进行部门间、政府间、利益群体与公众间、跨学科间、水资源信息间、发展与保护间的综合。

为了改进水资源综合管理的状况，1992年6月召开的联合国环境与发展大会（UNCEDU）的文件中，提出应当由国家组织实施针对水资源综合管理的具体活动内容，内容包括：制定目标明确的有关水资源的国家实施计划金额投资方案，并应进行成本核算；实施保护和养护潜在淡水资源的措施，包括查清水资源的情况，并辅之以制定土地利用规划、森林资源利用规划和山坡、河岸保护规划，以及其他有关的开发和养护活动；研制交互式数据库、水情预报模型和经济模型，以及制定水资源管理和规划的方法，包括环境影响评价方法；在自然、社会和经济的制约条件下，实行最适度的水资源分配；通过需求管理、价格机制和调控措施，实行对水资源合理分配的政策；加强水旱灾害的预防工作，包括对灾害的风险分析，以及对环境和社会影响的分析；通过不断提高公众的觉悟，加强宣传教育，计收水费以及其他经济措施，以推广合理利用水的方法；实行跨区域调水，特别是向干旱和半干旱地区调水；推动开展淡水资源的国际合作；开发新的和替代的供水水源，如海水淡化、人工回灌、劣质水的利用、废水的再利用以及循环用水等；对水的数量和质量进行综合管理，包括地表和地下水源；促进一切用水户提高用水效率，并最大限度地减少浪费水的现象，以推动节约用水；支持用水单位优化当地水资源管理的行动；制定使公众参与决策的方法，特别是要提高妇女在水资源规划中的作用；根据具体情况，开展并加强各级有关部门之间的合作，包括发展和加强各种机制，包括国家立法、国家规划、国家战略和全球协调；以及加强对有关水资源信息和业务准则的传播和交流，广泛开展对用水户的教育，并特别在联合国"世界水日"（3月22日），加强这一活动。

因此，针对流域的具体特点，结合UNCEDU文件中提出的内容，流域水资源综合管理应包括以下几方面内容（阮本清，2001）。

（1）水资源管理政策的制定

为了管好用好河流水资源，需要根据不同时期国民经济发展的需要与可能，制定出一套相应的政策。例如，全面规划和综合利用政策，投资分摊和移民安置政策，水费和水资源费征收政策，水资源保护和水污染防治政策等。

（2）水资源开发规划的制定

制定合理的流域水资源开发规划，并逐步实施，是实施有效水资源管理的基础条件之一。包括对水的控制、利用和保护的各个方面的总体安排，如水害防治规划、水源规划、供水规划、水质规划等。

（3）水量分配与调度

在流域系统内，按照上中下游、各部门兼顾和综合利用的原则，制定水量分配计划和调度方案。对水量河流水资源缺乏的干旱流域或遇到水源不足的干旱年份，应把生活用水放在首位，有限给予满足，同时限制耗水量大的工业、农业部门的发展，实行计划用水和节约用水，以缓和水的供需矛盾。对地表水和地下水要实行统一管理、联合调度，提高水资源的利用率。

（4）水质控制与保护

随着流域工业、城市、生活用水的增加，未经处理和未达到排放标准的废污水大量排放，使河流污染，减少了可利用水量，甚至造成社会公害。应该采取行政、经济手段，监督、控制工矿企业和事业单位的排污量，促进污水处理设备的建立，实行排污收费、超标罚款和造成污染事故赔偿等措施，保证供水的水质标准。

（5）防汛与抗洪

我国是个多暴雨洪水的国家，历史上洪水灾害频繁。防汛抗洪是关系到国计民生的大事，应列为流域水资源管理的重要内容。流域管理部门要根据流域防洪规划，制定防御洪水的方案，落实防洪措施，筹备抢险所需的物资和设备。除了维护水库和堤防的安全外，还要防止用于行洪、分洪、滞洪、蓄洪、治涝的河滩、洼地、湖泊等被侵占或破坏。

（6）河流水情预报

河流水系实行多目标开发后，沿河建筑物越来越多，管理单位也相应增加，日益显示出河流水情预报的重要性。为了搞好水资源管理，保证水库安全运行和提高经济效益，必须加强水文观测，做好河流水情预报工作。

1.2.3.2　流域水资源综合管理的手段

流域水资源综合管理涉及水资源的自然、生态、经济、社会属性，影响水资源复合系统的诸方面，因此，必须采用多种手段，相互配合，相互支持，才能达到水资源、经济、社会、环境协调持续发展的目的。法律、行政、市场、技术、公众参与以及宣传教育等综合手段在管理水资源中具有十分重要的作用。

（1）法律

法律是一切工作的准则，流域管理工作需要强有力的法律支持。依法管理水资源，是维护水资源开发利用秩序，优化配置水资源，消除和防治水害，保障水资源可持续利用，保护自然和生态系统平衡的重要措施。水资源管理一方面要靠立法，把国家对水资源开发利用和管理保护的要求、作法，以法律形式固定下来，强制执行，作为水资源管理活动的准绳；另一方面还要依靠执法，若有法不依，执法不严，会使法律失去应有的效力。

（2）行政

行政手段主要指政府各级水行政管理机关，依据国家行政机关职能配置和行政法规所赋予的组织和指挥权力，对水资源及其环境管理工作制定方针、政策，建立法规、颁布标准，进行监督协调，实施行政决策和管理，是进行水资源管理活动的体制保障和组织行为保障。行政手段具有一定的强制性质，既是水资源日常管理的执行方式，又是解决水旱灾害等突发事件的强有力组织方式和执行方式。只有通过有效的行政管理才能保障水资源管理目标的实现。

（3）市场

水资源既是重要的自然资源，也是不可缺少的经济资源。流域水资源综合管理的市场手段主要包括流域管理经费筹措和经济调控机制。坚持较高的投入是保证流域管理快速、健康发展的重要前提，也是使流域管理社会效益最大限度发挥的重要途径和方法。例如，美国联邦政府每年用于流域管理和水土保持方面的投资3亿多美元，40多年来累计投资达150多亿美元（肖斌等，2000）；经济调控机制包括微观的水环境资源的产权化、市场化配置，如水环境容量、水资源的有偿使用，水使用权的市场交易，排污权的市场交易和宏观的水环境资源使用、补偿的税费制度、财政制度等（李启家和姚似锦，2002）。通过水环境资源使用的产权化和市场化配置等微观经济手段，可以达到水环境资源在各产业、行业、部门和使用主体间的合理配置，通过水环境资源使用、补偿税费制度和财政制度等宏观经济手段，达到筹集维护资金，平衡区域利益、维护社会公平的目的。例如，法国以征费这种经济调控手段，通过对不同地区实行不同的水环境标准和收费以约束不合理的资源开发利用行为。

（4）技术

技术手段是充分利用"科学技术是第一生产力"的道理，运用那些既能提高生产率，又能提高水资源开发利用率、减少水资源消耗、对水资源及其环境的损害能控制在最小限度的技术以及先进的水污染治理技术等，来达到有效管理水资源的目的，包括采用新理论、新方法建立有效的实时监测和评估体系与监督机制等。

（5）公众参与

由于流域水资源管理的广泛性和复杂性，引入公众参与机制无疑会对流域治理产生积极影响。公众参与是复杂和多方面的，涉及教育、文化、思想和观点等，参与方包括非政府组织、民间机构、个人、科研人员和无数参与流域管理方案制订的其他社会群体。参考多个国家流域管理的具体实施方式，可将公众参与的形式概括为：通过新闻媒介，发布拟实施的流域管理项目的内容，让公众事先了解项目情况；之后流域管理机构可应公众要求召开公众听证会，对公众提出的意见，进行解释，并制定解决办法；最后对流域管理有关的重要决定进行公示。目前，国际上通用的流域管理公众参与的两种类型是：协商与参与，二者均以信息双向交流为基础，其区别是允许介入的公众对决策过程的影响、共享和控制决策的程度。

（6）宣传教育

宣传教育既是水资源管理的基础，也是水资源管理的重要手段。水资源科学知识的普及、水资源可持续利用观的建立、国家水资源法规和政策的贯彻实施、水情通报等，都需要通过行之有效的宣传教育来达到。同时，宣传教育还是从思想上保护水资源、节约用水的有效环节，它能充分利用道德约束力量来规范人们对水资源的行为。通过报纸、杂志、广播、电视、展览、专题讲座和文艺演出等各种传媒形式，广泛宣传教育，使公众了解水资源管理的重要意义和内容，提高全民水患意识，形成自觉珍惜水、保护水、节约用水的社会风尚，更有利于各项水资源管理措施的执行。

1.3 内陆河流域水资源危机的研究进展

1.3.1 内陆河流域水资源现状

世界最长的内陆河是伏尔加河，全长 3690km，最后注入里海，水电资源丰富。中亚最长的内陆河则是阿姆河，中亚最长的锡尔河与水量最丰沛的阿姆河占据了地区水资源的90%，主要位于咸海流域。咸海地处欧亚腹地的中亚哈萨克斯坦和乌兹别克斯坦西部，紧靠里海。20 世纪 60 年代之前咸海水域面积大约为 6.6 万 km²，生机盎然。然而，近几十年来无节制的灌溉取水导致咸海来水锐减，因此湖水迅速干涸，水域面积急速缩减。2014年美国国家航空航天局发布的一组咸海卫星照片显示，咸海已经萎缩到原来西面和北面的零星部分。咸海基金会官网的消息显示，咸海的面积如今已经萎缩了74%，而其水量减少近85%。人们预测，如果再不采取积极有效的措施，到了 2020 年，咸海将彻底从地球上消失。咸海面积的不断萎缩，导致干涸湖床上的海盐大面积裸露，加上干旱的气候，盐尘暴和盐雾肆虐中亚各国，直接造成大量耕地盐碱化以及附近平原地带沙漠化，严重影响动植物生长，生态环境迅速恶化，经济损失巨大，同时也严重威胁该地区居民的健康。而且随着危害范围不断扩大，已经影响到我国北方地区和俄罗斯的西伯利亚南部地区，甚至还扩散到北美大陆。

我国干旱地区内陆河主要分布在甘肃河西内陆河流域（含内蒙古西部）、新疆内陆河流域（不包括羌塘内陆区内的新疆内陆河）和青海内陆河流域（不包括羌塘内陆区内的青海内陆河），流域总面积229.2 万 km²，占国土面积的23.9%，仅有全国5%的水资源。我国干旱区内陆流域与非洲、亚洲等地其他干旱内陆河流域不同，中国干旱内陆河流域矗立着许多高大的山系。干旱内陆河流域的四周，盆地高低悬殊；辐射状水系从高山向盆地集中；绿洲依水源而存；垂直分带与水平分带鲜明，并以盆地为中心呈环带状分布的封闭型地形特征。内陆河的共同特点是径流产生于山区，消失于山前平原或流入内陆湖泊。干旱区内主要的内陆河有塔里木河、伊犁河、玛纳斯河、黑河、疏勒河、石羊河、柴达木河、格尔木河，其中，塔里木河、黑河分别是我国第一和第二大内陆河。该区气候干旱、水资源稀缺，是我国生态环境极为严酷和脆弱的地区。区域内特殊的山地-盆地结构发育了众多内陆河系，形成许多适宜人类聚居的绿洲区。随着人口大规模增加和社会经济的快速发展，人类活动的影响造成自然水循环规律及与之伴随的其他环境的急剧变化，水资源在人与自然之间的分配严重失衡，从而引发了荒漠扩张、湖泊干涸、河川断流等众多生态环境问题，直接威胁着区域可持续发展。

黑河流域是我国干旱与半干旱区地区典型的内陆河流域，具有干旱区内陆河流域的一切特点。黑河流域位于河西走廊中部，地跨青海、甘肃和内蒙古三省（区），流域总面积14.29 万 km²，干流水系流域面积11.6 万 km²，是中国第二大内陆河。黑河干流发源于青海省祁连县，从祁连山发源地到尾闾居延海，全长 821km。其中干流莺落峡以上为上游，河道长约 303km，干流流域面积约 1 万 km²，占流域总面积10%左右，地势险峻，气候严寒潮湿，年均降水量 350mm，现代冰川发育，是黑河的产流区；莺落峡与正义峡之间为中游，河道长约 185km，干流流域面积约 2.56 万 km²，地形以平原为主，绿洲、荒漠和戈壁断续分布，由于光热资源丰富，是甘肃省重要的灌溉农业区；正义峡以下为下游，河道长333km，干流流域面积 8.04 万 km²，地形属阿拉善高原区，大部分为荒漠、沙漠和戈壁，降水量少而蒸发能力极强，属于极度干旱区，是戈壁沙漠围绕天然绿洲的边境地区。然而，20 世纪 60 年代以来，随着中游地区人口的增长和经济发展，用水量迅速增加，致使进入流域下游额济纳绿洲的水量锐减，直接造成了下游地区河道断流、湖泊干涸、地下水位大幅下降，林草植被严重退化，土地荒漠化和沙漠化日趋严重，成为中国沙尘暴的主要策源地之一。

石羊河流域是我国干旱内陆河区人口密度最大、水资源供需矛盾最为突出，人类活动对生态环境影响最大的流域。石羊河流域位于甘肃省河西走廊东部，乌鞘岭以西，祁连山北麓，总面积 4.16 万 km²，占甘肃省内陆河流域总面积的 15.4%。石羊河流域深居大陆腹地，属大陆性温带干旱气候，太阳辐射强、降水少、蒸发强烈。石羊河流域水系发源于祁连山，全长超过 300km，河流补给来源为山区大气降水和高山冰雪融水，流域多年平均水资源总量为 16.61 亿 m³。人均水资源量和耕地亩均水资源量均低于全省均值，属于典型的资源型缺水地区。石羊河流域分为南部祁连山地、中部走廊平原区、北部低山丘陵荒漠区三大地貌单元。南部祁连山地属高寒半干旱半湿润区，年降水量可达 300～600mm，是流域地表水资源最丰富的地区；中部走廊平原区属温凉干旱区，年降水量150～300mm，是石羊河流域主要的绿洲灌溉区，也是绿洲农业发展史上开发最早、经营最久的绿洲灌溉农业基地；北部低山丘陵荒漠区，年降水量少于 150mm，由于北部毗邻巴丹吉林沙漠，该区风沙危害大、生态环境极其脆弱，是石羊河流域缺水最为严重的区域。石羊河流域的现状耗水量大于流域的水资源总量，社会经济用水挤占天然生态用水，流域上中游挤占下游用水，流域水资源开发利用已严重超过其承载能力，导致生态环境的日趋恶化，最终将危及绿洲的稳定。塔里木河流域位于新疆南部，地处亚欧大陆腹地——塔里木盆地。从最长源流叶尔羌河源头到尾闾台特玛湖，全长近 2200km，流域面积102 万 km²。塔里木河流域地域广袤，河流众多，历史上曾有九大水系 144 条河流。由于人类活动和气候变化的影响，车尔臣河、克里雅河、迪纳河、开都–孔雀河、渭干河相继与干流失去地表水力联系。目前与塔里木河干流常年有地表水力联系的仅有阿克苏河、叶尔羌河与和田河，开都河的水注入博斯腾湖后经泵站扬水通过孔雀河向塔里木河干流下游输水,形成现在塔里木河"四源一干"的格局。在"四源一干"中,干流自身不产流,四源流多年平均河川径流量 256.7 亿 m^3(从国外流入 57.3 亿 m^3,地表水资源量为 199.4 亿 m^3)。其中,阿克苏流域 95.33 亿 m^3,是汇入干流水量的主要补给来源,补给量占到 73.2%。

随着全球和新疆气候变暖,塔里木河流水资源形成区的气温和降水呈增加趋势,带来源流河流年径流量的增加。但由于源流和干流上游人口和耕地不断增加,水资源的过度无序开发和低效利用,致使源流向干流输送的水量逐年减少,水质不断恶化,下游河道断流,尾闾台特玛湖干涸,大片胡杨林死亡,生态系统日趋恶化,已成为制约流域经济社会可持续发展的主要因素。

1.3.2　气候变化对内陆河流域水资源影响的研究进展

辨识气候变化与经济社会发展双重驱动的水资源演化特征是水资源管理面临的新挑战,探究社会经济系统与生态-水文过程互馈机制是刻画水资源演化特征的重要途径。气候变化扰动了流域生态-水文过程,威胁着区域水资源安全。全球气候变化加剧了干旱区水资源供需水矛盾,使得供需水失衡失调、径流年际变化加大、极端水文事件增强、水资源开发过程中的生态用水与生产用水矛盾更加突出。2009 年美国推出气候变化与水资源管理报告,督促各部门积极应对气候变化对水资源的影响。英国在新一轮的水资源规划中充分考虑了未来气候情景下水资源的变化。近些年,国家多次强调通过开展重大课题和项目加强水资源适应性对策的研究。应针对气候变化背景下水循环变化规律制定相应的适应性对策,保证流域水资源的可再生性。张威和付新峰(2011)结合黄河水生态现状和气候变化可能造成的影响,提出黄河水生态系统的气候变化适应性对策。针对气候变化对干旱区水资源的影响,科学技术部、国家自然科学基金委员、教育部等也从不同方面、不同层次建立了不同的研究计划,试图解决气候变化影响下干旱内陆河水资源应对策略与措施。如气候变化对干旱内陆河流域影响重大项目的开展,旨在为结合实证研究,对其已有研究成果总结分析,进而深入探讨气候变化下干旱内陆河流域水资源适应性管理的制度,提出应对气候变化下如何保障干旱内陆河流域水资源安全的适应性管理措施和政策建议。同时,国家相关部门对于干旱内陆河流域进行了研究和规划工作,如建立流域管理委员会等管理机构等。然而现行干旱区内陆河流域水资源规划和管理,较少考虑气候变化的动态影响。必须加强水资源管理对气候变化的适应性对策研究,结合当前流域管委会及水利部门的方针政策,从水资源管理工作的角度,提出减缓气候变化所带来的不利影响的适应性对策。例如,开展流域水资源脆弱性诊断及恢复性措施;提高大中型灌区对水资源调控能力,加强雨水集蓄利用,加快节水高效利用;调整经济发展方式和产业结构,在气候变化与水资源影响两者之间寻求合适的发展道路。

气候变化影响未来水系统变化和水资源安全。对于我国西北干旱区而言,气候变化对西北干旱区水资源安全的影响研究涉及未来气候变化条件下的河流来水过程、供水过程、需水过程以及由气候变化引起的供-需水失衡失调等问题。因而,结合全球变化,需要加强西北干旱区水系统中来水–供水–需水三大过程相互作用过程与机制的研究，创建具有反馈机制的水系统动力学模式；通过水文景观理论和脆弱性因果模型等方法动态辨析关键过程与脆弱环节，研究干旱区水系统关键脆弱性评估及水资源安全管理的阈值，从机制上认识气候变化和人类活动对水资源的作用；研制综合反映来水–供水–需水相互反馈的动力学模型，解析气候变化和人类活动对流域来水过程、供水过程以及耗水过程的影响，识别控制水系统稳定的关键过程和关键因子并分析其变化机制，揭示水系统关键脆弱性和水资源安全阈值及其与气候变化的关系；针对西北干旱区水资源开发利用中生态与经济的突出矛盾，需要在分析"水–生态–经济"耦合系统中水循环在不同流域不同区段的水文功能、生态功能和经济功能的基础上，开展综合的干旱区水循环与水资源对气候变化的响应机制研究，提出生态与社会经济协调发展目标下应对气候变化的水资源管理策略；通过发展和构建适宜干旱区水资源模型，预测气候变化和社会经济发展情景下未来生产、生活用水和生态耗水过程与强度变化，确定干旱区"水–生态–经济"耦合系统水资源分配合理阈值；通过分析水系统对气候变化的适应性、适应程度以及工程措施对水系统脆弱性的影响，解析水资源系统稳定性与社会经济系统、生态系统的相互作用关系，探讨适应性调控的可行性，提出应对气候变化、保障水资源安全的适应性调控对策与模式。

1.3.3　社会经济系统水资源利用优化研究进展

流域是由社会经济系统、生态环境系统与水资源系统构成的具有层次结构和整体功能的复合系统。流域常被抽象为社会与生态协同演化的复杂系统，其具有复杂性、相互依赖性、不确定性及争议性（程国栋等，2011a）。因此，对流域的相关科学研究需要借助复杂系统建模技术开展过程模拟研究（Lange et al.，2007；程国栋和赵传燕，2008；Bracken and Oughton，2009）。人类活动正在成为或业已成为驱动水循环的主要动力之一，社会水循环而非自然水文过程是水资源重新配置的主导因素，但流域的水资源利用模型的研究还十分薄弱（Harou et al.，2009；李新等，2010；Bergez et al.，2012）。全球气候以及世界社会经济的变化给人类发展造成了很大不确定性，同时水资源具有稀缺性、不可替代性、再生性和波动性四大经济特性（钱正英等，2009）。这些新的特征对流域水资源综合管理提出了前所未有的挑战。在水资源供需矛盾不断加深、各行业用水竞争日益加剧的背景下，水资源合理配置和高效利用问题显得格外重要（康绍忠等，2005；Petit and Baron，2009）。"自然过程"与"社会学习"相耦合的水资源利用优化配置是当前流域水资源可持续利用管理研究的趋势。

水资源可持续利用管理研究的重点是水资源利用的效用问题。但以效率为核心的小尺度效用评价已经无法满足水资源利用和配置在更大空间尺度和时间跨度上的需求（雷波等，2009；Bergez et al.，2012）。近期，国内学者提出了广义水资源高效利用的观点，认为水资源的高效利用不仅包括社会经济用水，还包括天然生态用水；不仅关注单个部门或单元的水资源利用过程，还要关注整个区域的水资源利用状况（裴源生等，2008）。基于水资源利用效率的区域尺度水资源模型建模工作在黑河流域还较为薄弱。特别地，灌区是中游水资源管理的基本单元，加强对灌区水平衡的模拟，对于理解人工绿洲的水循环，加强农田水管理具有重要意义（李新等，2010）。在流域尺度的空间配置方面国内外已经开展了一些方法上的探索，如采用面向对象方法把 GIS 和水文模型整合起来研究流域水资源（Xu et al.，2001；Daene et al.，2002）。以卡什卡达里亚河流域水资源管理为例，流域水资源配置模型和空间分析可以通过 GAMS 和 ArcView 两个软件链接。以往的研究表明，对作物–田间–灌区–流域（区域）、产业–园区–区域以及居民–社区区域等不同尺度之间用水效用的尺度效应以及尺度转换问题的科学解释，是流域水资源的空间配置方法研究的关键。

加强水资源的社会化管理，建立以水权、水市场理论为基础的水资源管理体制，是提高水资源外部分配效益的重要手段。研究表明以市场为导向的水资源管理框架有助于提高水资源的分配和使用效率（John et al.，1999）。国外水权制度改革的实践表明水权与土地使用和所有权区分开的市场手段管理水资源的办法使水权交易不受限制（洪宇和王雨，2008）。我国正处在水权制度建设的起步阶段，当前应着重制定用水总量控制和建立定额管理制度，为水权制度建设提供前提条件（邓文茂等，2008）。黑河流域中游地区虽然较早引入了"水权"进行水资源管理，但由于水权交易市场不完善，水权的杠杆作用远未能发挥作用（程国栋等，2011b）。国内学者水资源配置方面宏观政策研究主要通过构建包含水资源账户的投入产出模型和 CGE 模型。部分学者在黄河流域通过投入产出模型探索了水价改革、水权交易等水资源市场调控策略（严冬和周建中，2010；秦长海等，2012）。同时，随着计算机建模技术的提高，CGE 模型也成了探索水资源管理政策的有效工具，如北京市开展的从水价和水量的角度利用 CGE 模型对北京市水资源调控经济政策进行了探索（邓群等，2008），张掖市的水权交易调控措施对社会经济影响分析（王勇等，2010；邓祥征，2011），黄河流域的不同行政区水资源分配问题和南水北调的主要给水与受水地区的水资源调控措施对社会经济影响分析（Okuda et al.，2006；Feng et al.，2007）等不同尺度、不同问题的研究。目前的优化模型主要采用多目标优化、遗传算法、蚁群算法与系统动力等方法，侧重于水资源利用结构刻画，缺乏空间显性分析（陈晓楠等，2008；陈卫宾等，2008；赵慧珍等，2008；Makhamreh，2011）。上述研究采用的社会经济数据多为单期静态，这在一定程度上影响了研究结果向管理应用的转化。

当前关于水资源配置的宏观与微观研究成果积累较多，宏观尺度的结构动态优化配置与微观尺度多主体博弈决策的耦合研究则相对不足，同时受宏观经济数据的时间尺度与空间尺度的制约，序列年和区县尺度的水资源社会经济核算体系尚待建立，据此探索不同尺度水资源利用效率转化规律的研究也有待开展。研究社会经济发展与气候变化情景驱动的生态–水文演化的机制，构建黑河流域的跨产业、多尺度、动态的水资源利用优化配置模型，成为服务流域水资源综合管理研究与指导流域生态恢复与保护亟须解决的科学问题。

1.3.4　内陆河流域水资源与可持续发展的研究进展

1.3.4.1　"水–生态–经济"耦合系统管理理念

人–自然耦合系统研究是支持流域可持续发展的新兴学科。近些年，国内外水文学界越来越深刻地意识到在自然的水文过程模拟中考虑人类因素的必要性，相关的一些人水耦合系统理念被陆续提出并已成为研究热点，如水文–经济模型（Ahrends et al., 2008）、人类–水文耦合系统（Coupled Human-Hydrologic System）以及社会水文学（Social hydrology）等（Sivapalan et al, 2012；Reddy and Syme, 2014）。在人水耦合系统中，人类活动与水文过程存在着复杂的关系。例如，人类可以通过农业灌溉、地下水开采等活动改变流域土地利用和地表地下水交互过程；同时，气候条件、社会经济状况、管理政策等因素也会对人类在人水耦合系统中的行为产生约束。在叠加了人类经济社会活动之后，自然生态系统就变成了一种由物质流、能量流、信息流和价值流等各种流耦合而成的自然生态与经济社会复合系统（徐中民等，2008）。流域单元水资源管理政策的制定需要对人类活动和水文条件互相演化、协同驱动的互馈机制有深入的了解（刘攀等，2016）。目前，我国学者已经认识到，水–生态–社会经济耦合系统随着人类活动影响的扩大已经逐渐成为"自然–人工"二元驱动结构的复合水循环系统；人类社会经济活动已成为影响水系统演化的主导；实现从单一供水管理向社会经济用水和水循环的全过程科学管理转变是流域水资源综合管理亟待解决的问题（Arnell，2004；王浩和龙爱华，2011；Perilla et al.，2012）。因此，需要以水资源–社会经济模型为核心，实现社会经济系统与生态–水文过程之间的耦合规律研究，基于气候变化、土地利用变化、流域规划以及社会经济发展等流域水资源制约与影响因素的趋势，定制不同的情景方案，开展多情景驱动下的社会经济与生态–水文过程模型综合模拟分析，预测流域水–生态–社会经济耦合系统的演变规律，为流域水资源管理提供综合性决策知识与科技支撑。

国家自然科学基金"黑河流域生态–水文过程集成研究"重大研究计划（以下简称"计划"）的实施目标是为国家内陆河流域水安全、生态安全以及经济的可持续发展提供基础理论和科技支撑。目前，"计划"在生态水文、生态恢复、同位素水文学、水环境、生态经济与可持续发展等领域取得了大量研究成果，初步构建了数字流域、野外实验观测、试验示范平台，并形成了一支致力于流域科学发展的科技创新队伍（李新等，2010b）。程国栋院士在接受《北京青年报》记者采访时曾表示，通过水资源合理配置和优化管理以及各种保障措施的实施，西北地区不会缺水。研究黑河流域上–中–下游之间与其各自的生态–社会经济系统间的水资源配置问题，如水量与水权交易、经济结构调整、生态环境质量改善、提高单方水效益等，是黑河流域水–生态–社会经济耦合系统健康发展的关键。水资源是贯穿黑河流域研究的主线和核心，是联系流域生态水文过程和社会经济系统的纽带，也是区域社会经济与生态环境可持续发展的最主要限制因子。生态–水文过程是不同尺度水平和垂直方向上能量流动和物质循环的过程。过去，生态过程研究主要关注植被格局动态及植物生产力变化；水文过程研究则注重刻画土壤水分平衡、地表径流与坡面侵蚀过程。随着全球淡水资源短缺状况的持续恶化，水文过程与生物动力过程之间的功能关系的重要性逐渐凸显，水循环与生物地球化学循环、水文与生态系统相互作用、水文过程与生命过程耦合、绿水及其生态作用研究逐渐受到国内外学者的重视（傅伯杰等，2006；赵文智和程国栋，2008）。人类活动通过土地利用变化、增强社会经济发展用水需求驱动和改变水资源空间配置等多种途径影响了生态-水文过程（Reed et al.，2013）。为此，开展社会经济发展情景下水资源约束驱动的生态水文过程模型研究需求迫切。

目前，为最大限度地发挥流域水资源经济、社会与生态环境综合效益，对干旱区内陆河流域生态经济问题的解决多集中在"水-生态-经济"耦合系统协调发展集成模型的研究。干旱区内陆河流域"水-生态-经济"系统耦合模型发展是以流域可持续发展为目标，以协调流域生态建设、经济社会发展、水土资源优化配置为重点，而建立的耦合流域生态、生产与生活系统的集成分析与动态预测模型，该模型能有效地解决干旱区内陆河流域上、中、下游地区生态-生产-生活系统之间的发展失调问题，确保流域上、中、下游之间，山地、绿洲、荒漠系统之间，生态、生产与生活系统之间的相互协调和共同发展，实现全流域生态环境良性循环、生产系统持续高效、生活水平逐步提高的"三赢"目标。干旱区内陆河流域"水-生态-经济"协调发展耦合系统是一个以水为主线的生态经济耦合系统。其构建思路可分两部分来理解：把水资源量作为建设"水-生态-经济"协调发展耦合系统的"总阀门"，把流域作为建设"水-生态-经济"协调发展耦合系统的主轴线，据可用水资源量和实施分水方案后流域上、中、下游规定的可用水资源量，确定流域各段的经济发展规模和人口容量。把提高单方水效益，进而增加地方财政收入和提高农民人均纯收入作为建设流域"水-生态-经济"社会协调发展耦合系统的最终目标。把经济结构调整作为提高单方水效益的主要手段，构建"节水型产业结构体系"。干旱区内陆河流域上、中、下游之间，上、中、下游各自的生态、生产、生活系统之间，分水量与水权贸易、经济结构调整、生态环境质量改善、提高单方水受益之间所形成的不同尺度、不同层面的非线性耦合关系，正是建立干旱区内陆河流域"水-生态-经济"社会协调发展耦合模型的主要依据和总体思路。

1）随着人类活动的扰动增加，"自然-人工"二元结构驱动的复合水循环系统逐渐形成，而与流域水资源管理密切联系的社会经济因素及其对水资源影响与响应机制的研究相对迟滞。如何开展社会水循环过程的驱动机制、用水需求的演变规律、水资源的空间动态优化配置、水资源管理的多元调控方案等方面的研究，发展流域水-生态-社会经济耦合系统模型，将是实现水资源的生态系统服务功能和经济社会服务功能均衡研究的重点。

2）水资源-社会经济模型与生态水文过程模型具有不同的时间和空间尺度，二者之间的耦合机制研究大多以概念框架描述为主，缺乏量化的模型接口。如何制备小尺度、时序的水资源社会经济核算数据，将水资源利用效率引入不同层次、动态的社会经济模型之中，建立起宏观水资源-社会经济模型与微观生态水文模型之间的数据链接，是流域综合模拟未来的发展趋势。

3）目前学术界建立的复杂模型系统并未真正应用于国内外的流域水资源综合管理实

践。主要是由于这些模型未能面向流域的产业与城市化发展、土地利用变化、气候变化与社会经济发展等关键的水资源影响过程与因素，输出与流域水资源供需矛盾的解决方案（如不同情景下的用水结构和强度、水资源利用效率、生态状况等），因此开展未来多情景综合模拟、预测研究必将会逐渐引起重视。

1.3.4.2 流域发展实例——"数字黑河"

流域是由水资源系统、生态系统与社会经济系统协同发展构成的、具有层次结构和整体功能的复杂系统（程国栋等，2011b），因此，可以认为流域是管理水资源、土地资源和其他资源以及探索社会可持续发展的一个理想单元。从流域综合管理的应用角度看，流域科学是在流域尺度上通过对自然资源和人力活动的优化配置而为可持续发展服务的应用科学（李新和程国栋，2008）。

美国前副总统戈尔提出了"数字地球"概念，而"数字流域"是"数字地球"在流域尺度上的实践性尝试。我国科学界对数字流域的认识存在着不同的观念，李新等以"数字黑河"为具体实例，从发展流域科学的角度，对"数字流域"进行了具体阐释和实践尝试。"数字黑河"由数据平台、模型平台和数字化观测系统组成，其核心目标是为流域科学服务、为黑河流域集成研究搭建一个集数据、模型和观测系统于一体的信息化平台，但同时也外延而扩展为以流域综合模型为骨架的各种应用。"数字黑河"的概念框架自2000年被提出至今，在数据集成、模型集成、共享平台等方面均取得了进展。"数字黑河"是一个数据内容翔实的信息系统，它以全流域1:10万数字高程模型、其他地理基础数据、多期的高分辨率遥感图像为基本骨架，包括了多个时期的大比例尺土地利用/覆盖、植被、土壤、地质、水文地质、地貌森林、草场等专题图，黑河流域气象、水文、地下水数据库，水资源和生态与环境评价数据库，社会经济数据，以及流域内较为完善的观测网络和各种科学实验积累下来的其他数据。在线数据量已超过1000GB，是目前国内同类的数字流域研究中数据量最大、数据类型最丰富的信息系统。在数据科学内容集成方面，重点开展了模型数据集研究。提出了针对流域综合模型及水文和生态模型的数据分类（验证和诊断数据、驱动数据、参数集）及集成框架，初步完成了适用于各种水文、生态和陆面过程模型的黑河流域土地覆盖、土壤、遥感等参数集的制备。这些模型数据集，有力地支持了黑河模型集成研究工作。

流域社会经济系统与生态-水文过程模型耦合与集成研究的关键是流域生态-水文监测数据的支撑。国际水委员会2005~2015年"生命之水"十年计划已经开始着手筹建水资源观测网。我国也非常重视观测系统建设，先后开展黑河试验（1989~1993）、黑河综合遥感联合试验等重要影响的观测项目，对黑河流域地表热量与水分平衡、地理环境中的生物化学循环、生物群落与环境的关系以及景观格局与过程等开展了长期观测，取得了显著成绩，并建成了具有国际先进水平的生态系统联网观测系统（李新和程国栋，2008；程国栋和赵传燕，2008）。在"计划"的推动下，黑河流域已经基本建成了完善的生态-水文过程地面与遥感数据获取网络（李新等，2010）。例如，"黑河流域生态水文样带调查"项目的实施设计完成了黑河流域各种植被与水文土壤数据的实地调查；"面向黑河流域生态-水文过程集成研究的数据整理与服务"项目已经完成 1985~2008 年的地下水观测数据与部分灌区年报数据的收集（李新等，2012）；"黑河全流域遥感关键生态参数产品反演算法"项目采用遥感方法获取了黑河流域反照率、LAI、FPAR 三个关键生态参数的数据产品等（王树果等，2009）。但目前，黑河流域观测体系面临着规范化不足的问题。例如，不同项目从不同渠道获取的数据具有不同的目的性，数据标准与尺度差异制约了生态水文演变过程刻画、模型参数验证与耦合机制解析等基础研究，从而影响了基础研究服务于流域水资源综合管理决策支持的功能。近 30 年来，黑河流域已成为我国内陆河研究的基地，具有了较为完善的观测网络和各种科学研究与实验积累下来的大量资料；同时，它也是近年来开展内陆河综合治理的典型案例，是建设节水型社会的基地。

正如地球观测系统是地球系统科学的基础支撑，发展流域科学首先需要建立遥感-地面观测一体化的、高分辨率的，能够覆盖流域水、生物化学循环和社会经济活动等方方面面的流域观测系统。由于流域上游地区往往地形复杂，流域尺度上空间异质性更强，因此，流域研究所需的观测密度也更高。目前除了少数流域，如美国南部大平原的沃希托河（Washita）流域、美国亚利桑那州（Arizona）的沃尔纳特（Walnut）流域等建立了完备的遥感-地面一体化的观测系统外，建立流域观测系统的尝试还不多。黑河流域作为我国流域科学研究的重要试验流域，其观测系统的建设，积 20 多年之功，已初具规模，形成了以野外研究站和大规模综合观测试验为核心，并与气象、水文、水文地质、水资源管理、农业、林业等部门的业务观测网站密切配合的流域观测系统。黑河流域可作为建立流域观测系统的一个原型。其观测系统的主干是分别位于流域上、中、下游的黑河上游生态水文实验研究站、临泽内陆河流域综合研究站、阿拉善荒漠生态水文试验研究站以及以流域尺度遥感观测为目标的寒旱区遥感观测系统实验站。在黑河流域先后开展了 HEIFE（"黑河地区地气相互作用野外观测实验研究"）实验、金塔试验、黑河综合遥感联合试验，这些综合性的大规模科学试验，极大丰富了流域科学观测实践。

流域科学研究中的综合集成模型可概括为"水-土-气-生-人"集成模型的发展。国际上已开发了多种流域水文和环境综合模拟的优秀模型，典型代表包括美国农业部（USDA）的 SWAT（The Soil and Water Assessment Tool）和美国环境保护局（EPA）的 BASINS（Better Assessment Science Integrating Point and Nonpoint Sources）等模型。国内的相关研究以"数字黑河"中的黑河流域模型集成为代表，主要进展包括：建立了内陆河高寒山区流域分布式水热耦合模型（DWHC）；针对寒旱区特征发展和改进了多种陆面过程模型参数化方案；发展了制备复杂地形条件下高分辨率的风、温、压、湿、降水和辐射资料的方法；建立了含水层变饱和度地下水流三维有限差分模型作为通用模拟工具；初步发展了一个多模型、多方法、情景导向、具有人工智能和群决策功能的空间显式水资源决策支持系统；引进和应用了 MMS（模块化建模系统）和 SME（空间建模环境）等多种建模环境；发展了陆面水文数据同化系统，开展了大量水文变量的单点数据同化试验；系统地发展了分布式水文模型的参数估计方法。相关研究表明，若黑河流域水资源对城市化的约束强度为 0.44~0.94，则水资源将成为制约其城市化发展的重要因素（方创琳和鲍超，2004）。气候变化是水资源规划、投资和管理面临的新挑战，综合未来气候变化影响的水资源规划与风险管理是未来水资源管理的发展方向（夏军等，2009；李志等，2010；Buytaert et al.，2010）。目前，相关研究已经建立起陆面-生态-水文过程耦合模型，若将其与宏观尺度社会经济模型、气候模式相结合，则将使得模拟人类活动与气候变化对水-生态系统的综合影响更加容易（程国栋，2009；刘昌明等，2012）。流域水-生态-社会经济耦合系统的运行及其效益依赖于自然与人文要素的综合影响研究，因此应加强各方面影响因素的综合研究，以实现干旱区水资源的生态环境系统服务功能和经济社会服务功能的均衡。

流域水资源综合管理的目标是：保护人类与其他生物赖以生存的水环境与水生态系统，实现水资源管理战略从供水管理向需水管理的转变，提高水资源的利用效率，实现流域水资源的可持续利用（Sophocleous，2000；Petit and Baron，2009；程国栋，2009；王浩和王建华，2012）。"数字黑河"，将以 e-Science 时代的最新的信息技术为依托，将数据系统、观测系统、模型系统、信息发布系统、高性能计算及科学计算可视化连接为一个整体，实现从观测、采集、处理、分析、发布、模拟、应用到决策的一体化架构。以系统的思路开展多子系统耦合、多尺度嵌套的集成知识库、模型库与数据库为一体的流域水资源综合管理决策支持系统研究，模拟不同的社会经济发展与气候变化情景下水资源时空演变规律，对从整体上深入理解干旱区生态用水与社会经济用水内部诸要素的关联机制具有重要意义。建立合理的水权制度、适时开展水权交易，运用市场机制和经济手段来合理配置水资源是目前国际社会在提高水资源利用效率、解决水事冲突、促进水资源可持续有效利用十分倚重的政策举措，是关系到需水管理策略能否有效实现的关键与保障（Okuda et al.，2005；Mahmoud et al.，2011；王金霞，2012）。数字黑河实践不仅能够丰富地球系统科学在流域尺度上的实践探索，也有助于推动水科学和水管理的变革。

总之，流域综合管理需要改变传统的管理模式和理念，对有限的水资源进行优化配置，对提高用水效率、缓解流域水资源的社会经济服务功能与生态服务功能不平衡等有着重要的作用。因此，需要将社会经济耗水与生态需水作为建设"水-生态-经济"耦合系统的"总阀门"，把流域作为建设"水-生态-经济"协调发展耦合系统的边界，研究现状条件下各类用水结构、水资源的利用效率，推求合理的工农业生产布局，探索适合本地区的社会经济发展规模和发展方向，分析预测未来居民生活水平提高、产业发展以及生态环境保护不同情景下的水资源需求；研究其水资源空间优化配置涉及的生态-水文过程关键机制，空间显性的社会经济数据制备、多主体博弈的智能决策规则等问题，在空间尺度上最优化地动态配置水资源以产生最大生态-经济综合效益成为亟待解决的问题；考虑不同尺度、产业与区域差异，以水资源-社会经济模型为核心，实现社会经济系统与生态水文过程的耦合，基于气候变化、土地利用规划、社会经济发展中长期预测定制不同的情景方案，开展情景驱动模型分析预测流域"水-生态-经济"耦合系统的演变规律，为流域水资源综合管理提供决策信息与科技支撑。

第2章 流域水-生态-经济耦合系统建模理论

水是生命之源，流域是水产生、转化、蕴藏、利用与消失的综合环境。水通过不同的形态存在于流域内陆表环境中并孕育着自然界的生命与人类文明。流域在地貌学中被界定为分水线所包围的且有径流流入的干流及支流的集水面积，在水文学中指河系的集水面积，是一个集水单元，同时也是一个生态经济系统。流域单元具有地球系统的大部分动力特征，大气-冰冻圈-河流-湖泊-地下水-生态系统-土地利用-人类活动所构建起的流域景观格局正是地球系统的一个生动写照。同时，也可以认为流域是地球系统的微缩，是自然因素聚集的基本单元。因此，从流域综合管理的应用角度看，流域科学是在流域尺度上通过对人类生产、生活与生态空间的自然资源需求的优化配置，实现人地和谐发展，更是服务于流域可持续发展的应用科学。流域尺度的人-自然耦合模型系统的建设，是发展流域科学的发展思路，也是解析流域内自然因素与人文要素的互馈关系，服务于流域不同层级管理者科学决策的重要科技支撑。

2.1 流域水-生态-经济耦合系统模型框架设计

系统分析理论与方法是研究流域"水-生态-经济"耦合系统的基本手段。流域是由"水-土-气-生-人"多要素组成的复杂系统，要素之间互相依存、相互作用。流域具有自然特征，也具有社会经济属性。流域可持续发展目标要求"水-生态-经济"耦合系统协调发展，在这个耦合系统里，水资源、社会经济、生态三大子系统相互作用和影响，构成了一个有机的整体。该耦合系统具有整体性、动态性、不确定性与自适应性，具有明显的尺度特征与层级结构，研究需要关注自然生态系统结构、过程与格局，厘清社会经济系统对生态系统功能的需求与影响机制，实现自然生态系统与社会经济系统的协同健康发展。

生态系统和水系统是区域社会经济系统赖以生存和发展的物质基础，它们为区域社会经济的发展提供持续不断的自然资源和环境资源。社会经济系统在自身发展的同时，一方面通过消耗资源和排放废物对生态系统和水系统进行污染破坏，降低它们的承载能力；另一方面又通过社会经济的发展，加大环境治理和水利投资对生态和水系统进行修复与防控，提高了它们的承载能力。水系统在社会经济和生态系统之间起到纽带作用。它置身于生态系统之中，是组成和影响生态系统的重要因子。同时它又是自然和人工的复合系统，一方面靠自然水循环过程产生其物质性；另一方面靠水利工程设施实现其资源性。从水资源利用的可持续性上能够直接反映出"人与自然"的协调关系，水资源的可持续利用必须同经济社会的发展和生态保护相结合。水孕育着自然界的生命与人类文明。在"水-生态-经济"复合大系统中，任何一个子系统出现问题都会危及其他子系统的发展与健康状态，而且问题会通过反馈作用加以放大和扩展，最终导致整个大系统的衰退，进而丧失恢复力。例如，生态系统遭到破坏（如森林砍伐、草地退化、水土流失、环境污染等），必然会影响或改变区域小气候和水循环情况，给区域带来资源破坏，如可用水资源量减少或自然灾害增加，最终阻碍经济社会发展。而经济社会发展的迟缓必然会减少环境治理和水资源与水生态保护的投资，使生态问题和水资源问题得不到有效解决。这些问题将会随着人口增长和排污总量累积增加变得更加严重，并进一步威胁经济社会的可持续发展。根据系统的层次，"水-生态-经济"耦合系统可以分为水资源系统、社会经济系统和自然生态系统。其中，自然生态系统是基础，社会经济系统是主干，而水资源系统既是社会经济系统的基础，又是自然生态系统的基础，因此，水资源系统实际上是基础的基础，更是贯彻自然与人类生命系统的血液（张瑞恒等，2003；左其亭和王中根，2006）。

流域水资源管理涉及的因素众多，以往单一模型的研究要么缺少对流域整体概况的把握，要么不能突出局地（如灌区）尺度的社会经济与生态水文特征，因此不能充分服务于流域水资源综合管理。研究提出了流域水资源动态、空间尺度优化配置模型将耦合区域与灌区尺度模型，并设计与生态水文模型链接的接口以提升流域"水-生态-经济"系统耦合模拟能力。将社会经济耗水与生态需水作为建设"水-生态-经济"耦合系统的"总阀门"，把流域作为建设"水-生态-经济"协调发展耦合系统的主轴线，以GIS技术、宏观经济的CGE模型与微观主体的多智能体技术为核心对黑河流域"水-生态-经济"耦合系统进行设计。集成流域上、中、下游的生态水文过程模型研究的成果，构建水资源核算、生态需水、产业耗水的知识库；基于GIS的交互式可视化平台技术，融合水文过程模型、生态效应模型、流域经济社会耗水和水资源配置模型，集成流域水资源综合管理的模型库；以模型运行与分析为主体的流域水资源管理决策支持系统平台集成为目标，构建流域水资源综合管理决策支持需求的社会经济、生态、水资源的时空数据库，并建立更新机制；实现以数据库为基础，以知识库与模型库为重点研究目标的流域水资源综合管理决策支持系统的集成方案（图2-1）。解决流域水资源利用、生态需水、社会经济发展耗水模型在灌区、区段与流域上的尺度差异，建立流域、区段与灌区多层次嵌套模型，形成具有自主知识产权的跨产业、多尺度水资源动态优化配置模型，实现流域"水-生态-经济"系统耦合模拟分析方法的新突破。

2.1.1 流域生态–水文过程研究

2.1.1.1 生态–水文互馈关系

在广泛关注的全球变化研究中，全球水文循环中的生态过程作用成为核心问题之一，也使得水文过程与生态过程的耦合研究成为水文科学热点研究领域（Gleick，1993）。广义的生态水文学是指在一系列环境条件下来探讨诸如干旱地区、湿地、森林、河流和湖泊等自然对象中的生态与水文相互作用过程的科学。生态水文学重点研究陆地表层系统生态格局与生态过程变化的水文学机制，揭示陆生环境和水生环境与水资源的相互作用关系，

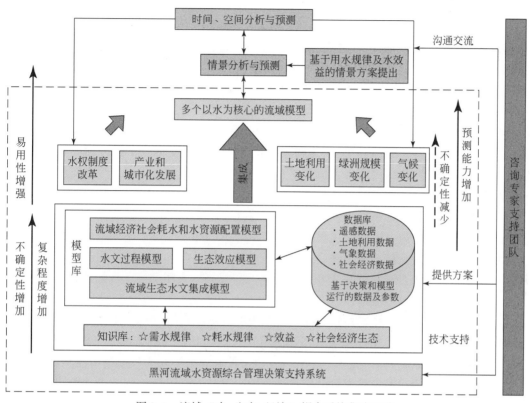

图 2-1　流域 "水-生态-经济" 耦合系统集成思路

回答与水循环过程相关的生态环境变化的成因与调控。

1. 流域植被与水文过程相互作用机制

水是地球的血液，对所有生命物质的生物化学循环非常重要，地球的生态系统与水紧密相关，它驱动着植物的生长并为许多物种提供栖息场所。水是一种普适的溶剂，为沉淀物、营养物和污染物质流动提供路径，通过侵蚀、输移、降解、蒸发和凝结作用改变着地貌形态，促进能量在土地和大气之间的交换。水资源作为自然界的重要组成部分，关系到人类生活、生产和生态空间的规模与状态。陆地植被生态过程（碳循环、植被动态生长等）与水文过程通过各种物理和生物学过程发生交互作用，其密切联系和交互作用渗透到水、热、碳等物质和能量传输的各个环节（陈腊娇等，2011；黄奕龙等，2003）。

水是协调生态系统与社会经济系统相互作用关系的重要资源。在传统水资源分配中，优先将使用权赋予了灌溉农业、居民生活和工业，生态系统用水通常位于水资源使用列表中的底层。社会经济系统的快速发展，挤占了生态需水量，出现了区域生态环境问题。森林、湿地、草地、农田和其他陆地生态系统为人类社会的发展提供了巨大的生态服务，而这些生态服务功能的产生需要淡水资源——生物圈的血液来驱动与支撑。例如，如果要维持上游生态系统调节水文循环中的功能，就需要保护流域上游生态系统，良好的草地和森林保护将会减少雨季的径流量，增加土壤、含水层的入渗，减少水土流失，为中下游的社会经济系统与生态系统提供宝贵的资源,如鱼的繁殖场所、泛洪平原等,这些功能的提供都与淡水资源相联系。对生态-水文相互作用机制的解析,是进行生态-水文过程模拟的关键。鉴于气候、植被-水文过程之间互为反馈的复杂交互作用,若模拟过程中对任意一个过程进行静态化考虑,都可能因缺乏动态反馈造成模拟结果的严重偏差。所以,在模型中如何刻画生态水文交互作用和动态耦合是生态水文模型构建的难点与关键所在。因此,需要开展多尺度生态要素和水文要素之间的相互机制研究,通过野外实验观测、室内分析等手段弄清其物理化学及生物过程,揭示生态水文过程的机制以及建立更符合实际的生态水文机制模型(冯起等,2014)。二者之间的相互作用主要体现在以下两方面。一方面,水是植被生长的驱动力和制约因素,植物主要的生理过程,如光合作用、呼吸作用、养分循环等对水分限制具有高度敏感性,水循环过程尤其是土壤水的时空变化决定了植被的生长动态、形态功能和空间分布格局;另一方面,植被通过生物物理过程与生物化学循环作用于水循环过程,表现为:植被通过根系吸水和蒸腾作用直接参与水循环过程;植物冠层通过拦截降水增大了蒸发量,减少到达地表的降水量,对降水进行重新分配,如森林林冠的截留率占年降水量的20%~40%;植被枯枝落叶层提高地表粗糙度,增加地表水下渗,减小洪峰流量,延长地表径流形成时间。

近年来的研究表明,植被冠层气孔行为和土壤水运动是植被与水文相互作用中最为关键的两大过程。由于植物光合作用与蒸腾作用同时受气孔行为的影响,形成光合作用-气孔行为-蒸腾作用耦合机制。植被冠层的气孔阻抗控制着植被与大气能量传输和湍流交换,决定了植被蒸腾作用。而植被冠层的气孔行为取决于叶内保卫细胞和叶表皮细胞的膨压变化,而膨压变化取决于从土壤到叶片的水分供应和叶片蒸腾失水之间的水分收支。土壤水运动又取决于地表的水循环过程,由此将大气过程、植被生态过程和水循环过程耦合在一起形成一个整体。气候变化通过改变降水、温度等影响植被动态生长及植被结构与功能,进而影响水循环过程。同时,植被通过改变下垫面的基本特征(地表反照率、土壤湿度、地表粗糙度等)调节地气界面能量交换影响水热过程,从而对气候系统产生作用。例如,森林的砍伐会增加地面反射率,降低粗糙度,减弱植被对水文循环的调节作用,增加湿热交换和地面温度。

2. 流域生态需水量的理论

生态需水研究是合理配置水资源,实现水资源合理开发利用的基础,也是维持和改善生态系统,实现水资源永续利用的保障。生态需水的定义由 Covich 于 1993 年提出,认为生态需水量就是保证恢复和维持生态系统健康发展所需的水量。1998 年 Gleick 提出基本生态需水量概念,他认为需要提供一定质量和一定数量的水给天然生境,以求最大限度地改变天然生态系统的过程,并保护物种多样性和生态整合性;同时应该考虑气候、季节变化等因素对生态需水的影响。

目前,国内对生态需水还没有统一的定义,不同研究者在实际应用时,考虑研究区域的具体状况,从不同角度对生态需水进行了界定。具有代表性的如王根绪等认为生态需水量包含在生态用水量中,是指维持流域内一定时期内存在的天然绿洲、河道内生态研究体系(河岸植被、河道水生态及河流水质)以及人工绿洲内防护植被体系等正常生存与繁衍所需要的最低水量（王根绪和程国栋，1998）。刘昌明院士认为生态需水是指维系生态系统现状、修复和发展其功能而具有特定目标的水需求（刘昌明和赵彦琦，2012）。王芳通过分析生态需水概念的外延与内涵，概括指出生态需水是指为维护生态系统稳定，天然生态保护与人工生态建设所消耗的水量。事实上，无论生态需水的概念如何定义，最终的目的都是查明为了维护（保护）和改善（整治、恢复、建设）某一区域或流域的生态环境，到底需要占用多少水资源量。

生态系统自身因素比较复杂，生态需水量计算涉及多门学科，至今没有明确的统一算法。不同的生态种类和不同的研究思路采用不同的研究方法。其中植被生态需水量的计算方法用得较多的有潜水蒸发蒸腾模型、直接或间接计算方法、土壤湿度法、土壤含水量定额法以及彭曼公式法等。

2.1.1.2 流域生态水文模型

1. 生态水文模型的建模策略

流域生态水文耦合模型研发，旨在为变化环境下流域生态水文耦合作用机制与演变规律识别及调控提供技术支撑，不仅能对历史进程进行模拟和未来发展趋势进行预测、测报，还可对调控方案进行情景模拟。不仅需要对水文过程进行定量表达，还需要对气象要素、人类活动和生态过程进行描述，其中气象要素通常作为模型输入，对于生态系统通常划分为天然生态系统和人工生态系统（即农田生态系统）进行描述。另外，土壤特征（土壤水力学特性和热传导特性）也需要被考虑进去，通过模型参数对这些特性进行表达，并假定在模拟时段内保持不变。因此，相对于气象要素和土壤要素的描述，生态过程和人类活动的刻画是生态水文模型的重点和难点。

一款具有明确物理机制的生态水文模型需对水量传输过程、碳氮传输过程进行描述，如有必要还得考虑能量传输过程。其中，水量传输过程主要反映自然界的水文循环过程，主要包括蒸散发过程、土壤水分运动过程和植被根系吸水过程等；碳氮传输过程主要包括植被的光合作用和呼吸作用，模型可能包含的能量传输过程则包含辐射传输和能量平衡。这些过程所涉及的基本物理准则涵盖水量平衡原理（即质量守恒原理在水文循环中的具体表达）和能量平衡原理。针对植被光合作用的模拟，Farquhar 开发的光合作用模型是公认的物理机制较为健全的模型；土壤水分运动则普遍采用 Richards 方程进行模拟。根据模型作用的不同和所研究问题的差异，不同领域的学者关注不同的过程。对水文学研究而言，地表产汇流过程更受关注，这个过程主要涉及截留、蒸散发、土壤水分运动等，其中蒸散发涉及植被的光合作用和呼吸作用过程，土壤水分运动涉及植被的根系吸水过程。

很明显，在对生态水文过程进行描述时，无法忽视植被所发挥的作用。目前的水文模型多通过遥感植被产品（如 NDVI、LAI 等）作为模型输入，反映植被的变化过程。类似于上文提及的土地利用/覆被变化过程，该种做法无法应用于情景模拟和对未来情况的预测。因此，需要在水文模型的基础上耦合植被模块，用于描述植被的生理过程。目前，生态水文耦合的发展趋势为"双向耦合"，即考虑生态和水文过程的相互作用机制，以模拟步长为节点进行实时反馈。已有的生态水文耦合模拟研究中，多采用 LAI、NDVI、植被覆盖度等作为植被参数，参与水文过程的模拟。对于植被参数的计算，根据是否具有明确的物理机制，主要可以分为两类：一类是考虑植被碳同化过程，具有明确的物理机制；另一类是根据植被参数与环境变量（气象因子、水文模块输出的土壤水分参数等）的经验关系模拟获得。前者能够反映水分-碳通量对植被的影响，不但可以输出生态水文过程所需的植被参数，还能输出作物产量等，因此，还可以应用于气候变化对作物产量的影响研究等，具有较好的应用前景，但由于所需参数较多，可与物理机制明确的水文模型进行耦合。后者较为简单，所需参数较少，适宜与半物理机制、概念性水文模型进行耦合。总之，在开展生态-水文过程的耦合模拟研究时，需要根据两方面模型的复杂程度，选取"门当户对"的模型进行耦合。

2. 生态水文模型耦合模拟的时空匹配

流域生态水文过程的基本要素过程十分复杂，在不同时空尺度和层次水平上，描述方程也不相同；此外，水循环大气过程与其他水循环过程模拟的空间尺度也不尽相同，生态模拟空间尺度与水循环模拟尺度也不尽相同；确立合理时空尺度是生态水文模型研发的前提和基础。理论上，时空尺度越小，模型的概化程度越小，模型就越接近自然界的真实情况。而实际上，这不仅会增大模型的计算量，也会使模型的率定和验证面临观测值与模拟值尺度不匹配的问题。

（1）空间匹配

在实践中，大气模式往往是采用规则四边形（正方形）作为基本计算单元；绝大多数分布式水文模型也是用规则四边形作为计算单元。为减少模型的开发任务，生态水文模型可采用正方形单元格进行研究区的剖分。相比之下，水循环过程中大气模拟的空间尺度较大，采用静力学方程模拟时，最小空间尺度达到 10km×10km；采用动力学方程模拟时，受到计算量的限制，最小空间尺度也不宜小于 1km×1km。但对于中小尺度水文模拟而言，1km×1km 的空间尺度仍过大。在实践中，除受小尺度气旋或地形影响，1km×1km 范围内降水及向下能量过程可认为是均一的。为此，在进行水循环大气过程与地表过程、土壤过程和地下水过程等天然水循环过程进行空间匹配时，可采用多尺度嵌套方式，使研究区内水循环大气过程的空间尺度达到 1km×1km；在进行近地面层地表向大气的水分能量传输时，可采用算数平均或格网相加的方法完成向上尺度化过程。在人工侧支水循环模拟过程，空间单元往往是行政单元（或行政单元与流域单元的嵌套单元），在与天然水循环匹配时，可采用供用水数据的空间化处理，将供用水过程进行向下尺度化处理。在生态模拟空间单元与水文模拟空间单元进行匹配时，国内外多采用马赛克进行处理。

（2）时间匹配

在实践中，天然水循环模拟的时间尺度较短，最小时间尺度可到秒；但人工侧支水循环模拟的时间尺度较长，如在水资源配置中，往往选取的时间尺度为月。在进行天然水循环与人工侧支水循环时间尺度进行匹配时，可根据灌溉制度对社会水循环参数进行小时间尺度划分。在生态模拟中，通常采用的时间步长为天；当与更小时间步长水循环模拟相匹配时，可认定日内的生态状况完全相同；根据实际情况选取影响生态演变水文气象参数的日内最大值、最小值、平均值或其他统计参数进行生态过程模拟。

由此可见，生态水文过程模拟所采用的尺度并不一致。因此，在将生态–水文过程进行耦合模拟时，多采用多尺度嵌套方法。即根据不同物理过程（如水文过程和生态过程）最佳的时空尺度，对各过程分别进行模拟，再通过尺度转换方法进行尺度匹配，最终实现不同过程的耦合。一般而言，将小尺度过程状态变量升到大尺度较为简便，多采用体积（面积）平均法、求和法、最大最小值法和马赛克法等。当小尺度过程需要大尺度过程的输出状态变量作为输入时，比如以小时为时间尺度的生态过程需要以日为时间尺度的水文过程输出的土壤含水量作为输入，目前常用的做法是假定该日内的环境变量（如土壤含水量）保持不变，以此进行尺度匹配。

2.1.2　流域生态–经济系统研究

从系统论的角度出发，生态经济系统应当是由流域自然生态系统和社会经济系统耦合形成的一个复合系统。水资源及其相关的经济技术活动是联系生态系统和经济系统最主要的内在因素。生态经济系统具有不同于生态系统和经济系统的新功能，系统的输入与输出将以生态与经济的协同发展为目的。生态经济系统功能的优劣，最集中地体现在其生态与经济复合价值的高低、生态与经济的协同状况以及生态经济是否符合经济发展路径，是否能够体现可持续发展的理念（周立华等，2005）。

2.1.2.1　生态系统的过程模拟

流域地表植被和其他生态过程的演化与周围环境的湿度和温度密切相关，要了解生态过程演化的机制，必须进行水资源能量转化和水分迁移的研究。面向生态的流域水资源开发与分配的基本模式，为了对干旱区内陆河水资源进行科学分配以保护生态环境，必须分析水资源与生态环境的耦合关系，建立其耦合模型，进行水资源开发方案的生态环境效益评价（孟丽红等，2011）。

针对干旱区内陆河流域的具体情况，应当以山地、绿洲、荒漠三个区域为生态子系统，在每个区域内及相邻区域的交汇带，划分若干个生态单元，以水热模拟模型为基础，建立相应的包括水分循环、养分循环及植物生长过程的单元生态过程模拟模型，以分布式水文模型为依托，建立分布式的区域生态过程模拟模型。在模拟人类活动与土地利用/土地覆被之间相互作用和相互影响的基础上，分析土地利用/土地覆被变化对流域生态系统结构和功能的影响，在此基础上完成生态需水量的需求预测。

2.1.2.2　经济系统过程的模拟

干旱区内陆河流域由于对外开放度不够，流域整体还处于一种近似封闭的经济环境，经济发展中存在诸多问题。为适应经济环境的变化，需要基于市场背景进行详细的经济过程模拟，分析一些政策变量的变化对整个经济系统结构和功能的影响，找寻影响经济增长的关键制约因素。当前的水资源经济模拟模型主要有三类，即采用系统动力学方法模拟经济系统的演替变化规律、采用投入产出方法分析经济系统内部的结构效应、采用可计算一般均衡模型（CGE）详细模拟经济系统各结构单元的行为。CGE 模型建立的基础是完成社会核算矩阵（SAM）。当前得到广泛应用的环境经济账户（SEEA）是一种对环境和经济系统进行系统定量和结构化分析的有力工具，但综合的环境经济账户通常都缺乏代表劳动力和企业等决策主体的社会子账户。因此，从辅助决策的角度来看，SEEA 和 SAM 要结合起来，建立一个新的社会环境经济账户系统。所建立的环境经济账户通常同时具有实物量和价值量两种形式，可以从价值量的角度将环境经济账户和社会账户系统结合起来，并采用 CGE 模型进行分析。在构建流域社会环境经济综合账户的基础上，以可计算一般均衡理论为手段，在建立各宏观经济部门需水指标的基础上，完成经济需水的预测。

2.1.3　水–生态–经济系统耦合研究

社会–经济–资源–环境是一个有机的、相互联系、相互制约的整体，一个环节出现问题必将引起整个系统的恶性循环直至丧失应有的功能。从可持续发展的概念及目标来看，需要把社会、经济、资源、环境统一起来进行研究。可持续发展是社会–经济–资源–环境复合大系统的一种良性发展模式。水资源作为资源的一种，同样不可避免地受到社会经济、生态环境的相互影响和相互作用。同时，作为一种可再生资源，它又有别于不可再生资源，只要人类能合理地开发利用、科学地管理和保护它，它就能为人类社会的良性发展提供长久的支撑和保障（张瑞恒等，2003；左其亭等，2005）。

干旱区内陆河流域水–生态–经济协调发展耦合模型是以建设流域生态经济带为目标，以协调流域生态建设、经济社会发展、水土资源优化配置为重点，而建立的耦合流域生态、生产和生活系统的集成分析与动态预测模型，能有效地解决干旱区内陆河流域上、中、下游地区生态–生产–生活系统之间的失调发展问题，确保流域上、中、下游之间，山地、绿洲、荒漠系统之间，生态、生产、生活系统之间的相互协调和共同发展，实现全流域生态环境良性循环、生产系统持续高效、生活水平逐步提高的"三赢"目标。因此，干旱区内陆河流域水–生态–经济社会协调发展耦合系统是一个以水为主线的生态经济耦合系统（Daniel，2003；曲耀光和樊胜岳，2000；徐中民等，2002）。

2.1.3.1　水–生态–经济协调发展系统耦合模型构建思路

把水资源量作为建设水–生态–经济社会协调发展耦合系统的"总阀门"，把流域作为建设水–生态–经济社会协调发展耦合系统的主轴线，据可用水资源量和实施分水方案后流域上、中、下游规定的可用水资源量，确定流域各段的经济发展规模和人口容量。把提高单方水效益，进而增加地方财政收入和提高农民人均纯收入作为建设流域水–生态–经济社会协调发展耦合系统的最终目标。把经济结构调整作为提高单方水效益的主要手段，构建节水型产业结构体系。内陆河流域上、中、下游之间，上、中、下游各自的生态、生产、生活系统之间，分水量与水权贸易、经济结构调整、生态环境质量改善、提高单方水效益之间所形成的不同尺度、不同层面的非线性耦合关系，正是建立内陆河流域水–生态–经济社会协调发展耦合模型的主要依据和总体思路（方创琳和鲍超，2004）。

2.1.3.2 水–生态–经济协调发展系统耦合模式基本关系式

"水–生态–经济"系统耦合关系式。干旱区内陆河流域的生态系统整体通过流域用水空间结构、用水行业结构、林地生态系统和草地生态系统来体现。其中，流域用水结构的"三生"（生态–生产–生活系统）耦合关系式为

$$q = \frac{\sum_{k=1}^{m} Q_{SK}}{Q} = M_{S1} + M_{S2} + M_{S3} = 1 \quad K = 1, 2, 3 \tag{2-1}$$

式中，$M_{S1} = M_L + M_C$，$M_{S2} = M_N + M_G + M_D$，$M_{S3} = M_R + M_H$；m 表示用水主体类型；Q 表示总用量；q 表示耦合系数；Q_{S1}、Q_{S2}、Q_{S3} 分别表示流域生态用水量、生产用水量和生活用水量；M_{S1}、M_{S2}、M_{S3} 分别表示流域生态用水比例、生产用水比例和生活用水比例；M_L、M_C、M_N、M_G、M_D、M_R、M_H 分别代表流域林业用水比例、草场用水比例、农业用水比例、工业用水比例、第三产业用水比例、城乡居民生活用水比例以及大小牲畜生活用水比例。

水–生产系统耦合关系式。干旱区内陆河流域生产系统的耦合关系主要选取流域上流的国内生产总值 P_1、中游的国内生产总值 P_2、下游的国内生产总值 P_3、流域的国内生产总值 P、流域产业产值结构、流域产业投资结构、流域单方水效益等模块来综合反映。其中，流域国内生产总值 P、产业产值结构和单方水效益 E 的耦合关系式分别为

$$\begin{cases} P = \sum_{i=1, j=4}^{q, h} P_{ij} = P_1 + P_2 + P_3 = \sum_{j=4}^{p} a_{1j} + \sum_{j=4}^{p} a_{2j} + \sum_{j=4}^{p} a_{3j} \\ n = \sum_{i=1}^{3} N_i = N_1 + N_2 + N_3 = 1 \\ N_1 = \sum_{i=1}^{q} a_{i4}/P = (a_{14} + a_{24} + a_{34})/P \\ N_2 = \sum_{i=1}^{q} a_{i5}/P = (a_{15} + a_{25} + a_{35})/P \\ N_3 = \sum_{i=1}^{q} a_{i6}/P = (a_{16} + a_{26} + a_{36})/P \\ E = P/Q \end{cases} \tag{2-2}$$

式中，$i=1, 2, 3$；$j=4, 5, 6$；N_1、N_2、N_3 分别代表流域第一产业产值比重、第二产业产值比重和第三产业产值比重；a_{14}、a_{24}、a_{34} 分别表示流域上、中、下游地区第一产业增加值；a_{15}、a_{25}、a_{35} 分别表示流域上、中、下游地区第二产业增加值；a_{16}、a_{26}、a_{36} 分别表示流域上、中、下游地区第三产业增加值；Q 代表流域年用水总量。

水–生活系统耦合关系式。干旱区内陆河流域生活系统 S_3 的耦合关系通过总用水人口子系统 S_{31} 和生活质量子系统 S_{32} 反映。其中：人口系统 R、农民人均纯收入 J 的耦合关系式为

$$\begin{cases} R = (R+R_X)(1+r)^t \\ J = X_0 + X_1 P + X_2 C + X_3 R \end{cases} \tag{2-3}$$

式中，R代表流域用水总人口，R_C、R_X分别代表流域城市人口和乡村人口，r代表人口自然增长率，t代表时间间隔。J代表农民人均纯收入，C代表流域地方财政收入，P代表流域年国内生产总值，X_0、X_1、X_2、X_3分别代表相互耦合系数。

水–生态–生产–生活系统耦合关系式。综合论述，干旱区内陆河流域水–生态–生产–生活系统"三生"之间相互作用的耦合关系就是在上述生态系统、生产系统和生活系统内部之间耦合基础上的高层次耦合，这种耦合关系主要通过调整优化流域的用水结构、用地结构、产业结构、投资结构和用水定额等实现。

2.2 流域水–生态–经济耦合系统模型介绍

模型是对客观实体、现象、过程或行为所进行的抽象模拟，通过实物、文字说明、图表或者数字符号的联系，反映出它们的某些属性与相互关系。本节简要介绍投入产出模型、多主体（agent-based）模型、系统动力学（SD）模型以及可计算一般均衡模型（高颖，2012；宗明华，1989）。

2.2.1 投入产出（IO）模型

在经济活动中分析投入多少财力、物力、人力，产出多少社会财富是衡量经济效益高低的主要标志。投入产出技术正是研究一个经济系统各部门间的"投入"与"产出"关系的数学模型，该方法最早由美国著名的经济学家 Wassily Leontief 提出。投入产出中的投入（input）是指一个系统进行某项活动过程中的消耗。如生产系统的投入是指生产系统在进行生产活动时对各种实物产品和劳务等的消耗，如对原材料、电力、运输等的消耗。投入产出中的总投入包括中间投入与最初投入两部分。中间投入（intermediate input）是指生产过程中对各部门产出的消耗，如对材料、动力和劳务等的消耗。最初投入（primary input）是指生产过程中对初始要素，如对固定资产、劳动等的消耗，即固定资产折旧、从业人员报酬等。投入产出中的产出（output）是指一个系统进行某项活动过程的结果。如生产系统进行生产活动的结果为该系统中各部门生产的产品（物质产品和劳务）。投入产出技术是利用数学方法和信息计算方法研究某个系统，如经济系统各项活动中的投入与产出之间的数量关系，特别是研究和分析国民经济各个部门在产品的生产和消耗之间数量依存关系的一门技术或一种经济模型。

投入产出表和投入产出模型种类很多，如按分析和研究的时期不同，可分为静态模型和动态模型两大类。静态模型研究与分析某一个时期（如某一个年度）某个系统的投入产出关系与系统的各种活动等。动态模型则研究与分析若干时期（如若干年度）系统的投入产出与系统的活动，以及各个时期之间的相互联系。投入产出模型按照计量单位的不同，可以分为价值型投入产出模型、实物型投入产出模型、劳动型投入产出模型、能量型投入产出模型和混合型投入产出模型五大类。在价值型投入产出模型中所有数值都按价值单位计量，计量单位只有一个。在实物型投入产出模型中计量单位为实物单位，由于实物单位种类很多，因而实物型投入产出模型中各部门的单位不一致。但是，静态全国产品投入产出表和投入产出模型是一种基本形式（陈锡康，2011；夏明和张红霞，2013）。

2.2.1.1 投入产出表的基本结构

投入产出表以矩阵形式描述国民经济活动各部门在一定时期（通常为一年）生产活动的投入来源和产出使用去向，揭示国民经济各部门之间相互依存、相互制约的数量关系，是国民经济核算体系的重要组成部分。以表 2-1 为例，价值型投入产出表由三部分组成，称为第 I 、II 、III 象限。

表 2-1　价值型投入产出表

投入 ＼ 产出		中间使用				最终使用								总产出
		部门 1	部门 2	……	部门 n	中间使用合计	最终消费	资本形成总额	出口	调出	最终使用合计	进口	调入	合计	
中间投入	部门 1														
	部门 2		第 I 象限					第 II 象限							
	……														
	部门 n														
	中间投入合计														
增加值	固定资产折旧														
	劳动者报酬		第 III 象限												
	生产税净额														
	营业盈余														
	增加值合计														
总投入															

第 I 象限。第 I 象限是由名称相同、排列次序相同、数目一致的若干产品部门纵横交叉而成的中间产品矩阵，其主栏为中间投入，宾栏为中间使用。矩阵中的每个数字都具有双重意义：沿行方向看，反映某产品部门生产的货物或服务提供给各产品部门使用的价值量，被称为中间使用；沿列方向看，反映某产品部门在生产过程中消耗各产品部门生产的货物或服务的价值量，被称为中间投入。第 I 象限是投入产出表的核心，它充分揭示了国民经济各产品部门之间相互依存、相互制约的技术经济联系，反映了国民经济各部门之间

相互依赖、相互提供劳动对象供生产和消耗的过程。

第Ⅱ象限。第Ⅱ象限是第Ⅰ象限在水平方向上的延伸，主栏的部门分组与第Ⅰ象限相同；宾栏由最终消费、资本形成总额、出口等最终使用项目组成。沿行方向看，反映某产品部门生产的货物或服务用于各种最终使用的价值量；沿列方向看，反映各项最终使用的规模及其构成。第Ⅰ象限和第Ⅱ象限连接组成的横表，反映国民经济各产品部门生产的货物或服务的使用去向，即各产品部门的中间使用和最终使用数量。

第Ⅲ象限。第Ⅲ象限是第Ⅰ象限在垂直方向的延伸，主栏由固定资产折旧、劳动者报酬、生产税净额、营业盈余等各种增加值项目组成；宾栏的部门分组与第Ⅰ象限相同。第Ⅲ象限反映各产品部门的增加值及其构成情况。第Ⅰ象限和第Ⅲ象限连接组成的竖表，反映国民经济各产品部门在生产经营过程中的各种投入来源及产品价值构成，即各产品部门总投入及其所包含的中间投入和增加值的数量。投入产出表三大部分相互连接，从总量和结构上全面、系统地反映国民经济各部门从生产到最终使用这一完整的实物运动过程中的相互联系。投入产出表有以下几个基本平衡关系：①行平衡关系，中间使用+最终使用−进口+其他＝总产出。②列平衡关系，中间投入+增加值＝总投入。③总量平衡关系，总投入＝总产出、每个部门的总投入＝该部门的总产出、中间投入合计＝中间使用合计。

2.2.1.2 基本指标解释

1. 宾栏指标

总产出：指常住单位在一定时期内生产的所有货物和服务的价值。总产出按生产者价格计算，它反映常住单位生产活动的总规模。常住单位是指在我国的经济领土内具有经济利益中心的经济单位。中间使用：指常住单位在本期生产活动中消耗和使用的非固定资产货物和服务的价值，其中包括国内生产和国外进口的各类货物和服务的价值。最终使用：指已退出或暂时退出本期生产活动而为最终需求所提供的货物和服务。根据使用性质分为三部分：①最终消费支出，指常住单位在一定时期内为满足物质、文化和精神生活的需要，从本国经济领土和国外购买的货物和服务的支出。它不包括非常住单位在本国经济领土内的消费支出。最终消费支出分为居民消费支出和政府消费支出。②资本形成总额，指常住单位在一定时期内获得减去处置的固定资产和存货的净额，包括固定资本形成总额和存货增加两部分。③调入和调出，调入是指核算期内本省常住单位从省外直接购入的货物或服务。如果从本省独立核算的批发零售商业企业购进的物资，则不算调入；调出是指核算期内本省各种货物或服务售往省外的价值。如果通过本省独立核算的批发零售商业企业或其他中介机构售出的货物，则不算调出。出口和进口：出口包括常住单位向非常住单位出售或无偿转让的各种货物和服务的价值；进口包括常住单位从非常住单位购买或无偿得到的各种货物和服务的价值。由于服务活动的提供与使用同时发生，因此服务的进出口业务并不发生出入境现象，一般把常住单位从非常住单位得到的服务作为进口，非常住单位从常住单位得到的服务作为出口。

2. 主栏指标

总投入：指一定时期内我国常住单位进行生产活动所投入的总费用，既包括新增价值，也包括被消耗的货物和服务价值以及固定资产转移价值。

中间投入：指常住单位在生产或提供货物与服务过程中，消耗和使用的所有非固定资产货物和服务的价值。

增加值：指常住单位生产过程创造的新增价值和固定资产转移价值。它包括劳动者报酬、生产税净额、固定资产折旧和营业盈余。

劳动者报酬：指劳动者因从事生产活动所获得的全部报酬。包括劳动者获得的各种形式的工资、奖金和津贴，既包括货币形式的，也包括实物形式的，还包括劳动者所享受的公费医疗和医药卫生费、上下班交通补贴、单位支付的社会保险费、住房公积金等。

生产税净额：指生产税减生产补贴后的差额。生产税指政府对生产单位从事生产、销售和经营活动以及因从事生产活动使用某些生产要素（如固定资产、土地、劳动力）所征收的各种税、附加费和规费。生产补贴与生产税相反，指政府对生产单位的单方面转移支付，因此视为负生产税，包括政策性亏损补贴、价格补贴等。

固定资产折旧：指一定时期内为弥补固定资产损耗按照规定的固定资产折旧率提取的固定资产折旧，或按国民经济核算统一规定的折旧率虚拟计算的固定资产折旧。它反映了固定资产在当期生产中的转移价值。各类企业和企业化管理的事业单位的固定资产折旧是指实际计提的折旧费；不计提折旧的政府机关、非企业化管理的事业单位和居民住房的固定资产折旧是按照统一规定的折旧率和固定资产原值计算的虚拟折旧。原则上，固定资产折旧应按固定资产当期的重置价值计算，但是目前我国尚不具备对全社会固定资产进行重估价的基础，所以暂时只能采用上述办法。

营业盈余：指常住单位创造的增加值扣除劳动者报酬、生产税净额、固定资产折旧后的余额。

2.2.1.3 主要系数及计算方法

在利用投入产出表进行经济分析时，需要计算投入产出表的各种系数。在此仅介绍主要系数及计算方法：

直接消耗系数。直接消耗系数，也称投入系数，记为 a_{ij}（$i, j=1, 2, \cdots, n$），它是指在生产经营过程产品（或产业）部门的单位总产出直接消耗的第 i 产品部门货物或服务的价值量。将各产品（或产业）部门的直接消耗系数用表的形式表现就是直接消耗系数表或直接消耗系数矩阵，通常用字母 A 表示。

直接消耗系数的计算方法为：用第 j 产品（或产业）部门的总投入 x_j 去除该产品（或产业）部门生产经营中直接消耗的第 i 产品部门的货物或服务的价值量 x_{ij}，用公式表示为

$$a_{ij}=\frac{x_{ij}}{x_j} \quad (i, j=1, 2, 3, \cdots, n) \tag{2-4}$$

完全消耗系数。完全消耗系数，通常记为 b_{ij}，是指第 j 产品部门每提供一个单位最终使用时，对第 i 产品部门货物或服务的直接消耗和间接消耗之和。利用直接消耗系数矩阵 A 计算完全消耗系数矩阵 B 的公式为

$$B=(I-A)^{-1}-1 \tag{2-5}$$

列昂惕夫逆矩阵。在完全消耗系数矩阵 $B=(I-A)^{-1}-1$ 中，矩阵 $(I-A)^{-1}$ 称为列昂惕夫逆矩阵，记为 $\bar{B}$，其元素 $\bar{b}_{ij}$（i，$j=1$，2，3，…，n）称为列昂惕夫逆系数，它表明第 j 部门增加一个单位最终使用时，对第 i 产品部门的完全需要量。

分配系数。分配系数是指国民经济各部门提供的货物和服务（包括进口）在各中间使用和最终使用 之间的分配使用比例。用公式表示为

$$h_{ij}=\frac{x_{ij}}{x_i+M_i} \quad (i=1，2，3，…，n+1，n+q) \tag{2-6}$$

当 $j=1$，2，…，n 时，x_{ij} 为第 i 部门提供给第 j 部门中间使用的货物或服务的价值量；$j=n+1$，$n+2$，…，$n+q$ 时，x_{ij} 为第 i 部门提供给第 j 部门最终使用的货物或服务的价值量；q 为最终使用的项目数。M 为进口，X_i+M_i 部门货物或服务的总供给量。

2.2.2 多主体（Agent-based）模型

人类活动正在成为或业已成为驱动水循环的主要动力之一，社会水循环而非自然水文过程是水资源重新配置的主导因素，但流域的水资源利用模型的研究还十分薄弱（Julien et al.，2009；李新和程国栋，2010；Bergez et al.，2012）。全球气候以及世界社会经济的变化给人类发展造成了很大不确定性，同时水资源具有稀缺性、不可替代性、再生性和波动性四大经济特性。这些新的特征对流域水资源综合管理提出了前所未有的挑战。在水资源供需矛盾不断加深、各行业用水竞争日益加剧的背景下，水资源合理配置和高效利用问题显得格外重要（康绍忠等，2005；Petit and Baron，2009）。"自然过程"与"社会学习"相耦合的水资源利用优化配置是当前流域水资源可持续利用管理研究的趋势。

复杂系统与复杂性科学是 20 世纪 90 年代以来科学方法论的新一场革命，随着复杂性科学的思想流行，基于多智能主体分析的模型，或称 Agent-based 模型（ABM），应运而生。复杂系统是指通过对一个系统的分量部分（子系统）的了解，不能对系统的性质做出完全的解释的这类系统，通俗地讲，系统的整体性质不等于部分性质之和，这样的系统称为复杂系统。ABM 是一种针对复杂系统的建模方法，该方法自下而上对整个系统中各个仿真实体用 Agent 的方式进行建模，试图通过对 Agent 的行为及其之间的交互关系、社会性的刻画，来描述复杂系统的行为。这种建模技术，在建模的灵活性、层次性和直观性方面较传统的建模技术都有明显的优势，很适合于对诸如生态系统、经济系统以及人类组织等系统的建模。从个体到整体、从微观到宏观来研究复杂系统的复杂性，从而克服了复杂系统难于自上而下建立传统的数学分析模型的困难，有利于研究复杂系统具有的涌现性、非线性和复杂的关联性等特点。Agent 已经成为一种用于复杂系统建模的方法论（贾洪飞，2011）。认识和控制这些复杂系统，对于整个社会、经济、军事、生态等有着重要的意义。复杂系统结构复杂，内部有大量的交互成分，并且交互过程频繁，难以用解析法、数值分析法或其他形式化、半形式化方法来认识，建立系统仿真模型是目前最有效的认识途径（廖守亿，2005）。

复杂性科学理论指出，复杂系统中大量的拥有自治能力、主动能力、反应能力和交互

能力的微观主体（Agent）之间的相互作用能够随时间的推移在系统宏观尺度上凸现出新的结构和功能，即局部的规则转换可以导致整个系统宏观全局的变化（项后军和周昌乐，2001）。近年来，基于 Agent 建模（ABM）的方法在社会科学研究中逐渐受到重视，基于 Agent 的计算经济学（Agent-based Computational Economics，ACE）、人工社会等方面的研究方兴未艾（薛领等，2004）。到目前为止还没有形成一个明确统一的 Agent 概念（不同领域的学者对 Agent 给予了不同的定义，如 "代理" "智能体" "主体" 等），但纵览众多定义，一般从根本上说，Agent 是一种实体，它能够持续、自主地进行操作，具有学习能力并且与其他 Agent 并存和相互作用。从地理学角度来看，Agent 代表一种存在于地理空间中的真实或抽象的实体，它们既可以相互作用又可以与环境相互作用，多个 Agent 可在一个环境中共同生存，每个 Agent 都能够主动、自治地活动，它们的行为是自主学习以及和其他 Agent、环境互动互作的结果。

一个 Agent 需要具有某些特性，包括：①自治能力，即自主控制自身行为和内部状态的能力；②主动能力，即能够主动采取目标定向行为的能力；③反应能力，即感知并响应外界环境变化的能力；④交互能力，即与其他 Agent 进行交互行为的行为能力。此外，ABM 有以下几个属性特征：①层次性，定义域获取这些可观察属性值相关的 Agent 行为，Agent 之间的交互成为系统运行的驱动力量；②动态性，Agent 的状态属性随时间进程而改变；③离散性，状态空间完全离散，仅在离散时刻由 Agent 本身的运行规则或随机事件驱动；④随机性，通过蒙特卡洛方法（Mantel Carlo）或遗传算法（GA）等；⑤参数分布特性，通过 Agent 属性、状态来描述，因此不同类型的 Agent 具有不同的参数分布特性。

水资源管理的 ABM 将借助微观用水主体交互作用下的宏观规律来揭示水资源系统演变过程，这是当前及未来水资源管理领域研究的重要趋势。ABM 建模方式提供了跨层次的研究思路，可反映微观现象和宏观现象之间的内在联系，模拟系统演化和发展的内在动力与规律。ABM 自下而上建模技术中的难点之一是如何协调一组 Agent 的行为，各 Agent 如何进行通信和协调各自的知识、目标、策略和计划等。ABM 的另外一个难点是如何将系统抽象为具有主动性、适应性和独立性的主体，描述各主体间、主体与环境间的交互行为和作用互馈来反映系统的总体演变过程。水资源 "农转非" 过程关键的系统 Agent 受人员构成、收入水平以及教育程度等因素影响，其行为具有一定的随机性，准确刻画系统 Agent 的行为规则是水资源系统 ABM 建模研究的关键。水资源 ABM 的优势是通过适应性配置机制来实现变化环境下水资源复杂系统主体的行为响应，然而，水资源管理 "三条红线" 控制目标的自上而下约束融入 ABM 是构建需水管理系统亟待解决的难点。目前，研究人员倾向于研究简单的多主体复杂系统，或者有意识的简化主体的行为规则，因此，被批评者指责为研究 "简单巨系统" 的理论。水资源的 ABM 模型是需水管理研究的有力工具，水资源系统微观主体之间以及主体与水资源动态配置变化的交互、系统涌现发生的条件、机制与规律研究有助于遴选水资源 "农转非" 过程利益相关主体的适应性策略。

通过 ABM 建模探究水资源相关利益个体适应行为与群体（主体）及水资源配置变化间交互机制，研究按照水资源自上而下配置的层次关系，构建 "生态-经济-社会" 耦合系统水资源优化配置目标确定的层级结构，重点研究个体与群体间的聚合与分解机制，通过遗传算法实现个体-群体的演化与优化，将群体的用水效率作为个体与群体间演化优化的判别参数（图2-2）。

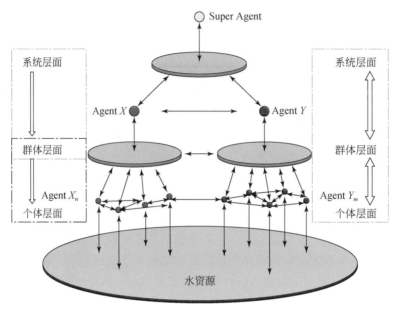

图2-2 "生态-经济-社会"耦合系统需水管理模型的层级关系

首先，明确水资源系统的边界与水资源利用相关利益主体优化的目标，对水资源系统进行复杂性分析，归纳水资源系统的复杂性特征，明确"农转非"问题，分析仿真的目标及要求。

然后，分析"生态-经济-社会"耦合水资源系统中实体的具体特征进而确定 Agent。

接着，梳理入户调查的水资源相关利益主体的样本个体的行为规则，构建启发式的 Agent 推理知识库。

最后，开展 Agent 的建模研究。通过层次分解和消息流分析，构建水资源复杂系统的分析树，分解水资源相关利益主体以及相互作用途径。建立每个叶节点和非叶节点 ABM 模型，包括定义 Agent 的状态集合、输入消息集合包括外部输入和内部反馈输入、输出消息集合、规则库、学习适应算法。其中，定义行为规则集；包括规则生成、规则选择和规则评价等。此外，信息传递与演化进化算法直接影响到 Agent 的自治能力、主动性和适应能力。信息传递的机制：<Agent 基于消息驱动的行为方式>= [（行为变量1，行为值1）；（行为变量2，行为值2），…，（行为变量n，行为值n）]。

2.2.3 系统动力学模型

系统动力学是由麻省理工学院的 Forrester 教授于1956年创立的一门研究系统动态复杂性的科学。它以反馈控制理论为基础，以计算机仿真技术为手段，主要用于研究复杂系统的结构、功能与动态行为之间的关系。系统动力学强调整体地考虑系统，了解系统的组成及各部分的交互作用，并能对系统进行动态仿真实验，考察系统在不同参数或不同策略因素输入时的系统动态变化行为和趋势，使决策者可尝试各种情境下采取不同措施并观察模拟结果，打破了从事社会科学实验必须付出高成本的条件限制。系统动力学模型是一种因果机制性模型，它强调系统行为主要是由系统内部的机制决定的，擅长处理长期性和周期性的问题；在数据不足及某些参量难以量化时，以反馈环为基础依然可以做一些研究；擅长处理高阶次、非线性、时变的复杂问题。由于系统动力学在研究复杂的非线性系统方面具有无可比拟的优势，系统动力学目前已经成为许多决策模拟的主要工具之一，并被企业系统管理、环境保护、城市发展与规划、国际和地方经济社会系统发展规划、国土开发与整治等许多领域所采用（王其藩，1998；张波等，2010）。

2.2.3.1　系统动力学的建模原理

系统动力学定义系统为：一个由相互区别、相互作用的诸要素有机地联结在一起，而具有某种功能的集合体（徐建华，2002）。下文从以下几方面探讨系统动力学关于系统的基本观点：

系统组成。以系统动力学的观点来看，系统是由单元、单元的运动（可以包括人及其活动）及信息三部分组成的。单元是系统存在的现实基础，而信息在系统中发挥着关键的作用，赖以信息的单元形成系统的结构，单元的运动形成系统的统一行为与功能。也就是说，系统是结构与功能的统一体。系统动力学所研究的范围与规模可大可小，其种类可分为：①天然的或人工的。②社会的或工程的。③经济的或政治的。④心理学的、医学的或生态的。⑤上述系统相互作用所构成的复合高阶时变系统。

系统结构。从系统论的观点看，所谓结构是指组成结构的各个单元之间相互作用与相互关系的秩序。在系统动力学中，系统的基本单元是反馈回路。反馈回路是耦合系统的状态、速率（或称行为）与信息的一条回路，它们对应于系统的三个组成部分：单元、运动与信息。反馈回路的主要变量之一是状态变量，另一主要变量是变化率（速率）。状态变量的变化取决于决策或行动的结果。一个反馈回路就是由上述的状态、速率、信息三个基本部分组成的基本结构。一个复杂系统则按一定的系统结构由若干相互作用的反馈回路所组成；反馈回路的交叉、相互作用形成了系统的总功能。其中，构成系统的任何一条反馈回路分为正反馈和负反馈。正反馈的特点是能产生自身运动的加强过程，在此过程中运动或动作所引起的后果将回授，使原来的趋势得到加强，负反馈的特点则是能自动寻求给定的目标，未达到（或者未趋近）目标时将不断做出响应。具有正反馈特性的回路称为正反馈回路，具有负反馈特性的回路称为负反馈回路。正、负反馈回路的交叉作用机制决定着复杂的系统行为。

例如，库存控制系统，也是一个反馈系统。发货使库存量减少，当库存低于期望水平以下一定数值后，库存管理人员即按预定的方针向生产部门订货，货物经一定延迟到达，然后使库存量逐渐回升。其反馈关系如图 2-3 所示。

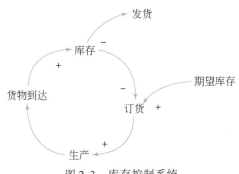

图 2-3　库存控制系统

系统功能。所谓系统的功能，是指系统中各单元活动的秩序，或指单元之间相互作用的总体效益。系统动力学以定性与定量相结合的方法研究系统的结构，模拟系统的功能。它从系统的微观构造入手，通过构造反应系统的基本结构的模型，进而对系统随时间变化的行为进行模拟研究。建立系统动力学模型的过程，也就是剖析系统的结构与功能之间对立统一关系的过程。

2.2.3.2　系统动力学解决问题的过程与步骤

系统动力学建模步骤的过程大体可分为五步。第一步要用系统动力学的理论、原理和方法对研究对象进行系统、全面的了解、调查分析；第二步进行系统的结构分析，划分系统层次与子块，确定总体的与局部的反馈机制；第三步运用绘图建模专用软件建立定量、规范的模型；第四步以系统动力学理论为指导，借助模型进行模拟与政策分析，进一步剖析系统，得到更多的信息，发现新的问题然后反过来再修改模型；第五步检验评估模型。

简要介绍各步骤主要内容如下。

1. 系统分析

系统分析是用系统动力学解决问题的第一步，其主要任务在于分析问题、剖析要因：①调查收集有关系统的情况与统计数据。②了解用户提出的要求、目的与明确所要解决的问题。③分析系统的基本问题与主要问题，基本矛盾与主要矛盾，变量与主要变量。④初步划定系统的界限，并确定内生变量、外生变量、输入变量。所谓某系统的界限是指该系统的范围，它规定了形成某特定动态行为所应包含的最小数量的单元。界限内为系统本身，而界限外则为与系统有关的环境。按照系统动力学的观点，划定系统边界的一条基本准则是将系统中的反馈回路考虑成闭合的回路。应该力图把那些与建模目的关系密切、较为重要的变量值都划入系统内部。因此，在划定系统边界之前应该首先明确研究的目的。没有目的就无法确定系统的边界。⑤确定系统行为的参考模式。即用图形表示出系统中的主要变量，并由此引出与这些变量有关的其他重要变量，通过各方面的定性分析，勾绘出有待研究的问题的发展趋势。由于系统动力学所研究的对象大多数是复杂系统，其发展趋势很难准确地预测，需要会同各方面专家，集思广益地"会诊"或运用专家咨询法予以解决。一旦参考模式确立，在整个建模过程中，就要反复地参考这些模式，以防研究偏离方向。

2. 系统的结构分析

这一步主要任务是处理系统信息，分析系统的反馈机制：①分析系统总体的与局部的反馈机制。②划分系统的层次与子块。③分析系统的变量与变量间的关系（正关系、负关系、无关系），定义变量（包括常数），确定变量的种类及主要变量，最后把这些关系转绘成反映系统结构的因果关系图和流图。

因果关系图，是反映变量和变量之间因果关系的示意图。其中，变量之间相互影响作用的性质用因果关系键来表示。因果关系键中的正、负极性分别表示了正、负两种不同的影响作用。

正因果关系键 $A \xrightarrow{+} B$，表明 A 的变化使 B 在同一方向上发生变化，即箭头指向的变量 B 将随着箭头源发地变量 A 的增加（减少）而增加（减少），负因果关系键 $A \xrightarrow{-} B$，表明 A 的变化使 B 在相反方向上发生变化，即变量 B 将随着变量 A 的增加（减少）而减少（增加）。

因果关系键把若干个变量串联后又折回源发变量，这样形成了一个反馈回路。对于反馈回路，也有正、负极性之区别。如果沿着某一反馈回路绕行一周后，各因果关系键的累计效应为正，则该回路为正反馈回路，反之则为负反馈回路。正反馈具有自我强化的作用机制，负反馈则具有自我抑制的作用机制。

因果关系图虽然能够描述系统反馈结构的基本方面，但不能反映不同性质变量的区别。譬如，状态变量是系统动力学中最重要的变量，它具有积累效应，才使系统动力学模型的计算机模拟成为可能。为了进一步揭示系统变量的区别，分别用不同的符号代表不同的变量，并把有关的代表不同变量的各类符号用带箭头的线联结起来，便形成了反映系统结构的流图。

以下对流图中的基本要素及其描述符号做简要解释。

状态变量（level 变量、L 变量、水平变量、库存变量）。状态变量也称积累变量、水平变量或库存变量，是指系统中随时间连续变化、具有累计作用的变量，是系统中最重要的变量。用矩形符号 ▭ 表示。

速率变量（rate 变量、R 变量、决策变量、流量）。速率变量是影响积累变量变化的输入、输出变量，它是积累变量的单位变化量，即数学意义上的倒数。在流图中，速率变量用符号 ⋈ 表示。

辅助变量（auxiliary 变量，A 变量）。辅助变量是指系统中除积累变量、速率变量之外的其他变量或常数，是起辅助作用的、一般用于中间计算的过程的变量，表达如何根据状态变量计算速率变量的决策过程，是分析反馈结构的有效手段。它用符号 ○ 表示。

源（source），汇（sink）。系统流图中的抽象概念，用来虚拟表示系统中的积累变量的来源和去处，无容量和大小的限制。通俗来讲，源点和汇点代表研究系统以外的外部世界。源为始，汇为终。流图中，它们用云状符号"☁"表示。

物质流或信息流。箭头所指为因变量，箭尾所指为自变量，实际上也反映了一种因果关系。物质流或信息流分别用——→或---→表示。

图 2-4 和图 2-5 分别表示了总人口数量问题的因果关系图和系统流图。

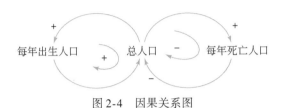

图 2-4　因果关系图

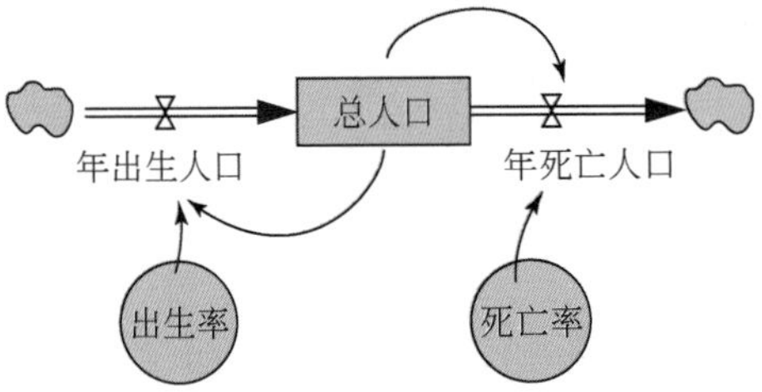

图 2-5　系统流图

3. 建立数学的规范模型

此过程包括：①确定回路及回路间的反馈耦合关系，初步确定系统的主回路及其性质，分析主回路随时间转移的可能性。②确定系统中的状态、速率、辅助变量和建立主要变量之间的数量关系。③设计各非线性表函数和确定、估计各类参数。④给所有 N 方程、C 方程与表函数赋值。

这一过程的核心即建立 DYNAMO 方程式。在 DYNAMO 模型中，主要有六种方程，其标志符号分别为：L 为状态变量方程；R 为速率方程；A 为辅助方程；C 赋值予常数；T 赋值予表函数中 Y 坐标；N 为计算初始值。

在这些方程中，C、T 与 N 都是为模型提供参数值的，并且这些值在同一次模拟中保持不变。L 方程都是积累方程，R 与 A 方程式都是代数运算方程。下面重点介绍 L 与 R方程。

状态方程。在 DYNAMO 模型中，计算状态变量的方程称为状态（或积累）方程，其基本形式为

$$L \quad LEVEL_K = LEVEL_J + DT \times (INFLOW_{JK} - OUTFLOW_{JK}) \tag{2-7}$$

式中，LEVEL 为状态变量；INFLOW 为输入速率；OUTFLOW 为输出速率；DT 表示计算时间间隔，亦称时间步长。

+、−、×、/分别为加、减、乘、除的代数运算符号，J、K、L 作为时间下标用以区别时间的先后顺序。K 表示现在，J 表示刚过去的那一时刻，L 表示即将到来的未来的那一时刻。DT 表示 J 与 K 及 K 与 L 之间的时间步长（图 2-6）。

图 2-6　时间表示方法

速率方程。在状态变量方程中，代表输入（INFLOW）与输出（OUTFLOW）的变量称为速率变量，计算速率变量的代数方程称为速率方程。譬如，人口数量（状态变量）的输入速率（出生率）方程可以写成

$$R \quad BIRTHS_{KL} = BRF \times POP_K \tag{2-8}$$

式中，BIRTHS 为出生率（人/a）；BRF 为出生率系数［人/（a·人）］；POP 为人口数（人）。

辅助方程。在 DYNAMO 模型中，附加的代数运算方程称为辅助方程。"辅助"的含义就是帮助建立速率方程。一般而言，辅助方程没有统一的标准格式，但是其下标总是 K。辅助变量的值可由现在时刻的其他变量，如状态变量、变化率、其他辅助变量和常量求得。譬如，土地占用率 LFO 的辅助方程可写为

$$LFO_K = BLDNGS_K \times LPB \tag{2-9}$$

$$BLDNGS_K = BIRTHS_K \times PBL \tag{2-10}$$

在以上两式中：BLDNGS 为新建建筑物（座/a）；

LPB 为平均每座建筑物占用土地（hm²/座）；

BLRTHS 为每年新增人口数（人/a）；

PBL 为人均占用建筑物（座/人）。

在建立系统动力学模型时，为了使方程书写得井井有条，往往先把方程按照各子块（子系统）书写，书写顺序一般是沿流图按顺时针方向进行。

参数的确定与赋值。DYNAMO 模型中的参数，主要有表函数、初始值、常数、转换系数、调节时间与参考数值等。在运用 DYNAMO 模式对真实系统进行模拟之前，首先应对以上参数赋值。

4. 模型模拟与政策分析

此过程包含以下内容：①以系统动力学的理论为指导进行模型模拟与政策分析，更深入地剖析系统的问题。②寻找解决问题的决策，并尽可能付诸实施，取得实践结果，获取更丰富的信息，发现新的矛盾与问题。③修改模型，包括结构与参数的修改。

5. 模型的检验与评估

模型的检验与评估主要包括模型结构适合性检验、模型行为适合性检验、模型结构与真实系统一致性检验与模型行为与真实系统一致性检验四个方面。这一步骤的内容并不都是放在最后一步来做的，其中相当一部分内容是在上述其他步骤中分散进行的。

上述主要过程与步骤可以图 2-7 表示。

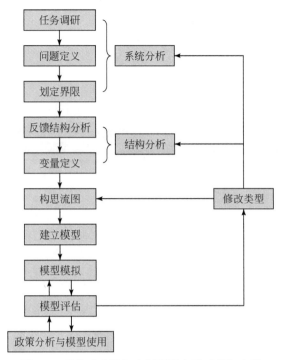

图 2-7　系统动力学解决问题的主要过程与步骤

2.2.3.3　水资源系统动力学

水资源配置涉及社会、经济、环境和人口等诸多方面，具有因素众多，相互关联，存在复杂的多重反馈关系等特征。因此，需要从系统整体出发，用系统论的观点进行研究。系统动力学方法的理论基础是系统论、控制论和信息论。它能够解决非线性、高阶次、多要素、多重反馈的复杂系统问题。水资源系统动力学以现实存在的水资源系统为前提，根据历史数据、实践经验和系统内在的机制关系建立起动态仿真模型，对各种影响因素可能引起的系统变化进行实验，从而寻求改善水资源系统行为的机会和途径。这是一种不需要在真实系统上实验，节省人力、物力和时间的科学方法，可研究微观经济、宏观经济、系统演化过程和发展趋势以及分析政策因素对系统的作用等（陈南祥等，2007）。

水资源系统动力学特征研究对象目前还不是系统的动力学方程，而是从另外一个角度研究系统解的特征。从动力条件的角度，水资源系统中包括自然动力作用和人类活动作用，水资源系统按其存在形式又可分为大气水子系统、地表水子系统、土壤水子系统和地下水子系统，目前对大气降水、地表水的混沌特征研究得比较多。对一个流域来说，应综合考虑大气降水、地表水和地下水三个子系统的混沌特征，以及各子系统混沌特征的区别、联系及演化规律。

水资源作为一个非线性复杂系统，它的状态方程很难找到，甚至不可能找到，但可以利用系统理论的方法来认识它，所以本章研究水资源系统的特征不是从系统的动力学方程着手，而是研究它的一些特征指数，可以加深对系统本质的认识。

系统动力学是由美国麻省理工学院教授福雷斯特于 1956 年创立的一门分析研究复杂系统问题的学科，是一种以控制论、信息论和系统论作为理论基础，以仿真技术为手段的研究复杂社会经济系统的定量方法，常被称为"战略实验室"。系统动力学模型本质上是具有时滞的一阶微分方程组，其特点是强调结构的描述，处理具有非线性和时变现象的系统问题，并能对其进行长期、动态、战略性的定量仿真分析与研究。系统动力学是正确认识经济、社会与环境协调发展的科学方法，是在国民经济与社会发展计划中充分考虑环境保护要求的一种有效途径。系统动力学之所以能成为研究区域生态环境与社会经济协调发展的有效工具，除了它具有系统论、控制论和信息论等所具有的认识论和方法论特征，以及其他定量方法和模型方法的普遍特征以外，还因为它本身具有独特的认识论和方法论特征。

第一，用系统动力学研究生态环境与社会经济问题，首先要把这个问题所涉及的人口、资源、环境和社会经济等作为一个系统，并逐个讨论各个子系统及其要素之间的相互关系。确定系统结构功能的因果关系图，从而把人们的形象思维和抽象思维有机地结合起来。因此，系统动力学能形象地再现真实系统的相互关系，从而使没有受过专门训练但了解真实系统情况的人也能参与模型建立。

第二，由于人们对区域生态环境与社会经济系统这样的复杂系统的认识是一个循序渐进的过程，因而能够正确地反映真实系统的模型也不可能是一蹴而就的，而是一个不断完善的过程。

2.2.4 可计算一般均衡模型

可计算一般均衡（computable general equilibrium，CGE）模型起源于 20 世纪 60 年代，经过几十年的发展，已经成为一种相当规范的模型，并广泛应用于贸易、能源与环境、收入分配等研究领域。世界上第一个 CGE 模型是由挪威经济学家约翰森（Johansen）在 1960年提出的，约翰森在他的博士论文中构造了一个多部门增长模型——包含 20 个成本最小化的产业部门和一个效用最大化的家庭部门，并具体求解这一模型，最终得到了对家庭收入弹性的估计和关于挪威多部门增长的数量结果，从而实现了一般均衡理论对现实的首次模拟（陈锡康，2011）。随着计算机建模技术的提高，CGE 模型也成了探索水资源管理政策的有效工具，如北京市开展的从水价和水量的角度利用 CGE 模型对北京市水资源调控经济政策进行的探索（邓群等，2008），张掖市的水权交易调控措施对社会经济影响分析（王勇，2010；邓祥征，2011），黄河流域的不同行政区水资源分配问题和南水北调的主要给水与受水地区的水资源调控措施对社会经济影响分析（Feng et al.，2007）。

与投入产出模型一样，CGE 模型同样是以一般均衡理论为基础，以数学方程的形式来反映整个社会的经济活动。投入产出技术通过同质性和比例性假定将一般均衡方程体系进行了简化，CGE 模型通过联立方程组的方式来刻画经济系统中各部门、各变量之间的相互作用，着重考察一个经济系统中各种商品和生产要素的供给和需求如何通过价格这个"看不见的手"来调节以达到均衡状态（高颖，2012）。

建立可计算一般均衡模型的目的，就是把瓦尔拉斯的一般均衡结构模式由一个抽象的形式转化为一个关于现实经济的实际模型。对于 CGE 模型，目前尚没有统一的精确定义，一般来说，它是一个对经济体进行数字设定和描述的模型，该经济体通过对商品和要素的数量及价格的调整，最终实现瓦尔拉斯一般均衡理论所描述的供需平衡（郑玉歆等，1999）。

2.2.4.1 社会核算矩阵

CGE 模型的实现需要两方面的支持：一致性的数据基础和建模方法。一致性的数据基础主要是社会核算矩阵（social accounting matrix，SAM）。SAM 以投入产出表为基础，并对其进行了扩充，考虑了投入产出表未能反映的经济行为主体之间的收入和支出流动，比如国民收入再分配的相关情况。因此，SAM 为政策分析提供了更为全面的数据基础。

简单地说，社会核算矩阵可以看作是社会经济系统中交易的矩阵表述。这一概念源自理查德·斯通。具体地，它用矩阵的形式把不同的社会和机构群体之间通过生产、分配和再分配这样一个过程产生的相互关系完整地表示出来。编制 SAM 的一个主要目的就是通过尽可能详细地记录系统中各个主体之间的交易和转移，反应社会经济系统作为一个整体的内在联系。它的主要特点有：①该经济系统采用单式记账。②更多地从要素、住户和机构等这些主题的角度来交叉经济。③整个框架是系统而完整的。

社会核算矩阵与国民核算账户有密切关系。国民核算的中心框架除了以账户的形式来表述以外，还有其他一些形式，包括图示法、等式法和矩阵表述方法，而以矩阵表示的 SNA 账户就是社会核算矩阵。它将各个账户中的收入来源和使用、负债和净值分列开来，在纵列中是使用或资产，在横行中是资源或负债，或者相反，从而使核算矩阵相应的行和列分别构成各个国民经济账户。因此，通过社会核算矩阵，把各个分散的账户汇总到一起，从而便于观察出整个经济系统的结构特征。

SAM 是在一个矩阵中描述生产、收入、消费和资本积累相互关系的一种方式。它为在一个单个的分析框架中同时考察增长和分配问题提供了概念基础。SAM 通过对不同的要素和住户分类，可以对住户不同阶层收入不平等的产生原因和影响进行分析，该矩阵不仅描述了产品的供给和使用，而且还描述了各种劳动力的供给和使用，从而提供了就业水平和结构的数据。社会核算矩阵可以看作是对投入产出表的扩展，它以投入产出表为基础，考虑了投入产出表未能反映的经济行为主体之间的收入和支出流量，因此为政策分析提供了比投入产出表更全面的数据基础。

以下以一个简单的例子介绍投入产出表和 SAM 的联系：表2-2 给出了一个简化的投入产出表，其中，部门设定改为第一产业、第二产业和第三产业。

表2-2　简化的投入产出表　　　（单位：百万美元）

产出 投入	第一产业	第二产业	第三产业	最终需求（居民）	总产出
第一产业	70	20	0	50	140

续表

投入 \\ 产出	第一产业	第二产业	第三产业	最终需求（居民）	总产出
第二产业	50	30	40	30	150
第三产业	0	0	0	90	90
增加值 劳动	10	60	10		
资本	10	40	40		
总投入	140	150	90		

在表 2-2 给出的简化投入产出表中，最终需求只考虑居民部门，增加值部分为要素收入，分为劳动所得和资本所得。投入产出表的构造要求总收入与总支出相当，体现在各个部门上，就是行向合计得到的总产出与列向合计得到的总投入相等；体现在国内生产总值（GDP）上，就是收入法得到的 GDP（劳动和资本所得合计）等于支出法得到的 GDP（最终需求合计）。

将表 2-2 扩展为 SAM。表 2-2 是一个高度简化的投入产出表，没有考虑政府和国外部门，只需要扩展反映的行为主体是居民部门的收入来源和指出去向，扩展后如表 2-3 所示。

表 2-3 简化的 SAM （单位：百万美元）

收入 \\ 支出		支出						合计
		第一产业	第二产业	第三产业	劳动	资本	居民	
收入	第一产业	70	20	0			50	140
	第二产业	50	30	40			30	150
	第三产业	0	0	0			90	90
	劳动	10	60	10				80
	资本	10	40	40				90
	居民				80	90		170
合计		140	150	90	80	90	170	

虽然是一个简化表，但表 2-3 作为从投入产出表扩展而来的 SAM，不仅反映产业部门之间的流量关系，也反映与增加值部门（要素）和最终需求相联系的机构（行为主体）的收入和支出流量。这里增加值部门（要素）包括劳动和资本，机构为居民部门。从居民部门的行可以看出，居民的收入来源于劳动收入和资本收入，分别为 80×10^6 美元和 90×10^6 美元，合计为 170×10^6 美元。从居民部门的列可以看到其支出去向。作为增加值部门（要素）的劳动和资本，其行向表示收入来源，即劳动收入和资本收入来源于各部门的情况；列向表示支出去向，劳动收入归居民所有，资本收入也归居民所有。

如果经济主体更多，不仅居民，还有企业、政府以及国外等，则 SAM 就可以反映收入在各机构主体之间再分配的情况，如劳动收入有多少归居民所有，多少归政府所有；税收收入有多少归政府所有，有多少转移支付给居民和企业。

可见，社会核算矩阵是在国民经济核算体系框架内对投入产出表进行的扩展。社会核算矩阵的主要数据基础是投入产出表，但又不局限于此，而是基本涵盖了整个经济系统，详细反映了经济中各种商品的生产、使用以及不同经济主体之间的价值转移的情况，为政策分析提供了全面的数据视角。

2.2.4.2　CGE 模型基本构成

CGE 模型的构建过程，是把瓦尔拉斯的一般均衡理论由一个抽象的形式变为一个关于现实经济的实际模型，并使之成为数值可计算的一般均衡模型——CGE 模型（Shoven and Whalley，1984）。CGE 建模过程中引入了各行为主体的自身优化行为，具体来说，CGE 建模的基本思想就是各生产者根据自身的生产优化行为，在确定某一组商品价格和生产过程中使用的要素数量的条件下，得到生产要素和中间投入的需求，并决定产出量，形成社会总供给；各种生产要素（如劳动力、资本等）的所有者则确定在某一要素价格条件下要素的供给，通过要素回报获得收入，进一步形成对各部门产品的最终需求，与中间需求一起构成总需求。在均衡条件下，总供给与总需求相等。CGE 模型主要描述生产者、消费者、政府以及外部账户等各个决策主体在供给、需求和均衡关系中的行为，包括生产活动、要素供给、商品贸易和最终需求等内容（吴兵，2004）。

实际上，CGE 模型就是描述经济系统供求平衡关系的一组方程。我们可以将其基本构成归纳为三个部分：供给部分、需求部分和供求关系部分。

在供给部分，模型主要对商品和要素的生产者行为及其优化条件进行描述，包括生产者的生产方程，约束方程，生产要素的供给方程以及优化条件方程等。CGE 模型的生产方程对在不同技术条件下生产者使用各种生产要素（资本、劳动、原材料等）生产商品的过程（包括中间生产过程）进行了描述。由于其广为采用新古典理论框架下的生产函数，如常替代弹性（constant elasticity substitution，CES）生产函数，而允许中间投入之间及生产要素之间存在着不完全弹性替代关系。这对于传统的投入产出分析和线性规划是一个进步。为了描述各生产部门分散地追求利润最大化的企业行为，一般在 CGE 模型中均包括一阶优化方程，使各要素的报酬等于要素边际生产率。在开放经济条件下，模型还要给出商品供给在国内和国外市场之间的不完全弹性转换关系。

在需求部分，一般把总需求分解为最终消费、中间产品和投资商品三部分，把消费者分为居民、企业和政府三类。模型主要对消费者行为及其优化条件进行描述，包括消费者需求方程与约束方程、生产要素的需求方程、中间需求方程及优化条件方程等。在开放经济条件下，CGE 模型的消费需求函数允许进口商品与国内商品之间的替代。

建立 CGE 模型的基本思路是寻求一个价格向量，以使供求双方达到均衡。市场是联结供求双方的主要渠道。在模型的供求关系部分，主要对市场均衡以及对与之关联的预算均衡进行描述。包括产品市场均衡、要素市场均衡、居民收支均衡、政府预算均衡和国际市场均衡等。实际上，由于库存、失业、赤字等的存在，CGE 模型并非如一般均衡理论所要求的那样同时达到这些均衡，而只能是有条件的均衡。

从以下几个方面来介绍 CGE 模型的基本结构：

生产活动。在生产部分，模型主要对商品和要素的生产者行为及其优化条件进行描述，包括生产者的生产方程与约束方程、生产要素的供给方程以及优化条件方程等。刻画生产行为的方程主要描述生产者的产品供给，方程一般有两类：第一类是描述性方程，主要描述生产要素投入和产出之间的关系，以及中间投入和产出的关系。生产者行为可采用 Cobb-Douglas 生产函数、CES 生产函数、两层或多层嵌套的 CES 生产函数等描述。生产函数可采用传统的两种生产要素——劳动力和资本，也可以采用多种生产要素，如再加上土地或能源等。此外劳动力还可根据技术水平、收入、教育水平等分为不同组别。这样，针对不同的研究问题，就可以选用不同的生产函数，以突出所要研究的问题。中间投入关系可用列昂惕夫投入产出矩阵来描述。第二类是生产者的优化方程或利润最大化方程，描述生产者在生产函数的约束下，如何能达到成本最小或利润最大，即劳动要素的报酬与其边际生产率相等，这同时也决定了生产者对生产要素的需求量。

需求结构。CGE 模型中的商品需求包括中间需求和最终需求，最终需求部分包括居民需求、政府需求、投资需求和出口等。而从来源看，商品需求包括对国内商品的需求和对进口商品的需求。在 CGE 模型中，中间需求用各种中间商品的列昂惕夫函数来描述；居民消费则是采用 Stone-Geary 效用函数描述，将需求弹性估计简化，允许商品之间的不完全替代，使居民消费满足扩展的线性支出系统（extended linear expenditure system, ELES）函数。在大多数 CGE 模型中，将政府消费当作外生变量来处理。投资需求则一般用 Cobb-Douglas 函数来描述。从来源出发，商品总需求由两层嵌套的 CES 函数来描述，第一层用国内商品和进口商品的 CES 函数描述，第二层的进口商品需求则用不同来源地进口商品的 CES 函数描述。

价格体系。由投入产出分析可知，商品的生产者价格由生产税、要素成本和中间投入成本组成。在多数 CGE 模型中，产出成本由要素成本和中间投入成本的 CES 函数描述，加上生产税即为商品的生产者价格。生产者价格由常弹性转换（constant elasticity transformation, CETS）函数描述为出口价格和国内价格，其中出口价格加上出口税或减去出口补贴，再通过汇率转换得到出口商品的离岸（FOB）价格。一国从国外进口商品，出口国的商品 FOB 价格加上运输费用与保险费等形成了该国进口品的到岸（CIF）价格，加上关税再通过汇率转换即为进口商品价格。进口商品价格与国内商品价格的 CES 函数描述了各种商品价格，而中间投入价格（成本）则由固定比例的各种商品的数量乘以相应的价格形成。商品价格加上销售税即为商品的消费者价格。

收入分配与使用。CGE 模型包括两部分收入分配：初次分配和再次分配，初次分配主要是要素收入分配，再次分配是指居民、企业和政府之间的收入转移。要素收入包括劳动收入（工资）和资本收入。要素收入主要在居民、企业和政府之间分配。初次分配中，居民获得工资和一部分资本收入，企业获得大部分资本收入，政府获得生产税。再次分配中，政府向企业和居民收取直接税，比如所得税和营业税，并向居民和企业转移支付，比如补贴。企业向居民转移一部分收入，比如股票分红等。在收入的使用方面，居民收入用于消费和储蓄，政府收入用于政府消费和投资，企业收入用于再生产和储蓄。居民储蓄、企业储蓄和政府财政盈余构成了总储蓄,总储蓄用于投资。上期的固定资产和存货加上新增的投资减去折旧与存货减少,即得到当期固定资产与存货量。

贸易。世界经济是一个开放的经济,对外贸易在一国的经济发展中起着重要的作用,因此在 CGE 模型中对外贸易占有重要的地位。如果一国的进出口数量较小,不会造成世界市场价格的变化,往往对其采用小国假设,将商品的世界价格设定为固定不变的。此外要区分进口商品与国内商品。当前较为普遍的做法是假设国内商品和国外商品是不完全替代的,采用阿明顿(Armington)假设,并用 CES 方程来描述进口行为,用 CET 方程来描述出口行为。对有些部门也可处理为无进出口,进出口商品与国内商品是不能替代的或部分替代的等。

市场均衡与宏观闭合理论。CGE 模型中的均衡约束包括两个方面:各机构账户的预算平衡和各个市场的均衡。前者指生产者的商品销售所得等于其中间投入和要素收入、投资等于储蓄以及居民、政府的收支平衡等。这些平衡通过各经济主体的收支调整可以直接实现。而市场的均衡则是指相互独立的供给和需求通过一个中间机制而实现的均衡。如通过商品市场实现的商品供求平衡,通过要素市场实现的要素供求平衡以及通过外汇市场实现的外汇供求平衡。通常 CGE 模型通过内生变动的价格实现市场均衡,但也可以固定价格,通过调节数量的方式实现均衡。

CGE 模型中的宏观约束包括三个基本的宏观账户平衡关系:政府的收支平衡、储蓄-投资平衡、国际收支平衡。政府收支平衡是指政府的总收入等于总支出,可以将基本税率作为参数外生给出,用政府储蓄或赤字来平衡政府预算;储蓄-投资平衡是指总投资等于总储蓄;国际收支平衡指进出口和国外储蓄之间的平衡。此外,生产要素的供给也是一项重要的宏观约束。如何确定这些宏观约束形成了 CGE 模型特有的"宏观闭合"问题。宏观闭合是对涉及 CGE 模型的外生宏观要素变量赋值,外生变量或模型闭合的不同选择反映了要素市场和市场主体行为的不同假设。主要的闭合原则有:政府的财政赤字外生,由内生的直接税获得;私人投资内生,由各类储蓄决定;政府经常性和资本性支出的规模外生;国际贸易和运输的需求规模外生;存货变动外生;贸易余额外生,实际汇率使得国际收支平衡等。有了这些外生条件之一,才能使 CGE 模型闭合。通过对宏观约束的不同假设,宏观账户的平衡调整机制被确定下来,一些宏观经济特性也就被引入到 CGE 模型中。

2.2.4.3 水资源 CGE 模型

CGE 模型作为典型的社会经济政策评估与动态模拟工具,在评定水资源量变动、费用与价格调整等资源管理政策的社会经济影响、社会经济政策对水资源的利用效率以及在部门尺度的水资源分配中得到了广泛的应用(Seung et al., 1999;Chen et al., 2005;Wittwer, 2012)。在水资源管理领域初级阶段,CGE 模型更多将水资源为中间投入结构研究水价改革(赵永等,2008;王勇等,2008),还有部分侧重于水资源利用结构刻画,因而缺乏预测与效应分析功能(陈晓楠等,2008;陈卫宾等,2008;赵慧珍等,2008;Makhamreh, 2011)。随着计算机建模环境与技术手段的提高,CGE 模型也成为探索水资源管理政策的有效工具,如开展的水价和水量调控措施的社会经济影响评价(邓群等,2008),黄河流域的不同行政区水资源分配问题和南水北调工程的主要给水与用水地区的水资源调控措施对社会经济影响分析（Feng et al., 2007），张掖市的水权交易调控措施对社会经济影响（邓祥征，2011；王勇，2010）。在这些水资源 CGE 模型中，大部分研究都将水、土、资本和劳动力作为主要的生产要素引入 CGE 模型。在刻画水资源纳入社会经济中的方法多采用嵌套的 Leontief/CES 函数。Leontief 主要描述水资源以固定比例投入生产，与其他初级要素不具有替代性。CES 函数描述水资源与其他投入的初级要素根据其替代弹性大小决定其与其他初级要素之间的使用。

在水资源价格模拟方面，针对摩洛哥地区的水资源配置区域间的不均匀特征，以及人口与城市化的快速增长，基于 CGE 模型探索了水价管理政策对农业部门及其他行业部门的敏感度与作用强度，模型中水资源的生产、分配和销售环节涉及的投入与收益归属专门的水资源管理部门，水资源区分了地下水与地表水使其应用部门体现资源差异与部门转移的可行性，借用 Weibull 函数来刻画水资源量的供给变化。在编制社会核算矩阵时，将水资源作为一种生产要素纳入生产函数，此外还将水污染处理当作一个部门，在生产函数中体现为中间投入，分析水价政策与水环境政策的社会经济环境效应（Xie and Sidney, 2000；马明，2001）。沈大军等（1999，2001，2006）早在 20 世纪末及 21 世纪初，就对水资源价值以及水资源价格进行了理论的、系统的探讨，并将水资源作为生产活动的外部约束条件，分析水资源的供给对各个行业增加值的影响，并估算了水资源的影子价格。水资源的边际价格是通过水资源供给量的变化除以国内生产总值的变化后测度出水资源变化在 GDP 变化量上的贡献率。西班牙安达卢西亚地区农业部门水资源价格对区域水资源保护、分配、效率提高与社会经济影响的情景分析，研究主要基于单时期的静态 CGE 模型。王勇等（2008）将水资源作为外部约束条件引入 CGE 模型，分析了供水变化效应、影子水价，并认为降低高耗水的种植业的比例，不仅可以增加张掖市的社会福利，还能节约水资源。秦长海等（2014）将水资源作为生产要素纳入到生产函数当中，并且细分为原水、自来水和再生水，相对应的将水生产供应行业从企业中分离出单独的部门，构建了水资源问题的价格政策模型，并通过分析认为水价提高或补贴对经济增长、产业结构等影响并不显著，但对水生产供应业产生较大影响。

在水资源配置方面，Berrittella 等（2016）利用第一版 GTAP-W 模型模拟了南水北调工程的国内外影响，即在生产函数中将水资源作为中间投入而非生产要素引入 CGE 模型，并对比分析增加产出与增加投资两种情况。Muller（2006）以乌兹别克斯坦为案例区用 CGE 模型分析了水土资源配置对棉花市场改革政策的响应，通过中长期模拟检验了模型的稳定性。模型的生产结构中，土地资源与水资源一起作为初级生产要素与资本、劳动嵌套进入生产函数。模拟过程中耦合生态-水文模型与土地利用信息，测算了小麦、棉花和水稻等主要区域生产作物的需水量，并估计了影响其作物需水量的三个关键因素：地区差异、作物类型差异、丰平枯的水文特征。Feng 等（2007）利用拓展的 DRC-CGE 模型，即将水资源作为生产要素引入生产函数中，也模拟了南水北调工程对缺水区域的影响，并指出如果没有此工程，抽取所有地下水可以维持其工业化过程，但是会对生产环境造成重大影响。

在结合社会经济尺度与流域尺度的空间配置方面，国内外也开展了一些方法上的探索。如采用面向对象方法把 GIS 和局部均衡模型整合起来研究流域水资源优化管理（Cai et al.，2003）。例如，在卡什卡达里亚河流域水资源管理中通过 GAMS 和 ArcView 两个软件链接实现了水资源配置和空间分析。国际上众多学者还逐渐采用 CGE 模型开展水资源变动对社会经济系统的影响分析（Roe et al.，2005；Berrittella et al.，2007；Medellín-Azuara et al.，2010）。

在构建水市场机制上，探索水权交易是提高水资源利用效率和生产力的可能途径。CGE 模型应用于该领域的分析也得到了众多研究。如 Mukherjee（1995）针对南非德兰士瓦省的一个小流域，采用静态嵌入土水资源要素组合的 CGE 模型分析了水和土地资源改革的影响。Chou 等（2001）将水资源分为自来水、地表水和地下水，模型中把自来水看作一个行业，在生产函数结构中将自来水作为中间商品投入，而将地表水和地下水作为要素投入，分析认为水权费的双重红利现象存在，并且可以降低水资源需求量。Diao 和 Roe（2003）采用了一个动态的 CGE 模型分析水市场机制构建对摩洛哥国民经济与用水变化的影响，评估了摩洛哥水交易可使农业产出增加 8.3%，在国家水平上影响着农业投入的回报率，但在增加消费及国际贸易的同时，中等程序上提高了生活成本。Gomez 等（2004）用 1997 年的投入产出表构建了动态 CGE 模型研究了市场机制下的水权交易，分析得出巴利阿里群岛的水市场交易，相比于海水淡化，对农业收入产生更加积极明显的影响。

此外，CGE 模型还被广泛应用到水资源短缺、水资源相关的自然灾害对社会经济影响及区域可持续发展等问题的研究。Horridge 等（2005）开发了 TERM 模型，并用于分析澳大利亚历史最严重旱灾的社会经济影响，研究结果发现澳大利亚的干旱对其造成了很大影响，导致部分地区收入降低 20%、就业率下降和贸易平衡恶化。夏军和黄浩（2006）将水资源作为生产要素引入 CGE 模型的生产函数，并将水污染作为部门来处理，构建 CGE 模型分析海河流域水污染以及水短缺的社会经济效应，并指出水污染比水短缺更值得关注，关注水污染虽然会降低传统 GDP，但是有利于绿色 GDP 的增长。*Economic Modeling of Water：the Australia CGE Experience* 详细介绍了 TERM-H2O 模型的数据基础、动态机制、模型机制以及三个具体的案例，并对 TERM-H2O 模型在其他国家进行了拓展应用（Wittwer，2012）。

然而在区域、国家尺度上农业用水份额较高，更多的 CGE 模型则重点关注农业用水效率。Calzadilla 等（2011）拓展了旧版 GTAP-W 模型（Berrittella et al.，2007），将水资源作为生产要素引入生产函数当中，并细分了雨养农业和灌溉农业，研究表明提高灌溉效率可以节约全球或区域范围的水资源，但是也并非对所有区域都有效，但总体而言，对于水资源压力较大区域的影响都是有利的。此外，Calzadilla 等（2010）还利用 GTAP-W 模型研究全球贸易虚拟水战略及地区水价调整的全球社会经济影响。该类模型主要是针对农业部门的用水投入、效益的分析，但因为数据缺乏问题使之未能开展流域尺度经济系统的建模研究。

随着人类活动的扰动增加，"自然–人工"二元结构驱动的复合水循环系统逐渐形成，而与流域水资源管理密切联系的社会经济因素及其对水资源影响与响应机制的研究相对迟滞。如何开展社会水循环过程的驱动机制、用水需求的演变规律、水资源的空间动态优化配置、水资源管理的多元调控策略等方面的研究，发展流域水–生态–社会经济耦合系统模型，将是实现水资源的生态系统服务功能和经济社会服务功能均衡研究的重点。水资源–社会经济模型与生态水文过程模型具有不同的时间和空间尺度，二者之间的耦合机理研究大多以概念框架描述为主，缺乏量化的模型接口。如何制备小尺度、时序的水资源社会经济核算数据，将水资源利用效率引入不同层次、动态的社会经济模型之中，建立起宏观水资源–社会经济模型与微观生态水文模型之间的数据链接，是未来流域综合模拟的发展趋势。总之，社会经济系统已成为影响水系统演化的主导力量，改变传统的管理模式和理念，对有限的水资源进行优化配置，对提高用水效率，缓解流域水资源的社会经济服务功能与生态服务功能不平衡等问题有着重要的作用。

| 第 3 章 | 流域水-生态-经济耦合系统建模实践

水资源在经济系统的优化配置尺度取决于水资源管理水平。生产、生态与生活用水分配是水资源配置的第一尺度，生活用水是配置解决的首要条件，然而生产与生态的优先顺序一般以生产优先的原则。随着生态用水的不断被挤占，提高生产用水效率保障生态需水成为研究的焦点问题。流域"水-生态-经济"耦合系统模型以权衡生态-经济用水下的区域可持续发展为目标，系统测算不同的产业用水效率与产业转型升级方案、水资源管理政策水平下社会经济系统的演变路径与资源消耗强度变化趋势。

3.1　水资源 CGE 模型构建

3.1.1　CGE 模型构建

CGE 模型构建的流程可以大概分为以下五个过程。①了解所需研究的科学问题，对现有数据及研究寻找契合点，思考在现有数据基础上是否可以直接或者通过一些合理的假设构建 CGE 模型。②在分析科学问题后，基于现有的 CGE 模型理论，是否能够描述研究问题的科学机制，如若不行，应该如何进行拓展，将理论框架进一步完善。③构建基础数据库。CGE 模型的核心数据是投入产出表或者社会矩阵核算表（social accounting matrix，SAM）；还需要准备模型用的各种参数；在有些动态模型或者求解软件中，还需要准备动态数据库和集合（sets）数据库。④校准参数。有些是通过计量方法根据实际数据计算出各类参数，有的是从参考文献中获取的参数，因此需要根据模型的系数数据库对参数进行校准，并做敏感性分析。⑤政策模拟并解释结果，提出相应的政策建议。图 3-1 显示了Shoven 概括的 CGE 模型在应用和校准时的大致步骤（Shoven and Whalley，1984）。首先需要收集如投入产出表、税收、贸易等基础数据，并对这些多源数据库进行检验调整，如企业提供的劳动力工资数据可能与居民工资数据并不一致，在构建 CGE 模型基础数据库的时候，需要对这些数据库进行平衡性检查。在基础数据库构建成功后，通过校准模型方程与参数构建基准情景，基于政策冲击后的政策情景模拟结果，对比分析可得出政策的社会经济效应。

3.1.2　水资源 CGE 模型构建方法

与其他模型相比，在水资源的社会经济系统内配置方面，以 CGE 理论为核心的水资

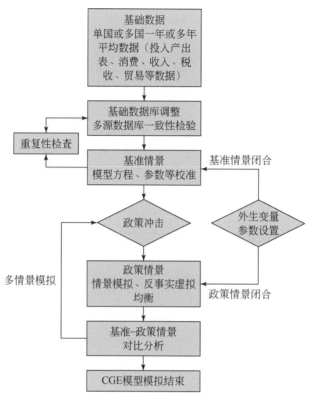

图 3-1　CGE 模型校准与应用流程

源配置模型与其他优化配置方法有较大的差异。此类模型从经济系统的全局优化出发，考虑其系统内不同的社会经济系统主体目标和资源要素及产品市场的互馈关系（夏婷婷，2008）。水资源 CGE 模型，顾名思义，就是将 CGE 模型应用于水资源相关问题的研究，其关键就是将水资源引入 CGE 模型。水资源 CGE 模型可以追溯于 Peter Dixon 的研究，之后便广泛被应用于全球、国家或者区域层面上水利工程、水资源价格、水资源配置以及水权交易等问题上。CGE 模型分析了整个社会经济系统的生产、运输、贸易与消费各个环节的用水及优化，系统刻画了水资源在社会经济系统的循环。CGE 模型由于受投入产出数据尺度以及时效性的制约，主要集中在国家、省区尺度，刻画的经济部门较少，且偏重于农业部门。CGE 模型中，消费需求函数多以 LES（liner expenditure system）函数、CD（cobb-douglas）函数、CDE（constant difference of elasticities）函数或 CES（constant elasticity of substitution）函数刻画。

　　通过文献分析，可以将水资源引入 CGE 模型的方法概括为以下四类：一是作为生产或产出或消费的约束条件外嵌于 CGE 模型；二是作为生产要素引入到生产函数；三是作为中间投入引入到生产函数中；四是将不同水资源类型分别作为生产要素或者中间投入引入到 CGE 模型当中。其中，第一种方法只是作为 CGE 模型核心模块的外部结束，在引入水资源过程中，不需要对核心模块进行过多修改；而后三种方法会将水资源引入到 CGE

模型的生产函数当中，直接对生产过程产生影响，因此与前者有着根本的区别。

3.1.2.1 约束条件

在水资源 CGE 模型的初期，多数从经济用水的角度出发，但是一方面由于同时期水资源短缺、污染以及分配不均衡等问题并没有引起足够的重视，导致水资源数据欠缺；另一方面由于水资源 CGE 研究刚刚起步，内嵌入 CGE 模型并通过反馈机制相互产生影响并没有完善，加之初期计算机技术的相对落后，无法满足大型 CGE 模型的可计算功能，所以更多采用外部约束条件来链接生产、产出或者消费等模块，从而在满足水资源约束条件下进行政策分析（沈大军，2001；李善同和许新宜，2004；Xie and Sidney，2000）。

水资源作为外部约束条件可以大致归为两类：水量与水污染控制。经济社会的各个行业生产都不可避免的用到各类水资源，或将水量与中间生产过程通过用水系数联系起来，即将水资源作为生产过程当中的约束条件（李善同和许新宜，2004）；或是收集各个行业的用水量，将其与行业总产出进行对应，通过模拟水量的变化来预测行业发展趋势，并测算行业水资源的影子价格（沈大军，2001；王勇等，2008）；或是从水资源质量的角度出发，与之前水量型缺水不同，从通过控制水污染，增加水资源质量来减少水质型缺水（Xie and Sidney，2000）。将水资源作为生产、产出或者消费的约束条件的方法相对比较简单，但因其无法将价格因素嵌入到 CGE 模型中与相关模块产生反馈作用，所以欠缺价格传导机制，无法对水资源进行成本效益分析。

3.1.2.2 中间投入

将水资源投入作为中间投入引入到 CGE 模型中可以大致分为两种方法。一是将水资源放置于生产函数的顶级嵌套中，即总产出通过 Leontief 生产函数决定水资源、总初级要素和总中间投入［图 3-2（a）］。这一类处理方法常见于对农业问题的研究，其前提或假设就是在农业活动中，初级要素投入、水资源利用与其他投入之间并没有替代弹性，如水稻种植中对于劳动力、水资源和种子的投入。二是将水资源作为其他层级的生产嵌套的投入品，可以实现不同类型水资源的替代，或者是水资源与其他中间投入之间的嵌套。以水的生产与供应行业为例，可以用自来水、地下水，甚至是海水淡化等水资源，而对于消费者来讲，可以使用瓶装水、桶装水或其他饮料。这些层次的嵌套，水资源类型之间或者水资源与其他中间投入之间会有一定的替代，多采用 CES 生产函数进行描述［图 3-2（b）］。

3.1.2.3 生产要素

目前大多数对于水资源的处理方法，是将其视为与土地、自然资源一样，作为生产要素引入 CGE 模型，甚至水资源还可以细分到地表水、地下水以及其他类型的水资源（图 3-3）。在生产函数的初级要素结构中，经常采用的函数形式有 CES 函数、Leontief 函数、CD 函数等。在 CES 生产函数中，水资源多层嵌套的方法各有所不同。例如，Seung 在处理水资源时，按土地面积将水资源线性组合成土地资源，再与资本利用 CES 函数生产资本–土地组合，再与劳动力运用 CES 函数生成初级要素组合，所以水资源、土地资源、资本与劳动力

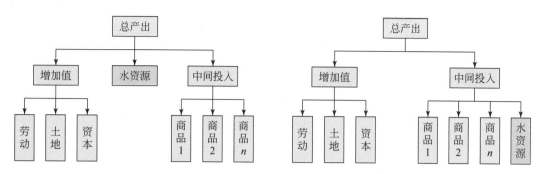

(a)水资源、初级要素、中间投入的顶层嵌套生产函数　　　(b) 水资源与其他产品组合成中间投入

图 3-2　水资源作为中间产品引入生产函数的方法

都不直接产生替代关系（Seung et al.，1998）。Gomez 等（2004）则将地下水与土地-资本组合产生替代；或者将水资源与资本形成替代，这样可以模拟提高灌溉效率或征收水资源税时对水资源利用强度的影响（Van Heerden et al.，2008）；有的还会因灌溉地和旱地的实际情况而采用不同的引入方式，或因灌溉面积而决定用水量，或因缺水导致灌溉地与旱地或者是缺水灌溉地产生替代（Dixon et al.，2011），或者是灌溉地没有足够的用水而划分出不同灌溉程度的用地用水，产生替代关系（Calzadilla et al.，2011）。

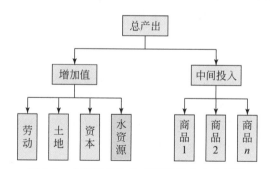

图 3-3　水资源作为生产要素引入生产函数

3.1.2.4　综合处理

水资源如自来水等不仅可以作为商品等中间投入参与生产过程中，如图 3-4 中所示的水资源 1 或水资源 2，而地表水、地下水等水资源还可以作为生产的初级要素投入生产活动中，如图 3-4 中所示的水资源 3。

此外 CGE 模型中对于水资源有更为复杂的处理方法。GTAP-W 模型适合分析农业部门相关问题，模型中水资源并不像图 3-4 中所示的水资源 3，直接与劳动、资本等其他生产要素产生替代效应，而是水资源与土地资源先通过 CES 函数组合成水土要素，再与劳动、资本通过生产函数组合成初级要素投入。这种生产结构的假设是在水土资源匹配不均衡的地区，水资源与土地资源会具有一定的不完全替代关系。具体来说，GTAP-W 将土地分为三种类型，包括灌溉地、非灌溉耕地和牧草地，而灌溉用水只与灌溉用地产生替代关系，

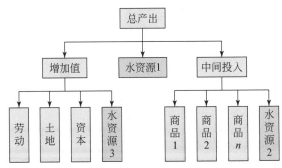

图 3-4　水资源引入生产函数时的综合处理

并不与其他用地产生替代关系。此外，此模型中并没有考虑到降水等水资源与雨浇地的替代作用。TERM-H2O 模型中，土地细分为可灌溉地、灌溉地和旱地，其中灌溉地投入为水资源和排水灌溉的组合投入，类似于 GTAP-W 模型（Wittwer，2012）。之后的研究在 GTAP-W 基础上又进行了拓展，不仅保留了灌溉地与非灌溉耕地的区分，还根据土地资源质量引入了 AEZ（agro-ecological zones）土地分类，并在流域尺度上分析每个国家或区域的水资源供给，最重要的是引入了农业部门与非农部门的用水竞争。

3.1.3　水资源 CGE 模型的发展与局限

CGE 模型应用与水资源-经济社会系统集成模型分析有待在尺度、时效与结构上实现突破。从国内外基于 CGE 模型开展的水资源-经济社会系统集成模型分析来看，由于缺乏水资源在社会经济系统的核算数据，大多数研究多停留在单区域、静态尺度。从 CGE 模型的结构框架来看，国外相关研究水资源主要嵌套在农业产业的生产要素内部，国内相关水资源都基本是作为部门中间投入开展社会经济系统影响分析。要辨识水资源的要素与商品属性，可以通过地方政府、水资源管理部门与自来水公司对水资源费用、水费与水价标定相应权属。另外，模型的嵌套生产函数中关于水土资源要素与劳动力、资本要素替代弹性，需要大量的实证研究。在流域尺度开展水资源利用效率分析的水资源-经济社会系统集成模型（water economic society integrated model，WESIM）建模工作现在还较为薄弱。构建流域尺度嵌入水土资源要素的社会经济系统动态模型，并研究社会经济系统动态递归模拟的机制，分析未来社会经济发展情景下的产业需水分析，同时测度不同水资源管理政策对产业需水压力调节与供水矛盾缓解的强度和方向，构建服务于流域水资源面向需求管理分析的模型工具。

CGE 模型是一个简化的拥有各种假设的理想模型，在这种市场机制下，水资源的价值决定于边际价值产出，此时供需平衡决定了其市场价格。但是实际上，一是现实中并不是一个完美的理想世界，二是水资源并非完全是一种可交易的商品，反而更多的是从原来的"公共牧场"变成了具有补贴、法律法规、水权的受管理约束的自然资源。一是其供给不仅受管理的约束，还会受自然气候条件的影响，因此单纯运用经济模型，很难模拟其时间及空间上的供给，给 CGE 模型引入不确定性。二是在水资源分类中，如地下地表水之间的互动及关系并没有很好的定义及辨别，农业地下用水对工业用水层面的影响，在把水资源引入 CGE 模型之前并没有及时厘清。三是水利工程一般都是在行政管理下的大规模活动，并不完全受市场机制所影响，尤其是在现在生态文明理念下，中国追求可持续发展，水资源的生态价值如何评估，以及如何引入 CGE 模型当中，是给所有学者留下的极大挑战。

在水资源 CGE 模型二十多年的发展中有两个一直备受关注的问题：一是水资源在不同层次和部门中的价值，二是不同政策措施如何影响这种价值。然而，在应用水资源 CGE 模型的研究中，尚存在以下几个方面的不足。

在水资源 CGE 应用中，众多研究都集中于水资源在各个部门中的分配优化、节约水资源、提高用水效率等，但对于水资源的地理分配研究不足。水资源在流域内进行分配，而流域可能会跨越许多行政或管理区域，如何在区域间进行资源优化配置，上下游之间如何进行补偿或转移支付，或者是区域间如何开展合理的水权交易，此类研究尚为薄弱。

除了水资源的跨区域问题，就是季节性水资源供给不平衡。多数 CGE 模型的模拟步长都是一年，然后针对水资源问题的研究还是过于粗糙，如何获取时间尺度上的水资源供给，并修正 CGE 模型模拟步长，加上对流域内区域间的考虑，才能获得更为准确的时间尺度上的政策建议。

农业部门一般是最大的用水部门，但 CGE 模型中较少考虑不同行业部门所面临的水价差异；而且在同一行业内，是否应该实行阶梯水价，除了利用 CGE 模型进行探讨分析外，还需要长时间实证经验对模型的结果进行验证。一是需要验证模型构建及模拟分析的准确度，二是需要验证差异性水价的政策效果。

CGE 模型中水资源相关的弹性设置需要实证研究，一是水资源在生产过程中是否与其他投入产生替代弹性，二是不同部门之间的水资源弹性，三是不同水资源类型之间的弹性。在水资源 CGE 模型的应用中，多数讨论的是如何将水资源引入到 CGE 模型中来，但对于不同部门的水资源需求价格弹性缺乏探讨。如果在研究水资源刚需问题中，将水资源作为顶层中间投入，利用 Leontief 函数进行描述，但是在实际生活中这样的问题相对较少，更多情况是水资源可以与其他投入产生替代关系。此外不同部门之间水资源的价格弹性因其引入 CGE 模型的方法不同而产生差异，如农业部门中水资源多作为生产要素，而非农部门常将水资源作为中间投入，这就使得农业部门的水资源弹性要大于非农部门。此外，即使在农业部门内，可能会将地表水、地下水引入其生产函数中，但是对于不同水资源之间的替代弹性缺乏长时间序列的估算与验证，而弹性的设置对模型结果至关重要。

与水资源弹性相关的另一个问题便是水资源定价与管理。作为中间投入的水资源一般是由水生产供应部门提供，因此有价可循，但是对于农业部门灌溉用水，如地表水或地下水，或是作为公共资源任意使用，或依赖于行政部门进行管理分配，并不涉及水价问题，尤其是在资源相对丰富的中国南部地区。中国的水资源定价体系并不完善，且同时面临水资源供需矛盾，因此针对不同缺水区域、不同水资源类型，以及不同用水类型的统筹规划及定价会增加水资源 CGE 模型的不确定性。

3.2 水资源–经济社会系统集成模型（WESIM）

目前开展的水资源–经济社会系统集成模型多以投入产出表为主，社会经济系统用水主要以水的生产与供应行业的自来水为主，未能较好界定地表水、地下水与降水（李昌彦等，2014），并且仅仅只有投入产出分析，对流域水资源的综合管理支撑作用不强。相比而言，CGE 模型具有刻画社会经济系统宏观行为的优点，是定量分析水价、水权、水资源配置和水市场的有力工具（赵永等，2008；王勇等，2008；黄英娜等，2003），同时也是分析社会经济系统变化对水资源需求预测的有效手段（李昌彦等，2014；薛俊波等，2010）。为此，开展流域尺度的水资源–经济社会系统集成模型（water economic society integrated model，WESIM），需要在流域尺度上开展投入产出分析理论与投入产出表编制方法研究，厘清流域经济社会系统的水土资源要素与商品的生产投入、居民消费过程及区际贸易流转的资源消耗，将有利于开展流域水资源可持续管理政策的制定。

多尺度水–社会经济循环系统可是一个跨越流域、县和灌区尺度的开放系统，如表 3-1 所示。通过采用这种系统的方法，可以研究改进水分配过程、提高用水效率和提高水生产率的替代办法。在多个区域之间合理分配水资源，是保障水安全的重要组成部分，既要平衡生态与经济之间的水分配，也要平衡流域规模及其经济发展。流域的水安全受到气候变化和区域贸易条件变化的威胁。多产业间水资源配置是实现用水效率、平衡经济发展与县级生态安全的关键。一般来说，农业部门是一个县的水的主要使用者。提高农业部门的水生产力涉及对有关灌区的种植结构做出最佳决策。

表 3-1　WESIM 模型的三个层级

层次	外生变量自上而下的影响	自下而上的适应用水主体的用水量	模型类型
流域	气候变化、全球贸易	虚拟水、水资源配置与调控、水权转让	多区域可计算的一般平衡
区县	政策、技术	行业间水分配、三生水分配、水资源的利用方式与利用效率	可计算的一般均衡
灌区	非理性因素	家庭用水行为、作物的水足迹、作物需水曲线	局部均衡

多区域 CGE 模型可用于流域和县两级，分析水价改革、水资源再分配、工业化对区域用水和经济的影响。部分一般均衡模型可用于根据作物模式、灌溉率和其他农业参数投入在灌区之间分配水资源。关键技术是将县级模式和灌区模式集中起来，通过水价改革和水资源再分配，将其作为提高水生产力、提高用水效率体系的核心。利用流域、县和水使用者尺度的多尺度模型，不仅可以分析外生变量对水分配的自上而下的影响，还可以分析自下而上用水行为的影响。这样，我们就为水资源综合管理提供了新的视角。

本章重点介绍以 CGE 模型为基础的经济社会系统嵌入水土资源要素的水资源–经济社会系统集成模型 WESIM 的理论框架与关键方程定义，以及输入 WESIM 模型的关键生态–水文过程情景模拟模型的理论，同时介绍 WESIM 的参数率定，研究构建一个水资源供需情景调控管理的决策工具，服务于流域社会经济系统的水资源适应性方案的甄选研究。

3.2.1　水资源–经济社会系统集成模型（WESIM）框架

WESIM 模型以经济社会系统模型为主导链接生态–水文过程对水资源影响的关键参数。研究基于资源优化配置与实证经济学等理论依据，以调查数据、投入产出系数为参数，模拟经济社会系统需水总量及结构、评估水资源调控绩效及经济影响，分析区域水资源与社会经济系统的互馈关系，梳理生态–水文过程影响经济社会系统的关键路径与方式、经济社会系统反馈于生态–水文过程影响的表达，以及经济社会生产方式与水资源的相互作用，揭示水–经济系统诸要素的时空动态过程及效应。传统的经济模型主要关注耗水产品的经济价值，忽视了消耗自然资源的生态和环境成本。影响水资源的生态水文过程直接影响水资源在生产过程的数量与质量，进而影响生产力水平。经济社会生产系统的水土资源要素的组合中，地表水、地下水与土地的配置比例会直接改变地表水与地下水的循环过程进而影响了流域的生态水文过程。社会经济主体行为又通过土地利用影响水资源，基于此关系构建 WESIM，模拟分析水资源约束的空间经济学模型。其中，经济社会系统模型以 CGE 模型为主，重点刻画水土资源以生产要素的形式进入了社会经济系统的生产过程，详细拆解地表水、地下水、其他用水在经济社会系统的投入方式，增加了可以分析经济社会系统的消费效用的地表水与地下水价格的影响机制。系统中，生产主体则根据其效用最大化原则来配置初级要素的投入组合。水资源一旦以要素进入市场则可以通过水价、水权等市场机制开展其在社会经济系统中的配置（图 3-5）。为此，水土资源要素主要通过社会经济系统的生产、消费与税收过程影响社会经济系统。

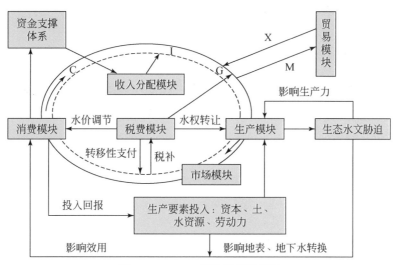

图 3-5　WESIM 模型原理及框架

WESIM 的经济社会系统模块深入耦合 CGE 基础模块与水资源、经济社会系统相互作用的关键过程。WESIM 能系统全面地分析水资源与社会经济系统的关系，其构建完全基于整个社会经济系统的刻画，每种产品和要素都联系在一起，任意一个市场的变化会引起该市场达到新的供需平衡，从而导致市场价格发生变动，这个市场变动会通过价格传导机制进而影响其他经济市场。WESIM 是在传统 CGE 模型的生产、消费与市场均衡三个模块改进了相关方程。WESIM 定量刻画社会经济主体之间的行为决策、数量流以及传导机制，其主体都具有自适应优化行为，在社会经济过程中持续反馈调整和自发性决策的特征。然而，WESIM 的核心模块，即 CGE 模型，在水资源管理领域的应用，目前还处于初级阶段，其方法与应用视角还有待逐步完善和拓宽（赵永等，2008）。WESIM 研发过程中发现并解决了三个关键问题：一是水资源与经济社会系统之间互馈关系的表达有待完善，而且模型结构的选择直接影响运行结果的精度；二是宏观数据与水土资源数据的尺度不匹配，难于满足 WESIM 模型中水资源问题分析的需求，克服这一问题往常的做法是把水资源约束"外挂"于 CGE 模型，再利用投入产出分析；三是水资源市场一般是不完全竞争的市场，应用时必须针对具体情况设定合适的市场机制来模拟。

基于上诉问题的梳理，WESIM 认为将水资源以商品或生产要素的形式纳入宏观经济系统是最理想的方法，直接计算各部门用水商品或水要素的相对价格，核算各部门用水产生的经济效益。但是水资源并非完全是商品，考虑其公平性，政府对水资源还会进行分配与调控，因此，在行业用水的优化配置过程中水价并未起到决定性的作用（王勇等，2008）。但值得庆幸的是，张掖市作为中国最早的节水型城市试点，在水资源相关数据的核算上具有较好的基础。在此进行的经济社会系统水循环研究得到了国家自然科学基金重大研究计划的支持，专门构建了流域的社会经济数据库和区县尺度的投入产出表，研究在投入产出数据的制备过程中就剥离了水的中间投入商品和初级生产要素。WESIM 模型的基础是 CGE 模型，并且在 CGE 模型的理论框架指导下链接生态–水文过程的影响，清晰合理地刻画了不同类型水资源与经济社会系统之间的互馈机制。

3.2.2　WESIM 的社会经济系统模块

构建模型主要服务于未来气候变化和社会经济发展情景分析，选择流域中游的整个张掖市为重点，构建单区域的动态模型。选用 GEMPACK 软件作为模型运行环境。选择澳大利亚维多利亚大学政策研究中心（the Centre of Policy Studies，CoPS）的单国模型 ORANIG 作为基础，改进了上述模型的生产、消费模块，引入了动态机制，构建了张掖市的动态 CGE 模型。下面在 ORANIG 模型的基础之上重点介绍相关改进工作。

3.2.2.1　生产模块

ORANIG 模型的生产模块的基本原则是允许一个产业生产多种不同类型产品，同时在生产投入上考虑劳动力、土地与资本等多种初级要素，这种多投入–多产出的生产规模由一系列的可分性假设保持其可控性。模型中所有的生产部门均采用成本最小化、规模报酬不变假设来决策生产（张松磊，2010；尤培培，2009）。生产模块的框架采用多层嵌套的 Leontief 和 CES 函数来描述，处于同层嵌套结构的投入要素间存在不同的替代或互补关系

（图 3-6）（张松磊，2010）。

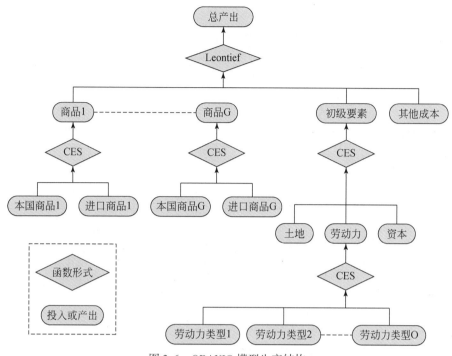

图 3-6　ORANIG 模型生产结构

第一层的顶层嵌套表达了总产出，其应用 Leontief 生产函数描述生产过程中的中间投入商品组合、初级要素和其他成本之间的组合，以固定投入比例影响总产出，具体变量解释见表 3-2。

$$\text{COM}_{c,i} = \text{acom}_{c,i} \times \text{XP} \tag{3-1}$$

$$\text{PRIM}_i = \text{aprim}_i \times \text{XP}_i \tag{3-2}$$

$$\text{OCT}_i = \text{aoct}_i \times \text{XP}_i \tag{3-3}$$

$$\text{PX}_i = \sum_{c \in \text{COM}} \text{acom}_{c,i} \times \text{PCOM}_{c,i} + \text{aprim}_i \times \text{PPRIM}_i + \text{aoct}_i \times \text{POCT}_i \tag{3-4}$$

第二层嵌套结构中每种中间投入品又可分为国内商品与进口商品之间的组合，两者之间的组合根据其替代弹性来决定，采用了 CES 函数描述。

$$\text{DCOM}_{c,i} = \text{sdc}_{c,i} \cdot \left[\frac{\text{PCOM}_{c,i}}{\text{PDCOM}_{c,i}} \right]^{\sigma\text{com}_c} \tag{3-5}$$

$$\text{ICOM}_{c,i} = \text{sic}_{c,i} \cdot \left[\frac{\text{PCOM}_{c,i}}{\text{PICOM}_{c,i}} \right]^{\sigma\text{com}_c} \tag{3-6}$$

$$\text{PCOM}_{c,i} = \left[\text{sdc}_{c,i} \cdot \text{PDCOM}_{c,i}^{1-\sigma\text{com}_c} + \text{sic}_{c,i} \cdot \text{PICOM}_{c,i}^{1-\sigma\text{com}_c} \right]^{\frac{1}{1-\sigma\text{com}_c}} \tag{3-7}$$

第二层的初级要素投入也采用 CES 函数描述土地、资本、劳动力之间的组合：

$$LND_i = slnd_i \cdot \left[\frac{PPRIM_i}{PLND_i} \right]^{\sigma prim_i} \qquad (3\text{-}8)$$

$$LAB_i = slab_i \cdot \left[\frac{PPRIM_i}{PLAB_i} \right]^{\sigma prim_i} \qquad (3\text{-}9)$$

$$CAP_i = scap_i \cdot \left[\frac{PPRIM_i}{PCAP_i} \right]^{\sigma prim_i} \qquad (3\text{-}10)$$

式中，LND 为土地价值；LAB 为劳动力价值；CAP 为资本价值。

$$PPRIM_i = \left[slnd_i \cdot PLND_i^{1-\sigma prim_i} + slab_i \cdot PLAB_i^{1-\sigma prim_i} + scap_i \cdot PCAP^{1-\sigma prim_i} \right]^{\frac{1}{1-\sigma prim_i}} \qquad (3\text{-}11)$$

第三层嵌套中将劳动力分为了不同的类型，劳动力组合应用 CES 函数描述不同劳动力类型之间的组合：

$$LABO_{o,i} = slabo_{o,i} \cdot \left[\frac{PLAB_i}{PLABO_i} \right]^{\sigma lab_i} \qquad (3\text{-}12)$$

$$PLABO_i = \left[\sum_{o \in OCC} slab_{o,i} \cdot PLABO_{o,i}^{1-\sigma lab_i} \right]^{\frac{1}{1-\sigma lab_i}} \qquad (3\text{-}13)$$

式中，$LABO_{o,i}$ 为劳动力组合价值。

表 3-2　方程参数说明

参数	说明
XP_i	部门 i 的总产出商品的数量
$acom_{c,i}$	部门 i 生产过程的中间投入商 c 的份额
$aprim_i$	部门 i 生产过程的初级要素投入的份额
$aoct_i$	部门 i 生产过程的其他投入份额
$COM_{c,i}$	部门 i 生产过程的中间投入商品 c 的总数量
$PRIM_i$	部门 i 生产过程的投入的全部初级要素值
OCT_i	部门 i 生产过程的其他全部投入
PX_i	部门 i 的总产出商品的价格
$PCOM_{c,i}$	部门 i 生产过程中间投入商品 c 的价格
$PPRIM_i$	部门 i 生产过程初级要素组合的价格
$POCT_i$	部门 i 生产过程其他投入品的价格
$PDCOM_{c,i}$	部门 i 生产过程中间投入的区内商品 c 的价格
$PICOM_{c,i}$	部门 i 生产过程中间投入的进口商品 c 的价格
$DCOM_{c,i}$	部门 i 生产过程中间投入的区内商品 c 的数量
$ICOM_{c,i}$	部门 i 生产过程中间投入的进口商品 c 的数量
$sdc_{c,i}$	部门 i 生产过程中间投入的区内商品 c 的份额参数
$sic_{c,i}$	部门 i 生产过程中间投入的进口商品 c 的份额参数
σcom_c	部门 i 生产过程中间投入的区内商品与进口商品的替代弹性
$\sigma prim_i$	部门 i 生产过程中初级要素的替代弹性

参数	说明
$PLND_i$	部门 i 生产过程中投入土地资源要素的价格
$PLAB_i$	部门 i 生产过程中投入劳动力要素的价格
$PCAP_i$	部门 i 生产过程中投入资本要素的价格
$slnd_i$	部门 i 生产过程土地要素的份额参数
$slab_i$	部门 i 生产过程劳动力要素的份额参数
$scap_i$	部门 i 生产过程资本要素的份额参数
σlab_i	部门 i 生产过程不同劳动力类型的替代弹性
$slabo_{o,i}$	部门 i 生产过程劳动力类型 o 的份额参数
$PLABO_i$	部门 i 生产过程劳动力类型 o 的价格

在生产模块中，从生产者的角度出发目的是在当前的生产技术条件下实现其投入成本的最小化或者利润最大化，以 CES 生产函数为例，变量解释见表3-3。

$$\min \quad P_1 \cdot X_1 + P_2 \cdot X_2$$
$$\text{s. t.} \quad Y = A \left[\delta_1 X_1^{-\rho} + \delta_2 X_2^{-\rho} \right]^{-\frac{1}{\rho}} \tag{3-14}$$

为了求解条件极值问题，首先构造拉格朗日函数：

$$L = P_1 \cdot X_1 + P_2 \cdot X_2 + \lambda \left(Y - A \left[\delta_1 X_1^{-\rho} + \delta_2 X_2^{-\rho} \right]^{-\frac{1}{\rho}} \right) \tag{3-15}$$

根据拉格朗日乘数求条件极值的方法有

$$\begin{cases} L'_{X_1} = P_1 - \lambda A \delta_1 \left[\delta_1 X_1^{-\rho} + \delta_2 X_2^{-\rho} \right]^{-\frac{1}{\rho}-1} X_1^{-\rho-1} = 0 \\ L'_{X_2} = P_2 - \lambda A \delta_2 \left[\delta_1 X_1^{-\rho} + \delta_2 X_2^{-\rho} \right]^{-\frac{1}{\rho}-1} X_2^{-\rho-1} = 0 \\ L'_{\lambda} = Y - A \left[\delta_1 X_1^{-\rho} + \delta_2 X_2^{-\rho} \right]^{-\frac{1}{\rho}} = 0 \end{cases} \tag{3-16}$$

解得有

$$X_1 = \frac{Y}{A} \left(\frac{\delta_1}{P_1} \right)^{\frac{1}{1+\rho}} \left(\delta_1^{\frac{1}{1+\rho}} P_1^{\frac{\rho}{1+\rho}} + \delta_2^{\frac{1}{1+\rho}} P_2^{\frac{\rho}{1+\rho}} \right)^{\frac{1}{\rho}}$$

$$X_2 = \frac{Y}{A} \left(\frac{\delta_2}{P_2} \right)^{\frac{1}{1+\rho}} \left(\delta_1^{\frac{1}{1+\rho}} P_1^{\frac{\rho}{1+\rho}} + \delta_2^{\frac{1}{1+\rho}} P_2^{\frac{\rho}{1+\rho}} \right)^{\frac{1}{\rho}}$$

表 3-3　方程参数说明

字母	含义
$A > 0$	效率/变化参数，一般代表技术进步
$0 \leq \delta_1,\ \delta_2 \leq 1$	分布/份额参数，代表了投入的相对重要性
$-1 \leq \rho \leq \infty,\ \rho \neq 0$	替代参数/函数指数
μ	函数的其次度，反映了经济的规模报酬情况
$X_1,\ X_2$	生产要素投入
$P_1,\ P_2$	生产要素的价格

3.2.2.2 居民家庭消费需求模块

居民对来自资本、土地和劳动力要素的收入，企业分配的利润等用于了生产消费、部分用于投资。如图 3-7 所示，居民家庭消费结构顶层嵌套采用 Klein-Rubin 函数描述消费商品的组合，它是一种线性支出系统，底层嵌套采用的也是 CES 函数描述消费的国内商品与进口商品之间的组合。

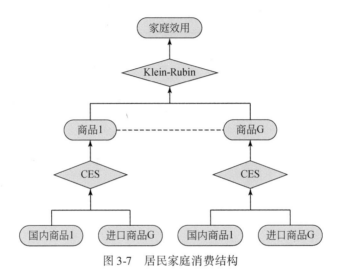

图 3-7 居民家庭消费结构

$$\mathrm{COM}_c^d = \mathrm{HSUB}_c^d + \frac{\mathrm{slux}_c}{\mathrm{PHOU}_c^d} \cdot \left(\mathrm{HOU}^d - \sum_{c \in \mathrm{COM}} \mathrm{HSUB}_c^d \cdot \mathrm{PHOU}_c^d \right) \quad \sum_{c \in \mathrm{COM}} \mathrm{slux}_c = 1 \quad (3\text{-}17)$$

$$\mathrm{DCOM}_{c,i}^d = \mathrm{sdc}_{c,i}^d \cdot \left[\frac{\mathrm{PCOM}_{c,i}^d}{\mathrm{PDCOM}_{c,i}^d} \right]^{\sigma\mathrm{hou}_c^d} \quad (3\text{-}18)$$

$$\mathrm{ICOM}_{c,i}^d = \mathrm{sic}_{c,i}^d \cdot \left[\frac{\mathrm{PCOM}_{c,i}^d}{\mathrm{PICOM}_{c,i}^d} \right]^{\sigma\mathrm{hou}_c^d} \quad (3\text{-}19)$$

$$\mathrm{PCOM}_{c,i}^d = \left[\mathrm{sdc}_{c,i}^d \cdot \mathrm{PCOM}_{c,i}^{d\,1-\sigma\mathrm{hou}_c^d} + \mathrm{sic}_{c,i}^d \cdot \mathrm{PCOM}_{c,i}^{d\,1-\sigma\mathrm{hou}_c^d} \right]^{\frac{1}{1-\sigma\mathrm{hou}_c^d}} \quad (3\text{-}20)$$

式中，PHOU_c^d 为居民消费品价格；HOU^d 为居民消费品总价值；HSUB_c^d 为居民消费商品数量。

具体变量解释见表 3-4。

表 3-4 方程参数说明

参数	说明
COM_c^d	居民消耗的商品总价值
slux_c	居民消耗商品 c 的份额
$\sigma\mathrm{hou}_c^d$	居民消费的进口商品与区内商品间的替代弹性

从消费者的角度出发目的是在可支配收入 Y 的约束条件下，达到整个消费效用的最

大化：

$$\max \quad \left[\delta_1 X_1^{-\rho}+\delta_2 X_2^{-\rho}\right]^{-\frac{1}{\rho}} \tag{3-21}$$
$$\text{s. t.} \quad P_1 \cdot X_1 + P_2 \cdot X = Y$$

首先构造拉格朗日函数：

$$L=\left(\delta_1 X_1^{-\rho}+\delta_2 X_2^{-\rho}\right)^{-\frac{1}{\rho}}+\lambda \ \left(P_1 X_1 + P_2 X_2 - Y\right) \tag{3-22}$$

根据条件极值的求解方法，首先计算一阶导数：

$$L'_{X_1}=\delta_1 \left[\delta_1 X_1^{-\rho}+\delta_2 X_2^{-\rho}\right]^{-\frac{1}{\rho}-1} X_1^{-\rho-1}+\lambda P_1 = 0$$
$$L'_{X_2}=\delta_2 \left[\delta_1 X_1^{-\rho}+\delta_2 X_2^{-\rho}\right]^{-\frac{1}{\rho}-1} X_2^{-\rho-1}+\lambda P_2 = 0 \tag{3-23}$$
$$L'_{\lambda}=P_1 X_1 + P_2 X_2 - Y = 0$$

解得有

$$X_1 = Y\left(\frac{\delta_1}{P_1}\right)^{\frac{1}{1+\rho}}\left(\delta_1^{\frac{1}{1+\rho}}P_1^{\frac{\rho}{1+\rho}}+\delta_2^{\frac{1}{1+\rho}}P_2^{\frac{\rho}{1+\rho}}\right)^{-1}$$

$$X_2 = Y\left(\frac{\delta_2}{P_2}\right)^{\frac{1}{1+\rho}}\left(\delta_1^{\frac{1}{1+\rho}}P_1^{\frac{\rho}{1+\rho}}+\delta_2^{\frac{1}{1+\rho}}P_2^{\frac{\rho}{1+\rho}}\right)^{-1}$$

具体变量解释见表3-5。

表 3-5　方程参数说明

字母	含义
$Y>0$	可支配收入
$0 \leq \delta_1, \ \delta_2 \leq 1$	份额参数，代表了投入的相对重要性
$-1 \leq \rho \leq \infty, \ \rho \neq 0$	替代参数/函数指数
μ	函数的其次度，反映了经济的规模报酬情况
$X_1, \ X_2$	两种消费商品
$P_1, \ P_2$	商品的价格

3.2.2.3　动态模型扩展模块

静态模型只描述了一个均衡状态在受到冲击时到达另一个均衡状态下的经济系统主体行为。如果气候变化的未来情景预测至 2030 年，需要开展动态长期不同年份经济主体的内生变量变化分析。投资、消费与净出口是拉动经济的三大驱动力。WESIM 基于 ORANIG 模型在嵌入水土初级要素的基础上开展了动态扩展。在逐年递归的动态扩展中，投资是模型开展长期预测的关键，包含了三个方面：投资与资本的存量−流量的关系，假设其存在 1 年的滞后期；投资量与投资回报率之间的正向相关关系；工资增长与就业之间的关系。

在投资需求中，模型假设以国内生产和进口的商品作为投资，影响下一轮的经济发展

（图 3-8），因此其具有与生产函数相同的嵌套结构，在投资需求结构中顶层嵌套应用
Leontief 描述商品之间的组合。底层以常替代生产函数 CES 描述国内生产的商品和进口商
品之间的组合。

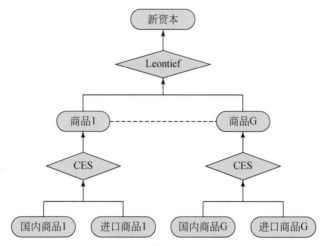

图 3-8　WESIM 模型的投资需求结构

$$\mathrm{COM}_{c,i}^{d} = \mathrm{acom}_{c,i}^{d} \cdot \mathrm{CAP}_{i}^{d} \qquad (3\text{-}24)$$

$$\mathrm{PCAP}_{i}^{d} = \sum_{c \in \mathrm{COM}} \mathrm{acom}_{c,\,i}^{d} \mathrm{PCOM}_{c,\,i}^{d} \qquad (3\text{-}25)$$

$$\mathrm{DCOM}_{c,i}^{d} = \mathrm{sdc}_{c,i}^{d} \cdot \left[\frac{\mathrm{PCOM}_{c,i}^{d}}{\mathrm{PDCOM}_{c,i}^{d}} \right]^{\sigma\mathrm{com}_{c}^{d}} \qquad (3\text{-}26)$$

$$\mathrm{ICOM}_{c,i}^{d} = \mathrm{sic}_{c,i}^{d} \cdot \left[\frac{\mathrm{PCOM}_{c,i}^{d}}{\mathrm{PICOM}_{c,i}^{d}} \right]^{\sigma\mathrm{com}_{c}^{d}} \qquad (3\text{-}27)$$

$$\mathrm{PCOM}_{c,i}^{d} = \left[\mathrm{sdc}_{c,i}^{d} \cdot \mathrm{PCOM}_{c,i}^{d\,1-\sigma\mathrm{com}_{c}^{d}} + \mathrm{sic}_{c,i}^{d} \cdot \mathrm{PCOM}_{c,i}^{d\,1-\sigma\mathrm{com}_{c}^{d}} \right]^{\frac{1}{1-\sigma\mathrm{com}_{c}^{d}}} \qquad (3\text{-}28)$$

$$\mathrm{EXP}_{c}^{d} = \mathrm{sexp}_{c}^{d} \left(\frac{\mathrm{PEXP}_{c}}{\mathrm{PHI} \cdot \mathrm{PSHI}_{c}} \right)^{\sigma\mathrm{exp}_{c}^{d}} \qquad (3\text{-}29)$$

WESIM 动态机制中每期初始值都是上一期末的结束值，而每一期的期末值等于期初
值加上当期的净投资（图 3-9）。年末与年初资本的增长率由资本供给曲线决定，其直接与
投资有关，投资反过来又由投资的预期回报率决定（图 3-10）。预期回报率通过局部调整
机制收敛于实际回报率。假设投资者是保守的，只考虑上一期和当期的回报率，但可以影
响下一期的预期回报率。逐年递归动态模型意味着模型的每一个结果代表着当年的和下一
年的变化。资本的动态积累机制是根据行业部门 j 的效益来动态递归。

年初资本的存量：

$$K_{j,t} = K_{j,t-1} \times (1 - D_{t-1}) + I_{j,t-1} \qquad (3\text{-}30)$$

年末资本的存量：

$$K_{j,t+1} = K_{j,t} \times (1 - D_{t}) + I_{j,t} \qquad (3\text{-}31)$$

资本存量的增长率：

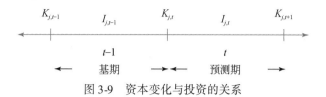

图 3-9　资本变化与投资的关系

$$\mathrm{KGR}_{j,t} = \frac{K_{j,t+1}}{K_{j,t}} - 1 \tag{3-32}$$

资本的供给曲线：

$$\mathrm{KGR}_{j,t} = h_j \left[E_t \left(\mathrm{ROR}_{j,t} \right) \right] \tag{3-33}$$

资本的回报率：

$$E_t \left(\mathrm{ROR}_{j,t} \right) = -1 + \left(\frac{P_{j,t}^{(1\mathrm{cap})}}{P_{j,t}^{(2)}} + \left(1 - D_t \right) \right) \left(\frac{1 + \mathrm{INF}_t}{1 + R} \right) \tag{3-34}$$

式中，$\mathrm{ROR}_{j,t}$ 为资本报酬率；P 为价格。

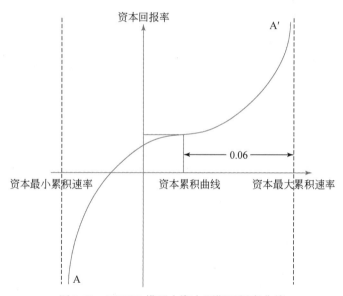

图 3-10　WESIM 模型中资本预期回报率曲线

在长期动态模型中考虑人口增加，预测其未来就业趋势，根据工资的动态调整来改变就业率。如果在期末就业超过趋势水平，那么实际工资就会上升，因此就业与实际工资是相反方向，这个机制导致就业按照趋势水平调整（图 3-11）。

$$\frac{W_{t+1} - W_t}{W_t} = \gamma \left[\frac{L_t}{T_t} - 1 \right] + \gamma \left[\frac{L_{t+1}}{T_{t+1}} - \frac{L_t}{T_t} \right] \tag{3-35}$$

具体变量解释见表 3-6。

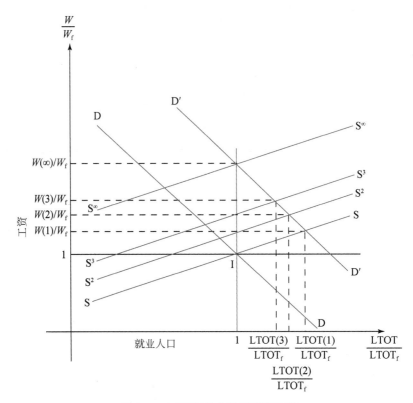

图 3-11　工资与就业供需平衡分析

表 3-6　方程参数说明

变量名	变量含义
$KGR_{j,t}$	当期资本存量的增长率
$K_{j,t}$	行业部门 j 的当期资本
D_t	当期折旧率
I_t	当期投资
E	期望毛报酬率
R	银行利率
INF_t	当期的通货膨胀率
R_{t+1}	$t+1$ 时的银行利率
W_t	当期实际工资
T	趋势就业
L_t	实际就业

3.2.3 WESIM 的水土资源模块

　　水和土地资源是促进经济发展的两个主要因素，也是控制水文过程类型和程度的主要自然因素。土地使用和土地覆被的变化反映社会经济发展和生态系统变化。随着对水资源需求的增加，土地利用和土地覆被变化模型已与水文经济模型相结合，以估计社会经济发展对水流和雨水径流的影响。在典型的水文经济模式中，抽水基础设施与节点-链接网络中系统的水文特征相联系，在节点-链接网络中，水的使用和生产活动产生了经济成本和效益。我们认为节点-链接网络是表达流域区域贸易流动和水流的合适工具，因此本研究将水、土地和社会经济领域整合在一个节点-链接网络中。为了研究经济发展对水土资源的需求变化及水土资源对经济发展的贡献，本章将对模型进行改进，参考一些国际主流 CGE 模型对水土资源与社会经济系统关联关系的研究，大多是在生产结构中将水土资源作为一种生产要素引入到模型中（图 3-12）。此外，张掖市的水土资源比较紧张，尤其是水资源已经成为制约当地经济发展的主要因素，所以水土资源作为生产要素引入到模型当中是合理的。考虑到不同的水资源有相同的功能而具有一定的替代性，因此不同类型水资源

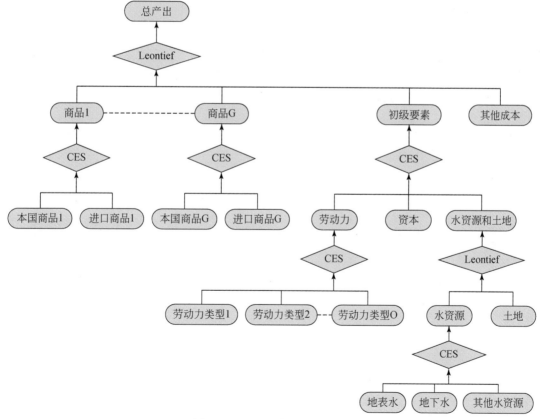

图 3-12　WESIM 模型生产结构

之间选择 CES 生产函数表达；考虑到水资源是重要的限制因素，在张掖存在以水定种植结构、以水定发展规模、以水定经济布局的特点，因此水资源和土地资源选用 Leontief 的生产函数。

模型改进涉及的主要方程如下：

$$SWT_i = sswt_i \cdot \left[\frac{PRWT_i}{PSWT_i}\right]^{\sigma rwt_i} \tag{3-36}$$

$$UWT_i = suwt_i \cdot \left[\frac{PRWT_i}{PUWT_i}\right]^{\sigma rwt_i} \tag{3-37}$$

$$OWT_i = sowt_i \cdot \left[\frac{PRWT_i}{POWT_i}\right]^{\sigma rwt_i} \tag{3-38}$$

$$PRWT_i = \left[sswt_i \cdot PSWT_i^{1-\sigma rwt_i} + suwt_i \cdot PUWT_i^{1-\sigma rwt_i} + sowt_i \cdot POWT^{1-\sigma rwt_i}\right]^{\frac{1}{1-\sigma rwt_i}} \tag{3-39}$$

$$RWT_i = arwt_i \times LWT_i \tag{3-40}$$

$$LND_i = alnd_i \times LWT_i \tag{3-41}$$

$$PLWT_i = arwt_i \times PRWT_i + alnd_i \times PLND_i \tag{3-42}$$

式中，$PSWT_i$ 为地表水价格；$PUWT_i$ 为地下水价格；$POWT_i$ 为其他类型水价值；RWT_i 为水价值；LND_i 为土地价值；$PLND_i$ 为部门 i 生产过程中投入劳动力要素的价格。

方程中参数说明如表 3-7 所示。

表 3-7　方程参数说明

参数	说明
SWT_i	部门 i 生产过程中初级要素中地表水的数量
UWT_i	部门 i 生产过程中初级要素中地下水的数量
OWT_i	部门 i 生产过程中初级要素中其他水的数量
$PRWT_i$	部门 i 生产过程中初级要素水的价格
σrwt_i	部门 i 生产过程中投入要素不同水资源类型间的替代弹性
$sswt_i$	部门 i 生产过程中初级要素地表水占总水投入的份额
$suwt_i$	部门 i 生产过程中初级要素地下水占总水投入的份额
$sowt_i$	部门 i 生产过程中初级要素其他水占总水投入的份额
$PLWT_i$	部门 i 生产过程中水土组合要素的价格
$arwt_i$	部门 i 生产过程中水土组合要素水的份额
$alnd_i$	部门 i 生产过程中水土组合要素土的份额
LWT_i	部门 i 生产过程中水土组合要素数量

WESIM 考虑了水文过程和社会经济系统的水需求。土地使用变化对于评估水需求变化的主要经济驱动因素及这些变化对水文过程的影响至关重要。此外，经济因素决定了如何在区域和地方使用土地以及需要多少水。土地和水的稀缺将制约经济发展。经济发展需要水和土地资源。因此，土地与水的替代弹性会随着资源稀缺、经济发展速度和人口密度的变化而变化。社会经济系统可能受到某些政策的影响，但生态水文可能受到气候变化的

影响。结合生态水文模型，可以确定黑河流域县级空间显性的供需情况，利用局部均衡模型估计每个地块的水需求，并在地块一级得出水分配方案。这样可以量化每个灌溉部门的水流，以协助负责综合水管理的个人和组织。与以往的研究一样，单位水资源的经济产出被用作估计用水效率的指标。如果以不同的方式将水资源合理分配给作物、多个工业部门和不同的区域，水安全和用水效率将得到提高。这些部门使用了劳动力、资本、土地、水和其他中间投入的各种要素。由于各部门之间的水权转让和农业部门的农村土地转让允许，所以土地和水资源可以在各部门之间发生变化。

特定部门中的生产技术由多层嵌套的生产函数表示。首先，生产者通过 CES 函数将灌溉土地和灌溉用水结合起来，在灌区形成灌溉土地总量。之后，旱地、灌溉土地和牧场与 CES 函数相结合形成耕地总量；同时，通过 Leontief 函数将工业使用的土地和水结合起来形成工业土地总量。然后，将工业用地和灌溉土地结合起来，形成土地和水的总量。接下来，土地和水的总量与主要初级要素和中间投入相结合，通过 Leontief 函数来产生输出，该函数表示经济主体的生产过程。最后，通过边缘和 CET 机制，将经济主体的产值转化为流域以外其他县或地区的用水值。

$$\sigma_{\text{WIN}} = \frac{\mathrm{d}(W/\text{LN})}{(W/\text{LN})} \bigg/ \frac{\mathrm{d}(\text{MP}_W/\text{MP}_{\text{LN}})}{\text{MP}_W/\text{MP}_{\text{LN}}} \tag{3-43}$$

$$\frac{\text{MP}_W}{\text{MP}_{\text{LN}}} = \frac{\partial Y/\partial W}{\partial Y/\partial \text{LN}} = \frac{\eta_W}{\eta_{\text{LN}}} \frac{\text{LN}}{W} \tag{3-44}$$

$$\sigma_{\text{WLN}} = \frac{\mathrm{d}(W/\text{LN})}{\mathrm{d}(\text{MP}_W/\text{MP}_{\text{LN}})} \frac{\eta_{\text{LN}}}{\eta_W} = \frac{\eta_{\text{LN}}}{\eta_W} \bigg/ \frac{\mathrm{d}\left(\dfrac{\eta_{\text{LN}}}{\eta_W} \dfrac{W}{\text{LN}}\right)}{\mathrm{d}(W/\text{LN})} \tag{3-45}$$

式中，W 和 LN 分别是水和土地因子的输入值，MP_W 和 MP_{LN} 分别是水和土地因子的边际产物，σ_{MLN} 是土地和水资源的替代弹性。

水和土地资源是农业和工业生产的两个主要因素。土地与水的替代弹性反映了这两种主要自然资源在不同地理区域（灌区和区县）的匹配和替代关系。弹性参数表明了单一农业生产资源的不可替代性和稀缺性，因此，它是综合多尺度水资源管理模式的关键参数。替代弹性越小，考虑到感兴趣地区有一定数量的土地资源，农业生产的水资源就越重要。多层嵌套生产函数中的弹性值很低，这意味着水和土地投入之间几乎没有可替代性。即使水价大幅上涨，投入使用率也保持相对不变。弹性影响一个行业对日益稀缺的水的反应方式，从而对水价的上涨做出反应。更高的替代弹性意味着农场可以更容易地转移到那些更便宜的投入（图 3-13）。因此，随着生产用水量的下降，通过增加土地使用强度，可以很容易地维持农场的产量。

灌区的面积取决于可用的水资源量（图 3-14）。中央灌区在水和土地之间具有大约 0.9 的替代弹性。这个中部地区人口相对密集，农业占用的土地比例很小。对这一地区来说，土地和水资源之间的弹性相对较高，这表明这两种资源之间的替代相对灵活。换言之，单一资源的稀缺对这一领域来说并不那么严重。相比之下，边际灌区的替代弹性值小于 0.25，这意味着任何种类的资源（无论是水还是土地）都是这些边缘灌区农业生产不可或缺的因素。这些边缘灌区大多是以农业为主的地区。然而，这些地区的供水不足。因

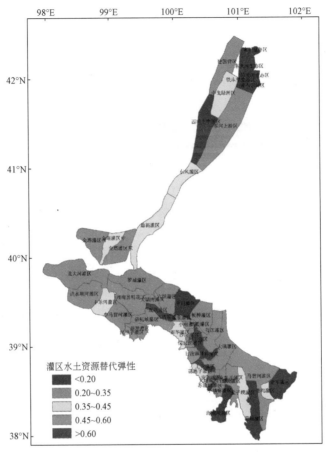

图 3-13 灌区土地与水的替代弹性

此，优化土地与水资源替代弹性低的灌区不同作物之间的水配置是提高水生产力的首要问题。对于特定的灌区来说，推广节水技术、调整种植结构、改变家庭用水行为，都会影响水的生产力。特别是，通过促进杂交玉米、杂粮作物、马铃薯和沙棘的种子生产来调整农业布局，可能是提高水生产力的有效可行途径。

在区县一级，经济较发达的县的特点是水和土地之间的替代弹性值较高（图 3-15）。例如，嘉峪关市水与土地的替代弹性超过 0.6。嘉峪关是黑河流域中游最发达的城市，是生产钢铁等金属制品的工业城市。肃州区和甘州区的替代弹性价值位居第二。酒泉市肃州区正在发展以风能为重点的设备制造业，甘州区是另一个经济发达城市张掖市的核心区。黑河流域其他大部分县的主要活动是农业。生产玉米种子在本地市场和向黑河盆地以外的地区出售是这些县的主要业务。流域上游和下游的县的生计都依赖畜牧业。在流域的中游地区，旅游业是一个迅速增长的部门。对于以农业部门为主的县，替代弹性相对较低，这意味着可以从土地、水、劳动力、资本等中间的不同投入组合中获得相同的经济产出输入。经济较发达的县具有较高的替代弹性值的原因之一，是这些县能够投入更多精力实施节水技术，从而节省更多的可用水，以实现更高的输出。也就是说，与其他县相比，这些

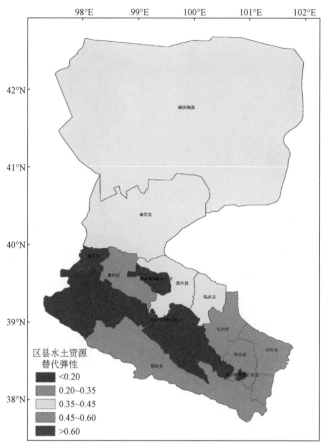

图 3-14　区县土地与水的替代弹性

经济发达的县的水和土地限制并不那么严格。不同县之间经济发展不平衡，造成了这些县之间明显的弹性差异，从而形成了流域内虚拟水交易的明显模式。县间净虚拟水量的基本模式是由黑河流域区域经济竞争力水平的差异和水资源空间可及性的不同决定的。跨区域水资源流动和贸易密集程度表明区域经济联系。

在地表水价格改革的情况下，高台县地表水价格上涨 5%，将导致该县生产总值下降 1.2%，地表水资源利用量减少 4.28%，同时，地下水的使用量将增加约 7%。考虑到我们估计的不同县土地和水之间的替代弹性值，高台县的地租将增加 1.2%。但是，对于甘州区和临泽县的地理上接近的县来说，由于这些县的地下水流量与之相连，可利用的地下水量会减少，高台县的地下水利用量会增加。因此，由于可利用地下水量的减少，甘州区的国内生产总值将下降 0.43% 左右。相比之下，地表水价格改革将对黑河流域其他县的经济增长产生积极影响。肃州区的产业结构与高台县相似，将受到实质性影响。由于地表水价格改革对高台县的负面影响，肃州区的结构产业的产量将增加，进而导致劳动力和资本流入肃州区。

在地下水价格改革的情况下，高台县地下水价格上涨 5%，将对除高台县本身以外的

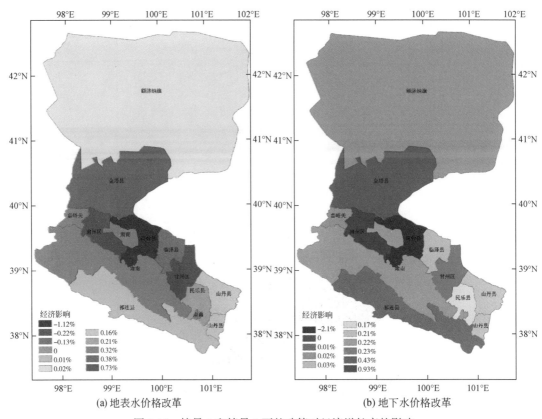

图 3-15　情景 1 和情景 2 下的政策对经济增长率的影响

所有县的经济增长产生积极影响。高台县的地表水使用量将增加，这将使该县的地租降低 0.2% 左右。在经济发展对水需求的变化下，将重新分配水资源。由于肃州区的产业结构与高台县相似，最大的积极影响仍将发生在肃州区。

3.2.4　WESIM 的生态–水文过程模块

　　WESIM 模型的生态–水文过程模块分析水资源类型与数量变化情景。分布式水文模型是分析流域气候变化、土地利用变化的水文效应的有效工具。目前在黑河流域得到过验证的大尺度水文模型主要有 SWAT 模型、GBHM 模型和 TOPMODEL 模型等。TOPMODEL 主要应用于地下水模拟，GBHM 模型是以坡面单元格网为计算单元的分布式水文模型（邵薇薇等，2011），其构建于 GIS 空间分析功能之上，并以 DEM 数据为基础，具有较好的模拟能力，但限于模型代码未公开使用。因此研究选用了应用较为成熟的 SWAT 模型。SWAT 模型采用日、月或年为时间单元进行积分运算，近年来在国内较多流域得到了广泛的应用推广，究其原因是 RS 与 GIS 技术的快速发展提供了相应的数据支持和模型实践（邵薇薇等，2011；谢元博，2010）。SWAT 模型则对于每个水文响应单元（Hydrologic Response Units，HRU）计算速度快，同时输入参数是以 ArcGIS 平台为基础进行前端数据处理，模型的参数率定与模拟校验利用 SWAT-CUP 工具，该工具包含了多种优化算法，为此通过该软件工具使得参数率定效率较高（谢元博，2010；邹建伟，2012）。SWAT 可以模拟多路径的水文物理与化学过程，如水量、水质，以及物质的运移与转化的路径和过程（王瑞萍等，2012）。而且 SWAT 模型具有基于物理机制、使用常规数据、计算效率高及可模拟长期影响等特点，已经在欧洲及北美地区广泛应用，并且在国内多个流域亦得到验证，取得了较为满意的效果。研究选用 SWAT 模型来开展未来气候变化水文效应模拟。

黑河流域上游的冰川覆盖广泛，且近年受气候变化影响，冰川平衡线持续上升，上游出山径流呈增加趋势，为进一步测度冰川对黑河流域上游出山径流的贡献，厘清气候变化对流域水资源的影响。研究改进了目前的 SWAT 版本，使其耦合冰川径流算法。为顺利耦合该过程，需要厘清 SWAT 模型的计算流程，由于 SWAT 模型是以 HRU 为单元开展径流模拟，研究在 HRU 单元改进冰川积雪过程。因研究已收集到目前流域上游冰川的空间信息数据，使其与土地利用数据叠加，辨识出冰川的 HRU 开展相关的冰川物质平衡过程运算，其他土地利用类型组成的 HRU 则保持原 SWAT 算法（图 3-16）。

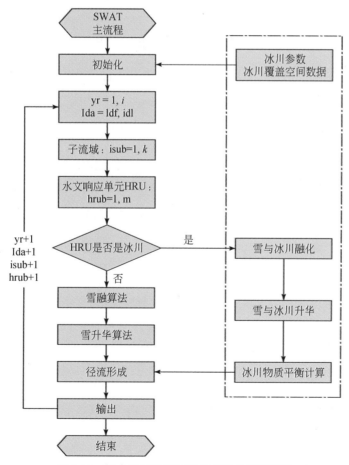

图 3-16　耦合冰川径流过程的 SWAT 模拟流程

SWAT 模型模拟地表水量平衡过程的基本方程为

$$SW_t = SW_0 + \sum_{t=1}^{t} \left[R_{day}(i) - Q_{surf}(i) - E_{sub}(i) - w_{seep}(i) - Q_{gw}(i) \right] \tag{3-46}$$

SWAT 模型中估算径流量常用 SCS 曲线法，其方程为

$$Q_{surf} = \frac{(R_{day} + I_a)^2}{(R_{day} - I_a + S)} \tag{3-47}$$

S 随着土地利用、土壤、坡度等因素不同而呈现空间差异，其定义为

$$S = 25.4 \left(\frac{1000}{CN} - 10 \right) \tag{3-48}$$

参数说明见表 3-8。

表 3-8　公式参数说明

变量名	解释	单位
SW_t	土壤最终的含水量	mmH_2O
SW_0	第 i 天土壤的初始含水量	mmH_2O
R_{day}	第 i 天的降水量	mmH_2O
Q_{surf}	第 i 天的地表径流量	mmH_2O
E_{sub}	第 i 天的蒸发/升华水量	mmH_2O
w_{seep}	第 i 天的土壤渗透与旁通侧流水量	mmH_2O
Q_{gw}	第 i 天的回归流水量	mmH_2O
I_a	地面填注、植物截留与下渗的初损量	mmH_2O
S	滞留参数	mmH_2O
CN	径流曲线数	mmH_2O

基于上式，研究认为 SWAT 中耦合冰川过程，涉及了 SWAT 模型的物理过程需要修改雪冰转化、冰川的融化、升华与径流形成过程。

3.2.4.1　冰川水文过程模块改进

冰川与气候条件相互影响，通过热量的吸收与释放实现其状态转化，经历了消融与累积的物理过程使冰川不断补给河流径流。开展冰川水文过程的模拟研究大致经历了经验统计模型、分析模型和分布式水文数值模拟模型三个阶段。统计模型对冰川径流研究考虑的重要因素是冰川消融量与温度的直接关系。分析模型主要是基于能量与物质平衡原理，对流域的产流和汇流的物理过程进行刻画分析，但是它忽略了参数的空间异质性特征。分布式水文数值模拟模型，基于物理过程，嵌入了下垫面对水文过程的影响。冰川水文过程主要包含产流和汇流。冰川产流过程主要取决于区域的气温、风速、太阳辐射等气象条件（张寅生等，1998）和冰川的粒雪粒径、粒雪积累时间等自身物理特征。因此，一般采用气象因子的统计关系模型和基于物理机制的能量平衡模型来刻画冰川的产流过程。能量平衡模型虽详细地揭示了冰川的消融过程，但由于输入参数较多、理论和结构相对复杂，对

冰川的监测数据不足等原因在实际应用中还存在困难（Bartelmus，1986）。气象因子与冰川的统计关系模型，模型简单，参数少且易于获得，模拟结果较为理想，特别是精确的空间气象参数是该模型成功的关键。为此，依据 SWAT 模型的雪融算法，提出了冰川的产流过程模型（式 3-46，式 3-47），并且修正了高山区降水与气温的计算，考虑了高程差异的影响（式 3-57，式 3-58）。并基于图 3-16 的 SWAT 模拟流程来判断 HRU，即如果 HRU 辨识为冰川，则运行冰川–水文子模块，因下垫面信息是一个基期（图 3-17），所以在未来情景模拟中，考虑了由于冰川升华（式 3-48，式 3-49，式 3-50）与雪冰转化累积对冰川与积雪面积变化的影响（式 3-55，式 3-57），使冰川过程处于动态的物质平衡中（式 3-46）。

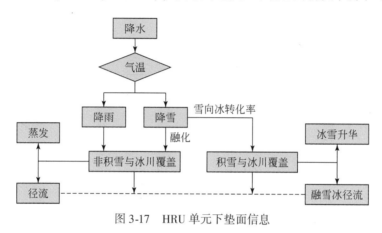

图 3-17　HRU 单元下垫面信息

　　基于冰川水文过程的产流与汇流过程，根据雪与冰川的关系，在 SWAT 的各个环节置入了冰川水文物理过程算法。

冰川的物质平衡过程：

$$\frac{dW_g}{dt} = -(1-f)M - S + F \tag{3-49}$$

冰川产流过程：

$$M = \begin{cases} d \cdot (T_{av} - T_{gmlt}), & T_{av} > T_{gmlt} \\ 0, & \text{相反} \end{cases} \tag{3-50}$$

$$d = \frac{b_{gmlt,6} + b_{gmlt,12}}{2} + \frac{b_{gmlt,6} - b_{gmlt,12}}{2} \cdot \sin\left[\frac{2\pi}{365}(t-81)\right] \tag{3-51}$$

冰川升华过程：

$$ET_p = \frac{\Delta \cdot (R_n - G) + \rho_a C_p \dfrac{e_s - e_a}{r_a}}{\Delta + \gamma\left(1 + \dfrac{r_s}{r_a}\right)} \tag{3-52}$$

$$S = \alpha_{ice/snow} \cdot ET_p \tag{3-53}$$

$$\alpha_{ice/snow} = \frac{C_{ice/snow,6} + C_{ice/snow,12}}{2} + \frac{C_{ice/snow,6} - C_{ice/snow,12}}{2} \cdot \sin\left[\frac{2\pi}{365}(t-81)\right] \tag{3-54}$$

冰川累积率：

$$F = \beta \cdot W_s \tag{3-55}$$

$$\beta = \beta_0 \left\{ 1 + \sin\left[\frac{2\pi}{365} (t-81) \right] \right\} \tag{3-56}$$

冰川面积与体积关系：

$$A_{gla} = \left(\frac{V_{gla}}{m} \right)^{1/n} \tag{3-57}$$

$$V_{gla} = \frac{W_g \cdot A_{gla}}{\rho_i} \tag{3-58}$$

冰川与积雪面积动态变化：

$$A_{ssno} = A_s \cdot sc$$
$$A_{gsno} = A_g \cdot sc \tag{3-59}$$

气温与降水按高程修正：

$$T_i = T_b + \frac{H_i - H_b}{1000} \cdot TLAPS \tag{3-60}$$

$$P_i = P_b + \frac{H_i - H_b}{1000} \cdot PLAPS \tag{3-61}$$

参数说明见表3-9。

表3-9　公式参数说明

变量名	解释	单位
W_g	冰的水当量深度	mmH_2O
M	冰的融化率	mmH_2O/d
f	融雪水结冰率	
S	冰的升华率	mmH_2O/d
F	冰川堆积速率	mmH_2O/d
t	时间步长	d
d	冰川融化速度	$mm/(d \cdot ℃)$
T_{av}	日均温	℃
T_{gmlt}	冰川融化的阈值温度	℃
$b_{gmlt,6}$	6月21日的冰川融化因子	
$b_{gmlt,12}$	12月21日的冰川融化因子	
ET_p	潜在蒸发	mm/d
R_n	净辐射	$MJ/(m^2 \cdot d)$
G	土壤热通量	$MJ/(m^2 \cdot d)$
e_s	给定时期的饱和蒸汽压	kPa
e_a	实际蒸汽压	kPa

变量名	解释	单位
$e_s - e_a$	空气气压差	kPa
ρ_a	标准气压下的空气密度	kg/m^3
Δ	饱和气压温度斜率关系	
γ	恒温大气压	kPa/℃
r_s	冰川表层阻抗	l/sm
r_a	空气动力阻抗	l/sm
$\alpha_{ice/snow}$	雪或冰川的蒸发或消融系数	
$C_{ice/snow,6}$	6 月 21 日雪或冰川的升华速率	$mmH_2O/(d \cdot ℃)$
$C_{ice/snow,12}$	12 月 21 日雪或冰川的升华速率	$mmH_2O/(d \cdot ℃)$
W_s	冰盖积雪的水当量	mm
β	累积系数	
β_0	雪向冰转化的基本累积系数	
A_{gla}	冰川表面积	km^2
V_{gla}	冰川体积	km^3
m	28.5	
n	0.743	
ρ_i	冰川密度	kg/m^3
sc	雪覆盖率	
T_i	小流域 i 平均高程温度	℃
T_b	观测站文图	℃
P_i	小流域 i 的日降水量	mm
P_b	观测站点位置日降水量	mm
H_i	小流域 i 的平均高程	m
H_b	观测站所在位置高程	m
TLAPS	高差引起的温度差异	℃/km
PLAPS	高差引起的降水差异	mm/km

3.2.4.2 改进 SWAT 模型的参数率定与模拟验证

黑河流域上游区主要为高寒山区,因地形差异形成东、西两条河流,两条河汇流于黄藏寺后在莺落峡水文站出山进入中游地区。流域冰川主要覆盖在祁连山的西部(图 3-18)。在 GIS 平台中通过 DEM 数据计算地形因子,选取了河网及河道参数,并利用 DEM 和水系数结合划分了上游区域的子流域,黑河流域上游地区共划分成了 113 个子流域(张余庆等,2013a)。以子流域为单元根据土地利用/覆被类型、土壤理化属性特征和坡度等级等指标进一步划分出了 725 个水文响应单元(HRU),在确定子流域内水文响应单元标准时考虑了三个方面的指标阈值，首先确定土地利用/覆被类型面积占据子流域面积的 10% 作为第一阈值、土壤类型占其所在土地利用覆被类型面积的 10% 作为第二阈值，最后以坡度等级占土壤类型面积的 5% 作为第三级阈值来进行子流域内水文相应单元的确定划分（张余庆等，2013b）。

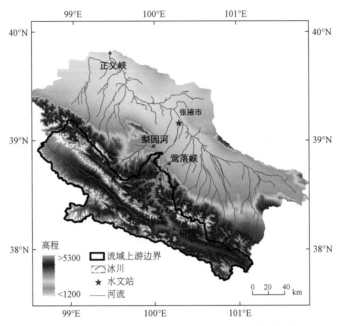

图 3-18　黑河流域上游气候变化的水资源影响分析单元

　　改进 SWAT 模型在开展未来情景下水文过程模拟之前，开展模型的参数率定与验证是必要步骤。模型的参数率定过程是通过对模型参数进行最优值的遴选，使径流的模拟值和实测值之间达到最佳程度的拟合，SWAT 模型的参数率定可以通过人工在 ArcGIS 界面下进行调试、可以利用 SWAT-CUP 工具开展参数自动率定，也可以通过人机联合率定。人工率定需要模型运行者具有丰富的经验，对于非专业人员很难确定参数的有效范围及参数的敏感性，检验效果较差。根据相关文献结果对黑河流域 SWAT 模型的模拟经验与参数率定结果开展了基于 SWAT-CUP 模型的自动参数率定过程。

　　研究选取 SWAT-CUP 软件系统中的 SUFI-2（sequential uncertainty fitting version-2）优化算法。其是一种基于参数估计的优化方法，优化过程中综合分析了模型参数、输入变量与模型结构等因素造成的不确定性，并通过 95PPU（percentage of prediciton uncertainty）图的可视化来表达完成参数率定步骤后的模拟值与实测值（张余庆等，2013a）。95PPU 图是筛选去除了模拟效果极差的 5% 后，通过采用拉丁超立方的随机抽样方法表达了模拟数据累积分布的 2.5% 与 97.5%。SUFI-2 优化方法采用 P-系数和 R-系数两个指标结果来表征 SWAT 模型校准与不确定性的结论。理论上，P 的取值在 0 ~ 1 之间，而 R-factor 的取值在 0 ~ ∞。若 P 取值为 1 且 R 值为正好为 0，则是与监测数据完全一致的模拟（张余庆等，2013a）。在 SUFI-2 算法中，首先完成参数不确定性范围较大的假设，接着尽力实现全部时序监测数据处于95PPU区域，然后再通过多次迭代运算而逐渐减小参数的不确定性区间，逐渐实现监测数据与模拟结果的一致。使用该优化算法通过设置 10 次迭代计算（每次迭代运行 100 次）而获得最终的优化后的模拟结果。通过 t-检验来判断模型中各参数的敏感性，进行敏感参数的取值确定。率定了改进 SWAT 模型的关键参数及最优取值（表 3-10）。研究基于上游出山口莺落峡水文站的观测数据开展了模型的参数率定与模拟验证工作，主要利用纳什效率系数 E_{ns}、相关系数 R^2 和 PBIAS 三个参数来检验其模拟拟合度及精度，参数率定采用了 1981～1990 年水文观测的月均值数据，验证时段数据为 1991～2000 年。

表 3-10　SWAT 模型的参数率定

参数	含义	范围	取值
CN_2	SCS 径流曲线数	$-20\%\sim20\%$	$+6.32\%$
Sol_k	饱和水力传导力	$-20\%\sim20\%$	$+11.56\%$
Escno	蒸发补偿因子	$0\sim1.0$	0.83
SFTMP	降雪温度	$-2.0\sim2.0℃$	$0.9℃$
Sol_z	土壤表层到底层的深度	$-20\%\sim20\%$	$+3.65\%$
Sol_Awc	可提供的土壤水含量	$-20\%\sim20\%$	-0.35%
GWQMN	浅层地下水回归流深度	$0\sim500mm$	306.5
ALPHA_BF	基流影响的 alpha 因子	$0.00\sim1.00$	0.07
β_0	雪向冰的基本转化率	$0.001\sim0.005$	0.002
PLAPS	高差引起的降水差异	$30\sim70$	40

利用 SWAT-CUP 软件系统对 SWAT 模型的关键参数进行率定与模拟优化工作，并完成了观测水文站点数据与模拟值的验证，证明了 SWAT 模型适用于该流域水文过程的模拟。在模拟方案的设计中开展月尺度的径流数据模拟，把 1980 年的作为模型的预热期，以考查模拟前期当参数为零的影响，并设定 1981～1990 年为参数率定期，1991～2000 年为模型效果的验证期。通过两个步骤进一步的提高 SWAT 模型模拟的精度与可靠性（陈昌春，2013）。选取 E_{ns}、R^2 和 PBIAS 三个评价指标，计算公式分别为

$$E_{ns}=1-\frac{\sum_{i=1}^{n}(Q_{o,i}-Q_{m,i})^2}{\sum_{i=1}^{n}(Q_{o,i}-\bar{Q}_o)^2} \tag{3-62}$$

$$R^2=\frac{\left[\sum_{i=1}^{n}(Q_{o,i}-\bar{Q}_o)(Q_{m,i}-\bar{Q}_m)\right]^2}{\sum_{i=1}^{n}(Q_{o,i}-\bar{Q}_o)^2\sum_{i=1}^{n}(Q_{m,i}-\bar{Q}_m)^2} \tag{3-63}$$

$$PBIAS=\frac{\sum_{i=1}^{n}(Q_{o,i}-Q_{m,i})\times100}{\sum_{i=1}^{n}Q_{o,i}} \tag{3-64}$$

完成参数的率定与修正后，1981～1990 年莺落峡水文站的月径流量的校验，发现其 R^2 为 0.80，E_{ns} 为 0.72，PBIAS 为 20%，P-系数为 0.09，R-系数为 0（图 3-19）。而 1991～2000 年验证阶段的 R^2 为 0.79，E_{ns} 为 0.70，PBIAS 为 20%，P-factor 为 0.12，R-factor 为 0（图 3-20）。为此，研究认为经过参数率定与校准的 SWAT 模型能够开展黑河流域上游气候变化情景下的水资源影响胁迫研究。

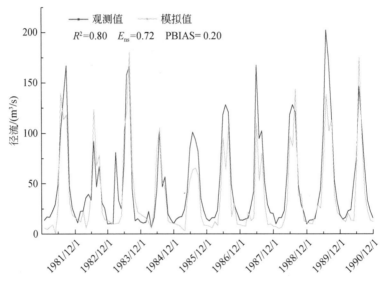

图 3-19   参数率定期莺落峡水文站观测与模拟径流对比分析

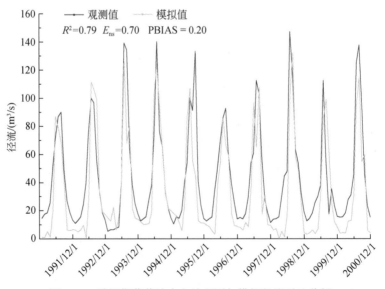

图 3-20   验证期莺落峡水文站观测与模拟径流对比分析

3.2.4.3　生态–水文过程不确定性分析模块

目前在研究中涉及气候变化与水文过程中通常都选择固定值，如气温、降水与径流等信息，但不同设计参数的变化范围通常都存在一定的不确定性。目前，不确定性的研究方法主要包括一阶误差分析、蒙特卡罗方法、GLUE 等方法。采用蒙特卡罗方法分析气候变化对水资源的影响，最终给出 95% 可信度下的模拟结果，为实现流域水资源的可持续管理方案提供可靠基础。

研究采用蒙特卡洛法分析水文过程的模拟结果，根据我们抽取的样本在一定范围内波动（张红艳，2008）。然而，虽然其结果不是确定的，但若是控制了误差范围将增加结果的可靠性，误差的大小又与样本总数相关，与样本总数的平方根成反比。为获得较高的精度，在蒙特卡洛模拟过程中必须进行大规模的抽样，合理的抽样方法可以大大降低计算量，提高抽样效率。研究表明，在应用蒙特卡洛方法时，拉丁超立方抽样（latin hypercube sampling, LHS）比简单随机抽样的模拟次数减少很多，且计算效率提高 10 倍。在蒙特卡洛方法模拟中，采用拉丁超立方抽样方法对气候变化影响下的水资源供给计算模型参数进行抽样，其计算步骤简单。

完成 SWAT 模型的参数率定与验证工作；计算 SWAT 模型驱动的气候参数输入变量 X_i 的分布及相应的特征值，利用 Bayesian 方法确定输入变量的概率密度函数（王伟等，2008）；确定开展蒙特卡罗试验的模拟次数 M，M 越大 $u(y)$ 越准确，但其运行时间会变长，其自由度表示为

$$v = M-1 = \frac{1}{2}\left\{\frac{\sigma[u(y)]}{u(y)}\right\}^{-2} \tag{3-65}$$

通常模拟结果的不确定性保留小数点后两位有效数字时，

$$\frac{\sigma[u(y)]}{u(y)} \leqslant \frac{1}{2} \times \left(\frac{1}{100}\right) = \frac{1}{200} \tag{3-66}$$

得出 $M \geqslant 20000$。

依据计算的 X_i 分布特征值采用随机数模拟器遴选 X_i 的 M 个随机数值 x_{i1}，x_{i2}，$\cdots$，x_{im}，$i = 1, 2, \cdots, n$。

把利用随机数模拟器确定的 M 个输入量的值带入 SWAT 模型后得

$$y_k = f(x_{1k}, x_{2k}, \cdots, x_{nk}), \quad k = 1, 2, \cdots, M \tag{3-67}$$

即为观测变量 Y 的 M 个样本值 y_1，y_2，$\cdots$，y_M。

计算观测变量 y 为样本均值：

$$y = \overline{Y} = \sum_{k=1}^{M} y_k M \tag{3-68}$$

标准不确定度 $u(y)$ 大小以样本的标准偏差计算：

$$u(y) = s(Y) = \sqrt{\frac{\sum_{k=1}^{M}(y_k - \overline{Y})^2}{(M-1)}} \tag{3-69}$$

确定包含概率 p，观测结果的包含区间可估计为 $[y(1-p)M/2, y(1+p)M/2]$，

其区间范围值对应 y_k 从小到大排序的 100（$1-p$）$/2\%$ 和 100（$1-p$）$/2\%$ 两个分位点。如果样本频率分布的偏度接近零，出现对称包含区间，则扩展不确定度为

$$U（y）=\frac{y（1+p）M/2-y（1-p）M/2}{2} \tag{3-70}$$

此时，包含因子则为：$k=U（y）/u（y）$。

若区间无对称特征，则最短包含区间通过分布函数计算。

$$G_Y(y)=\int_{-\infty}^{y}g_Y(\eta)\mathrm{d}\eta \tag{3-71}$$

3.2.5　WESIM 的求解

WESIM 中的生态–水文模块主要提供气候变化与土地利用变化引起的水资源变化的可能情景。生态–水文模块参数求解基于 SWAT 模型自身的求解算法，研究未涉及。而经济社会模块的可计算一般均衡模型的求解一般有两类方法，即是规划法与导数法。WESIM 的经济社会模块是基于 ORANIG 模型，并采用其建模环境 GEMPACK 和 Rundynam。其采用线性化方程通过计算变量的相对变化量来分析经济系统均衡态的变化。在求解方法中我们采用经典的 Johansen 和 Euler 方法来求解。所以下面重点介绍导数求解的原理。

根据一般均衡的原理，当市场出清情况下产品的总供给与总需求相等时达到均衡点。同时均衡也表明经济系统中的各种力量均处于均衡。变动的各种力量使系统最后处于均衡状态 $X^s=X^d$。假设我们构建的 CGE 模型包含了 m 个方程 n 个变量，其中 $m<n$，满足方程组：

$$\boldsymbol{F}(X)=0 \tag{3-72}$$

式中，$\boldsymbol{F}$ 是一个 m 维向量 $[f_1(X),f_2(X),\cdots,f_m(X)]$，$X$ 是一个 n 维向量 $(X_1,X_2,\cdots,X_n)$。

$$\begin{cases} f_1(X)=f_1(x_1,x_2,\cdots,x_n)=0 \\ f_2(X)=f_2(x_1,x_2,\cdots,x_n)=0 \\ \qquad\qquad\vdots \\ f_m(X)=f_m(x_1,x_2,\cdots,x_n)=0 \end{cases} \tag{3-73}$$

WESIM 模型系统继承了 CGE 模型方程的非线性特征，因此直接求解比较困难。Johansen 求解首先要实现上述的方程组线性化，也是求解中最关键的一步。上述方程全微分后变为

$$\mathrm{d}\boldsymbol{F}（X）=\boldsymbol{A}（X）\mathrm{d}x=0 \tag{3-74}$$

式（3-74）即模型方程线性化方法，$\boldsymbol{A}（X）$ 是 $\boldsymbol{F}（X）$ 的偏导数矩阵，其是 $m\times n$ 矩阵：

$$\boldsymbol{A}（X）=\begin{cases} \dfrac{\partial f_1}{\partial x_1} & \dfrac{\partial f_1}{\partial x_2} & \cdots & \dfrac{\partial f_1}{\partial x_n} \\[2ex] \dfrac{\partial f_2}{\partial x_1} & \dfrac{\partial f_2}{\partial x_2} & \cdots & \dfrac{\partial f_2}{\partial x_n} \\[2ex] \vdots & \vdots & & \vdots \\[2ex] \dfrac{\partial f_m}{\partial x_1} & \dfrac{\partial f_m}{\partial x_2} & \cdots & \dfrac{\partial f_m}{\partial x_n} \end{cases} \tag{3-75}$$

式（3-75）中 dx 是一个 $m×1$ 维的向量，$dx=(dx_1, dx_2, \cdots, dx_n)^T$，一般指对数变化或者百分比变化。当 dx 表示百分比变化时，$A(X)$ 可用微分方程计算内生变量对于外生变量的弹性。然后把矩阵 $A(X)$ 取在均衡点 X^1。如果要使方程有解则需要 $n-m$ 个外生变量。所以可以对 $A(X)$ 矩阵进行分块：

$$A(X^1)dx=\left[A_a(X^1)\,|\,A_b(X^1)\right]\left[\dfrac{dx_a}{dx_b}\right]=0 \qquad (3\text{-}76)$$

式（3-76）中 dx_a 是 m 个内生变量的变化，dx_b 是 $n-m$ 个外生变量的变化，式（3-76）也可以表达为

$$A_a(X^1)dx_a+A_b(X^1)dx_b=0 \qquad (3\text{-}77)$$
$$dx_a=-\left[A_a(X^1)\right]^{-1}A_b(X^1)dx_b \qquad (3\text{-}78)$$

因此，基于全微分方式求解模型，模型的计算结果是随着 dx 的大小而变化，即下一个均衡点与基期均衡点的距离决定误差。随着 dx 的增加误差不断变大，在计算过程中对 dx 进行分段处理将提高精度，减小误差，使结果逐渐与实际值逼近（图3-21）。

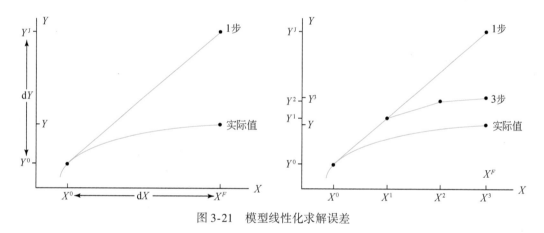

图 3-21 模型线性化求解误差

另外，也可以说动态的 WESIM 模型被分割为静态模型与以静态模型为基础进行跨时期的部门连接。所以基期的投入产出数据是开展其静态模型模拟分析的关键，动态模型需要开展宏观经济的长期预测，即资本回报率、技术进步、劳动力就业与贸易等未来路径的合理假定。

第4章 WESIM 模型社会经济数据库构建——以黑河流域为例

黑河流域水生态服务功能与社会经济系统特征空间差异显著。流域上游主要是水源涵养产水、中游主要是社会经济生产生活用水、下游主要是生态耗水主导的区域水资源功能分异规律。社会经济系统的结构差异主要体现在流域上下游以畜牧业经济为主体，旅游业发展迅速，而人类社会经济的生产活动主要集聚在中游地区，流域中游以种植业经济为主，农业延长产业链上的食品制造加工、酿酒业在工业产业体系中发展迅速，人口增长与城镇化发展迅速，以生态旅游为主导的第三产业正在兴起。此外，随着"一带一路"倡议的实施推进，处于"一带一路"的国家规划核心的河西走廊地带，未来社会经济发展的增长空间与潜力巨大。水是制约黑河流域社会经济规模发展的主要环境限制因素，提高流域中游社会经济系统的用水效率是流域社会经济系统可持续发展的关键。厘清流域中游产业用水的特征、用水效率及演化的驱动因素是实现水资源约束下产业转型升级发展的关键。本章将重点介绍嵌入水土资源要素型投入产出表的编制方法、过程与技术体系，特别是社会经济系统产业部门的水土资源信息核算，并基于该投入产出表解析流域产业用水特征与变化驱动因素，识别相应的贡献率。

投入产出表是社会经济系统生产、消费与贸易过程中的物质流和价值流核算的有效表达方式，是经济学理论与统计调研数据的有效集成载体。它包含丰富的信息，具有刻画区域尺度的经济结构、技术水平、贸易结构与经济总量等信息的功能。随着经济学家近半个世纪的探索与研究，投入产出技术在理论方法与实践应用上取得了长足的进步和丰富成果。在理论方法的研究方面，其模型方法从静态、线性简单模型发展为动态、非线性与多部门的复杂模型（吕金飞等，2006）。其相关的理论和方法逐渐成熟，投入产出表的编制方法、模型精度与应用分析等方面研究仍在不断地发展。投入产出表因其编制过程需要投入较多的人力物力，我国目前多以省级行政区为主要空间尺度，而且逢2、7年份国家会编制各省级行政单元的投入产出表。嵌入水土资源要素账户的投入产出表中的水土资源是实现社会经济系统模型与生态-水文过程交叉集成的中间界面，水土资源是社会经济系统的生产要素，同时生态-水文过程受土地利用格局变化影响，而且生态-水文过程的变化会影响流域水资源的分配与循环，因此，实现社会经济系统与生态水文过程数据空间尺度上的对接，研究设计编制与流域边界对应的投入产出表至关重要。

4.1 县级投入产出表的编制

投入产出分析是20世纪30年代著名经济学家 Wassily Leontief 构建的经济系统定量分

析方法。它综合了数学、经济学、统计学与平衡表，将其应用到美国的经济结构分析，开创了投入产出分析方法，并因此贡献获得了诺贝尔经济学奖（肖强等，2011）。随着经济统计与宏观经济学研究工作发展，投入产出分析理论与实践等方面都取得了长足进步。投入产出分析从静态、线性与单区域走向了动态、非线性、多区域与多部门（Kandela et al.，2012）。20 世纪 20 年代初，苏联中央统计局编制了棋盘式的社会产品平衡表。1964 年美国将投入产出法引入国民经济核算体系，1968 年联合国将投入产出引入国民经济核算。目前已有上百个国家编制了投入产出表。1974 年我国编制了第一套中国宏观经济结构 61 部门的实物型投入产出表。并于 1982 年编制了第一套全国价值型的投入产出表。20 世纪 70 年代开始，列昂惕夫、斯通等学者逐渐把投入产出表应用于人口、资源与环境等领域的问题分析与研究实践中。投入产出分析是数量经济学科研究的分支，投入产出表的编制是核心，而其编制方法则是学术界研究的热点问题。编制方法的科学性、过程的合理性、数据的代表性、宏观经济结构的理解程度都将影响投入产出表编制的质量与精度。

研究系统梳理近几十年投入产出表的编制方法，将其概括为三种类型。①调查法。国家层面的投入产出表编制多以此方法为主，需要厘清各核算部门中间投入品的结构及来源、增加值产生、居民消费、政府消费及贸易流入流出等各环节的专项调查情况，对调查数据进行平衡处理生成投入产出表。而该方法的缺点是需要投入大量的人力财力，选择该方法需要具有合理的经费预算与投入，一般为专业部门用于发布权威性数据所采用。②非调查法。该方法需要具有投入产出表的多时序、多空间的数据库，然后根据编表地区各部门的中间投入品结构、增加值结构、消费结构、贸易结构等数据匹配投入产出表数据库，遴选与各种结构、发展程度相似度最高地区的投入产出表作为依据，再用地区统计数据为主要控制指标进行编制，最后进行平衡运算调整，生成投入产出表。该方法虽然不需巨大的人力财力投入，但需要丰厚的数据基础与区域宏观经济结构的系统认知，为此，表的质量和精度随着编表人经验的差距与数据翔实程度不同而具有较大不确定性。③混合法。针对一般性的科研项目需求与可行性分析的情况，提出了混合法编表的方法，其思路是先辨识区域的支柱产业，对支柱产业的投入产出系数采用调查法方式作为先验数据，非关键行业部门则采用非调查法，集成区域全行业覆盖的投入产出技术系数矩阵。该方法因其较高的可行性与实用性而被越来越广泛的应用于地区尺度投入产出表编制过程中。

随着投入产出表的应用领域不断扩大，在不同经济单元都开展了投入产出表或者类似该技术的研究应用。企业层面编制了物料平衡表进行企业投入产出的核算，区域尺度在国家、省及市县都有着不同的应用案例。早在 1985 年我国就编制了县域尺度的海伦县投入产出表，分析其主导产业、产品贸易、能源消耗与经济预测（栾德序，1985）。投入产出表编制是基于国民经济核算部门分类，该部门分类必须强调各生产部门的投入和产出两方面的纯粹性和同质性。产品部门具备产品种类的同质性，投入结构和生产工艺的同质性，另外还有产业部门的分类和机构部门分类。

鉴于数据现状与研究需求，本书研究案例根据国家统计局的部门分类标准，研究采用了调查法与非调查法相结合的混合法，编制了 2012 年张掖市的 42 部门投入产出表，然后根据 GTAP 数据库与区域农业种植结构拆分农业为小麦、玉米、油料、棉花、水果、蔬菜与其他农产品。张掖市在甘肃省投入产出调查工作中布置了 40 多家大中型企业，基本包括了张掖市 80% 的规模以上企业，覆盖了 86% 的工业产值（马忠和张继良，2008）。研究基于此调查成果编制了 2012 年张掖市 48 部门的投入产出表，从生产、流通、使用与分配四个环节介绍编制该区域投入产出表的步骤（表 4-1）。

表 4-1   嵌入水土资源要素的投入产出表框架

产出 投入		中间使用			最终消费				资本形成			调入	调出	总产出
		部门1	部门2 …… 部门 n		城镇居民消费	农村居民消费	政府消费	消费合计	固定资本形成	库存	资本			
中间投入	部门1	$X_{i,j}$ 第 I 象限			$F_{i,k}$ 第 II 象限									X_i
	部门2													
	⋮													
	部门 n													
	中间投入合计													
最终投入	劳动者报酬	$N_{i,j}$ 第 III 象限			第 IV 象限									
	固定资产折旧													
	营业盈余													
	增加值合计													
	用水量	W_j 第 V 象限												
	用地量	W_j 第 VI 象限												
总投入		X_j												

首先，研究确定了 2012 年 42 部门的总投入与总产出值。总产出是指一特定时期内经济系统总体的全部产出之和。行业部门的总产出则依据其经济用途的性质不同，部分在经济总体的生产系统内部继续循环流转，部分结束生产过程进入了最终使用领域。因此，被分为中间产品与最终产品两个部分。一个产品被区分为中间产品还是最终产品，应根据全社会对其的实际经济用途来确定。例如，煤矿的产品就是煤，如果在生产过程中被作为燃料或原料，它就是中间产品；如果用来烧饭取暖则是最终产品，另外两者的区分也与生产范围的确定方式有关。生产部门消耗的货物和服务属于中间产品，而非物质生产部门消耗的货物和服务则属于最终产品，此部分数据主要来自于 2012 年张掖市统计年鉴。依据国民经济 42 部门核算张掖市有 11 个行业部门缺乏数据。从总产出结构比重来分析，农业、建筑业、食品制造及烟草加工业是区域的主导产业部门，其产出分别约占总产出的 20%、17% 与 16%。然后是金属矿采选业，电力、热力的生产和供应业，交通运输及仓储业，其产出均占总产出的 5% 左右（表 4-2）。

表 4-2　2012 年张掖市投入产出部门产值　　　　　（单元：万元）

部门	产值
农业	1 386 600
煤炭开采和洗选业	137 554
金属矿采选业	350 490
非金属矿及其他矿采选业	31 693
食品制造及烟草加工业	1 110 544
木材加工及家具制造业	81
造纸印刷及文教体育用品制造业	24 719
石油加工、炼焦及核燃料加工业	30 018
化学工业	166 454
非金属矿物制品业	122 558
金属冶炼及压延加工业	207 868
金属制品业	12 948
通用、专用设备制造业	3 076
电力、热力的生产和供应业	371 261
水的生产和供应业	2 673
建筑业	1 164 003
交通运输及仓储业	316 856
邮政业	6 928
信息传输、计算机服务和软件业	81 861
批发和零售业	247 644
住宿和餐饮业	97 754
金融业	118 620
房地产业	103 088
租赁和商务服务业	96 666
研究与试验发展业	9 374
综合技术服务业	13 032
水利、环境和公共设施管理业	31 273
居民服务和其他服务业	59 304
教育	144 981
卫生、社会保障和社会福利业	84 749
文化、体育和娱乐业	38 768
公共管理和社会组织	283 430

　　接着，确定最终消费产品结构。最终产品被核算为最终消费、固定资本形成与调入调出部分。消费者的消费偏好是针对消费活动种类（如衣着、食品、居住、教育、医疗、娱

乐等）而非针对行业部门或产品种类，因此为编制投入产出表的居民消费与政府消费的列项需要将统计核算的消费项目转换到 42 个部门行业。而实际生产过程中同一部门可能生产不同消费功能的产品。例如，纺织业部门同时生产毛巾和布料，两者具有不同的消费功能。布料一般用于衣着消费，而毛巾则多为家庭用品，居民这个经济行为主体对其消费偏好则不同。因此，无法直接估计投入产出部门产品的内生消费系数，而应当首先估计消费活动的内生消费系数。国民经济核算体系一般对以下八大类消费进行统计核算：衣着、食品、居住、医疗保健、教育文化娱乐服务、交通通信、家庭设备用品及服务、杂项商品和服务（表4-3）。首先估计这几大类消费活动的内生消费系数 $\hat{\alpha}_i^*$，然后构造转换矩阵 $\boldsymbol{B}$ 将其分配到 42 个产业部门，从而得到 42 个产业部门的内生消费系数。

表 4-3   2012 年张掖市消费主体的统计数据 （单位：万元）

类别	消费金额		
	农村居民	城镇居民	政府
食品	211 921	12 749	140 316
衣着	43 204	68 983	28 606
居住	87 744	4 516	58 097
家庭设备用品及服务	89 795	131 852	59 455
医疗保健	77 823	78 287	51 528
交通通信	29 932	61 805	19 818
教育文化娱乐服务	41 244	43 460	27 308
杂项商品和服务	16 972	10 384	11 238

内生消费系数表明了消费活动和投入产出部门之间的转化关系，以转化矩阵的方式来表达。Lanscarter 认为消费和生产存在同样的投入和产出过程，其投入为用于消费活动的各种产品，产出则为消费的各种活动。例如，进行食品消费活动需要投入农产品、食品加工业产品、餐饮服务、批发零售服务与居民服务等。因此，消费活动也应该构造一个消费技术系数矩阵 $\boldsymbol{B}$ 将消费活动分配到 42 个投入产出部门。

$$\boldsymbol{B} = \begin{bmatrix} b_{11} & b_{12} & \cdots & b_{1m} \\ b_{21} & b_{22} & \cdots & b_{2m} \\ \vdots & \vdots & & \vdots \\ b_{n1} & b_{n2} & \cdots & b_{nm} \end{bmatrix} \tag{4-1}$$

矩阵 $\boldsymbol{B}$ 共有 n 行 m 列，分别表示了 n 个投入产出部门和 m 种消费活动。其中，元素 b_{ij} 表示开展单位数量第 j 种消费活动需要投入第 i 个行业部门产品的数量。因此，将消费技术系数矩阵 $\boldsymbol{B}$ 作为 m 大类消费活动的和 n 个投入产出部门的内生消费系数的转化矩阵。

消费技术系数矩阵没有相关统计资料直接计算，因而需要通过间接的方法进行估计。首先需要得到各类消费活动与行业部门的对应表，即每种消费活动的进行需要投入哪些具体部门的产品。研究参照《中国 2012 年投入产出表编制方法》中关于"第Ⅱ象限编制方法"的说明，其对各类消费与投入产出部门的对应关系进行了描述（Berrittella et al.，2006）。然后根据统计年鉴中居民和政府等消费行为主体的 m 类消费活动的价值量，投入产出表中居民和政府等消费行为主体对投入产出部门产品的消费量，进行消费技术系数矩阵的估算。完成估算经过如下步骤：

首先，调整投入产出表中的居民和政府等消费行为主体的消费列，使其与 m 类消费活动覆盖的范围一致。投入产出表中部分消费项没有包含在 m 类消费活动中。例如，金融行业产品的消费，其定义为消费行为主体在进行存（贷）款活动时所享受的金融服务（封志明等，2014），而这部分消费价值没有包含在 m 类消费中。将该部分消费项扣除并且按外生消费处理。因此，调整后的投入产出表中的 n 个部门的总消费应等于 m 类消费活动的总消费。

接着，粗略估算 m 类消费活动和 n 个行业部门之间的对应消费流量矩阵 $\boldsymbol{R}=(r_{ij})_{n \times m}$。如果第 j 类消费活动需要投入第 i 部门的产品，则令 $r_{ij}=y_i^c/n_i$，否则令 $r_{ij}=0$。其中，y_i^c 表示扣除外生消费后的第 i 部门的居民消费量，n_i 表示与第 i 部门有对应关系的消费活动数量，r_{ij} 表示第 j 类消费活动的总量中投入的第 i 部门产品的数值。

然后，利用 RAS 方法调整消费流量矩阵 $\boldsymbol{R}=(r_{ij})_{n \times m}$ 的行加和等于平衡后的各投入产出部门的居民消费量，列加和等于各类消费活动的消费量。

最后，将平衡后的 $\boldsymbol{R}$ 的每列元素分别除以其对应的列加和，估算得到消费技术系数矩阵 $\boldsymbol{B}$。将 m 类消费活动的内生消费系数 $c^*=(\alpha_i)_{m \times 1}$，转化为 n 个投入产出部门的内生消费系数 $c^*=(\alpha_i)_{n \times 1}$。

$$c=\boldsymbol{B}c^* \tag{4-2}$$

根据该方法，对 2012 年的八大类消费活动和 42 个行业部门的消费技术系数矩阵进行估计（表 4-4）。

表 4-4　2012 年八大类消费与投入产出表中 42 部门的消费技术系数矩阵

部门	消费技术系数							
	食品	衣着	居住	家庭设备用品及服务	医疗保健	交通通信	教育文化娱乐服务	杂项商品和服务
农业	0.333	0	0	0	0	0	0	0
煤炭开采和洗选业	0	0	0.014	0	0	0	0	0
石油和天然气开采业	0	0	0	0	0	0	0	0
金属矿采选业	0	0	0	0	0	0	0	0
非金属矿及其他矿采选业	0	0	0	0	0	0	0	0
食品制造及烟草加工业	0.473	0	0	0	0.144	0	0	0
纺织业	0	0.048	0	0.009	0.002	0	0	0
纺织服装鞋帽皮革羽绒及其制品业	0	0.631	0	0.121	0	0	0	0
木材加工及家具制造业	0	0	0	0.105	0	0	0	0

部门	消费技术系数							
	食品	衣着	居住	家庭设备用品及服务	医疗保健	交通通信	教育文化娱乐服务	杂项商品和服务
造纸印刷及文教体育用品制造业	0	0	0	0	0	0	0.039	0
石油加工、炼焦及核燃料加工业	0	0	0	0	0	0.067	0	0
化学工业	0	0	0	0.315	0.055	0	0	0.167
非金属矿物制品业	0	0	0.024	0.005	0	0	0	0
金属冶炼及压延加工业	0	0	0	0	0	0	0	0
金属制品业	0	0	0	0.083	0	0	0	0
通用、专用设备制造业	0	0	0	0	0.011	0	0	0
交通运输设备制造业	0	0	0	0	0	0.222	0	0
电气机械及器材制造业	0	0	0	0.300	0	0	0	0.159
通信设备、计算机及其他电子设备制造业	0	0	0	0	0	0.121	0.057	0
仪器仪表及文化办公用机械制造业	0	0	0	0	0	0	0.016	0.003
工艺品及其他制造业	0	0	0	0	0	0	0	0.491
废品废料	0	0	0	0	0	0	0	0
电力、热力的生产和供应业	0	0	0.222	0	0	0	0	0
燃气生产和供应业	0	0	0.030	0	0	0	0	0
水的生产和供应业	0	0	0.030	0	0	0	0	0
建筑业	0	0	0.088	0	0	0	0	0
交通运输及仓储业	0.006	0.053	0.055	0.010	0.002	0.067	0.031	0.005
邮政业	0	0	0	0	0	0.005	0	0
信息传输、计算机服务和软件业	0	0	0	0	0	0.185	0.087	0
批发和零售业	0.019	0.176	0.181	0.034	0.006	0.219	0.103	0.018
住宿和餐饮业	0.159	0	0	0	0	0	0	0.148
金融业	0	0	0	0	0	0	0	0
房地产业	0	0	0.262	0	0	0	0	0
租赁和商务服务业	0	0	0	0	0	0	0.114	0
研究与试验发展业	0	0	0	0	0	0	0	0
综合技术服务业	0	0	0	0	0	0	0	0
水利、环境和公共设施管理业	0	0	0	0	0	0	0.027	0
居民服务和其他服务业	0.010	0.091	0.093	0.018	0.003	0.113	0.053	0.009
教育	0	0	0	0	0	0	0.401	0
卫生、社会保障和社会福利业	0	0	0	0	0.779	0	0	0

续表

部门	消费技术系数							
	食品	衣着	居住	家庭设备用品及服务	医疗保健	交通通信	教育文化娱乐服务	杂项商品和服务
文化、体育和娱乐业	0	0	0	0	0	0	0.071	0
公共管理和社会组织	0	0	0	0	0	0	0	0

消费技术系数矩阵是辨识最终消费品主要投入中间产品的数据基础。基于2012年的消费技术系数矩阵可以看出，食品消费活动主要需要投入农业、食品制造和烟草加工业、交通运输及仓储业、批发和零售业、住宿和餐饮业及居民服务和其他服务业部门的产品及服务。衣着消费活动需要投入纺织业、纺织服装鞋帽皮革羽绒及其制品业、交通运输及仓储业、批发和零售业及居民服务和其他服务业部门的产品及服务；居住消费主要需要投入电力、热力的生产和供应业和房地产业两个部门的产品和服务；家庭设备用品及服务主要需要投入化学工业和电气机械及器材制造业部门的产品；医疗保健消费主要需要投入食品制造及烟草加工业及卫生、社会保障和社会福利业部门的产品和服务；交通通信消费主要需要投入交通运输设备制造业，通信设备、计算机及其他电子设备制造业，信息传输、计算机服务和软件业及居民服务和其他服务业部门的产品及服务。教育文化娱乐服务消费活动主要需要投入教育，租赁和商务服务业及批发和零售业部门的服务；杂项商品和服务消费主要需要投入工艺品及其他制造业的产品。

基于表4-3和表4-4构建了2012年张掖市投入产出表的居民与政府消费列项（表4-5）。

表 4-5　2012 年张掖市投入产出表消费象限　　　　（单位：万元）

部门	农村居民消费	城镇居民消费	政府消费支出	合计
农业	104 415	62 795	26 679	193 889
煤炭开采和洗选业	3 959	2 037	0	5 996
石油和天然气开采业	0	0	0	0
金属矿采选业	0	0	0	0
非金属矿及其他矿采选业	0	0	0	0
食品制造及烟草加工业	127 577	70 656	0	198 233
纺织业	2 706	4 000	0	6 706
纺织服装鞋帽皮革羽绒及其制品业	35 569	53 667	0	89 236
木材加工及家具制造业	7 491	3 610	0	11 101
造纸印刷及文教体育用品制造业	4 335	4 568	0	8 903
石油加工、炼焦及核燃料加工业	1 510	1 028	0	2 538
化学工业	25 049	12 836	0	37 885
非金属矿物制品业	5 116	2 598	0	7 714
金属冶炼及压延加工业	0	0	0	0

部门	农村居民消费	城镇居民消费	政府消费支出	合计
金属制品业	2 744	1 322	0	4 066
通用、专用设备制造业	518	239	0	757
交通运输设备制造业	7 549	5 142	0	12 691
电气机械及器材制造业	12 823	6 786	0	19 609
通信设备、计算机及其他电子设备制造业	8 351	6 099	0	14 450
仪器仪表及文化办公用机械制造业	1 076	1 127	0	2 203
工艺品及其他制造业	4 269	3 526	0	7 795
废品废料	0	0	0	0
电力、热力的生产和供应业	20 795	10 699	0	31 494
燃气生产和供应业	1 621	834	0	2 455
水的生产和供应业	2 346	1 207	0	3 553
建筑业	11 814	6 078	0	17 892
交通运输及仓储业	10 876	9 481	33 235	53 592
邮政业	194	132	0	326
信息传输、计算机服务和软件业	20 810	15 196	0	36 006
批发和零售业	20 888	18 209	0	39 097
住宿和餐饮业	27 850	17 850	0	45 700
金融业	19 578	17 698	89	37 365
房地产业	40 500	20 838	0	61 338
租赁和商务服务业	5 006	5 275	440	10 721
研究与试验发展业	0	0	2 662	2 662
综合技术服务业	0	0	2 654	2 654
水利、环境和公共设施管理业	1 870	1 971	12 391	16 232
居民服务和其他服务业	11 207	9 769	0	20 976
教育	16 541	17 430	83 658	117 629
卫生、社会保障和社会福利业	27 121	12 529	36 909	76 559
文化、体育和娱乐业	4 558	4 803	3 722	13 083
公共管理和社会组织	0	0	193 928	193 928

确定增加值合计是从投入方向编制的主要组成部分。增加值是从生产者角度来核算的非中间投入品，增加值之和等于社会最终产品的价值总额。汇总所有部门的增加值得到国内生产总值（GDP），其由劳动者报酬、生产税净额、固定资产折旧与营业盈余四项构成。劳动者报酬是指劳动者通过参加生产活动而获得的各种货币与实物报酬，包括工资、奖金、津贴和补贴。生产税是企事业单位因从事生产经营活动而向政府交纳的税金，表面由生产企业缴纳，但企业通过提高产品价格转嫁给最终使用者。固定资产折旧是指为补偿核

算期内固定资本损耗而计提的折旧基金。营业盈余是生产部门的总产出扣除中间消耗、固定资产折旧、劳动者报酬和生产税净额的剩余部分，其并不是一项核算收入，而是核算定义上的一个平衡项。

区域的调入与调出量是衡量区域贸易流强度的重要指标。区域的调入与调出包含有形的货物贸易，也包括无形的服务贸易，这里的进出口不仅包括常住单位与非常住单位之间通过买卖行为的商品交换，还包括它们相互提供的无偿事务转移，以及常住单位在国外的直接购买和非常住单位在国内的直接购买。

固定资本形成及增长是推动经济动态可持续增长的关键。固定资本用于形成新的资产、满足未来生产和生活需要的产品数额，从实物内容来看包括各类房屋、建筑物、机器设备、培育资产和其他无形固定资产的净获得。从资金来看包括由基本建设投资和其他资金形成的新增固定资产，也包括了常住单位从国外购买的投资品，但不包括非常住单位在国内购买的投资品。这些项在有关货物和服务的进出口核算中处理。

确定投入产出技术系数是投入产出表编制的核心。中间投入品是核算期生产、又在该时期内被消耗进一步加工的生产资料。国内生产总值等于国民经济总产出减去所有部门的中间消耗（李鹏恒，2007）。计算获得各行业部门的中间消耗值后，由于一个产品的生产过程需要多个部门对其投入，为此需要构建类似于内生消费矩阵的投入产出系数 A，该矩阵是一个 $n \times n$ 方阵。中间投入或消耗必须是对社会产品的生产性使用。

$$A = \begin{bmatrix} a_{11} & a_{12} & \cdots & a_{1n} \\ a_{21} & a_{22} & \cdots & a_{2n} \\ \vdots & \vdots & & \vdots \\ a_{n1} & a_{n2} & \cdots & a_{nn} \end{bmatrix} \qquad (4\text{-}3)$$

$$a_{i,j} = \frac{X_{i,j}}{X_j} \qquad (4\text{-}4)$$

辨识关键行业部门，设计调查问卷、核算其投入产出系数则采用调查法编制。通过张掖市 2012 年的统计年鉴数据分析发现，从 GDP 的占比来看，农业占比 28%、建筑业与食品制造及烟草加工业均约占 10%；次之的是批发和零售业、交通运输及仓储业及公共管理和社会组织行业均约占 6%；再次是教育业占比 4%，电力、热力的生产和供应业占比 3%。因此，选取农业，食品制造及烟草加工业，建筑业，金属矿采选业，电力、热力的生产和供应业、交通运输及仓储业及公共管理和社会组织行业为主要行业开展调查。调查表格参照 2012 年全国投入产出调查方案。

非重点行业部门的投入产出系数则采用非调查法确定。对于非重点行业，研究假设甘肃省的技术投入系数代表省内各地区的平均技术水平，基于甘肃省的投入产出表的系数实现地区化方法，进行表的平衡调整计算。经过上述步骤，待确定了投入产出的技术系数矩阵后，利用系数矩阵乘以总投入或者总产出后确定了第一象限数据（表 4-6）。至此已编制完成了投入产出表全部象限，但是在该情况下一般部门的中间投入和中间消耗不能与设定的行控制数与列控制数相等。因此，多采用平衡调整法修正。目前，平衡调整方法主要有交叉熵、RAS 方法。研究利用 RAS 方法对整张投入产出表进行平衡处理，该方法也适合对投入产出表子矩阵进行平衡处理，其计算方法简单（段志刚，2004）。根据投入产出核算的原则，部门生产的总投入必定等于部门产品的总产出（张永刚和张茜，2015），本部分选用了 RAS 方法完成了第一象限的直接消耗系数平衡处理。其实质是通过替代乘数和制造乘数两个主对角矩阵，当确定行控制数目标后，将行控制数左乘替代乘数矩阵检验行目标情况；再确定列目标，将列控制数右乘制造乘数矩阵检验列目标情况，直至投入产出表的结果达到所设定的行和列精度（段志刚，2004）。RAS 方法用公式可以表示为

$$\begin{cases} \boldsymbol{R}_i^{(k)} = u_i^* / \sum_{j=1} t_{ij}^{(k-1)} x_j^{(1)} \\ \boldsymbol{S}_i^{(k)} = v_i^* / \sum_{i=1} \boldsymbol{R}_i^{(k)} t_{ij}^{(k-1)} x_j^{(1)} \quad (i=1,2,\cdots,n; j=1,2,\cdots,n) \\ a_{ij}^{(k)} = \boldsymbol{R}_i^{(k)} t_{ij}^{(k-1)} \boldsymbol{S}_j^{(k)} \end{cases} \tag{4-5}$$

式中，$a_{ij}^{(k)}$ 为第一象限矩阵系数；$\boldsymbol{R}_i^{(k)}$ 是当进行 k 步运算时左乘的替代乘数矩阵，$\boldsymbol{S}_i^{(k)}$ 是当进行第 k 步运算时右乘的制造乘数矩阵；u_i^*，v_j^* 分别表示已知的行控制数和列控制数；$u_{ij}^{(k)}$ 代表第 k 步运算时第一象限中间投入矩阵中的各数据项；$x_j^{(1)}$ 表示代表最终投入产出表的总投入或总产出。

表 4-6　2012 年张掖市投入产出表第一象限价值　　　　　（单位：万元）

坐标	01	02	03	04	05	06	07	08	09	10	11
01	84 489	555	0	0	0	237 975	0	0	2	192	0
02	17 724	131	0	2 072	3 128	45 340	0	0	3	1 020	2
03	4 300	0	0	36 702	3 562	55 459	0	0	0	2 839	24 746
04	0	827	0	99 130	0	0	0	0	0	0	0
05	406	124	0	78	683	1 732	0	0	0	3	0
06	75 215	0	0	0	0	93 758	0	0	0	9	0
07	4 748	130	0	460	481	4 664	0	0	3	12	0
08	430	6 479	0	673	19	2 378	0	0	0	52	0
09	2 577	1 268	0	201	1	1 880	0	0	32	90	0
10	1 421	159	0	265	12	35 697	0	0	0	5 275	0
11	55 028	4 245	0	8 727	2 900	15 812	0	0	3	689	87
12	140 237	1 755	0	13 680	510	91 867	0	0	1	1 291	9
13	3 852	710	0	388	5	25 017	0	0	0	46	1
14	1 376	2 953	0	1 059	56	12 244	0	0	0	130	0
15	4 481	1 531	0	2 146	3 666	10 592	0	0	3	114	2
16	1 108	273	0	734	5	280	0	0	0	19	0
17	6 278	443	0	508	29	2 149	0	0	0	82	1
18	408	1 059	0	547	9	607	0	0	0	45	0
19	174	97	0	121	5	303	0	0	0	10	0
20	372	173	0	441	5	9 475	0	0	0	26	0

坐标	01	02	03	04	05	06	07	08	09	10	11
21	1 290	164	0	211	31	705	0	0	0	19	0
22	0	0	0	0	778	0	0	0	0	1 563	0
23	48 631	10 902	0	22 815	2 160	50 316	0	0	3	2 386	5
24	80	14	0	7	1	291	0	0	0	0	0
25	663	98	0	52	9	507	0	0	0	17	0
26	531	22	0	8	0	26	0	0	0	7	0
27	36 476	3 365	0	5 359	646	53 650	0	0	1	599	1
28	727	25	0	91	2	121	0	0	0	3	0
29	2 570	209	0	638	16	1 885	0	0	0	42	0
30	23 419	798	0	1 011	82	10 291	0	0	0	201	0
31	4 635	1 105	0	2 706	334	9 538	0	0	1	211	0
32	19 587	2 404	0	2 260	515	11 660	0	0	1	197	0
33	425	8	0	170	2	4 126	0	0	2	277	0
34	3 617	930	0	1 158	162	6 755	0	0	0	10	0
35	574	223	0	0	0	867	0	0	0	0	0
36	1 839	16	0	18	0	348	0	0	0	1	0
37	2 754	1 254	0	79	2	361	0	0	0	1	0
38	6 863	679	0	519	198	3 923	0	0	0	40	0
39	3 927	1 108	0	229	3	1 275	0	0	1	18	0
40	4 382	8 067	0	2 557	18	1 355	0	0	0	420	3
41	243	207	0	481	90	1 317	0	0	0	42	0
42	0	0	0	0	0	0	0	0	0	0	0

坐标	12	13	14	15	16	17	18	19	20	21	22	23	24	25
01	162	0	3	0	0	0	0	0	0	0	0	0	0	0
02	2 756	16 522	3 448	220	34	0	0	0	0	0	0	30 626	0	6
03	98 383	35 720	14 527	168	263	0	0	0	0	0	0	227 404	0	0
04	647	96	119 136	0	8	0	0	0	0	0	0	0	0	0
05	86	767	93	11	0	0	0	0	0	0	0	55	0	0
06	183	0	0	0	0	0	0	0	0	0	0	2	0	0
07	187	1 059	86	0	5	0	0	0	0	0	0	47	0	1
08	108	99	90	65	13	0	0	0	0	0	0	188	0	10
09	62	126	44	3	5	0	0	0	0	0	0	7	0	1
10	163	165	17	30	5	0	0	0	0	0	0	37	0	2
11	1 445	1 480	21 014	116	78	0	0	0	0	0	0	580	0	21

坐标	12	13	14	15	16	17	18	19	20	21	22	23	24	25
12	12 873	9 187	1 286	159	42	0	0	0	0	0	0	237	0	67
13	350	2 613	510	44	5	0	0	0	0	0	0	212	0	4
14	1 536	728	2 061	5 796	849	0	0	0	0	0	0	73	0	3
15	845	998	312	1 868	237	0	0	0	0	0	0	156	0	58
16	22	29	59	228	38	0	0	0	0	0	0	52	0	2
17	41	114	149	221	35	0	0	0	0	0	0	91	0	3
18	43	46	95	315	43	0	0	0	0	0	0	373	0	6
19	26	18	12	8	12	0	0	0	0	0	0	19	0	1
20	94	42	63	12	26	0	0	0	0	0	0	104	0	4
21	15	24	17	9	2	0	0	0	0	0	0	14	0	1
22	4	754	129	5	5	0	0	0	0	0	0	0	0	0
23	3 165	7 442	10 725	1 258	300	0	0	0	0	0	0	19 563	0	465
24	4	1	12	3	3	0	0	0	0	0	0	0	0	0
25	10	11	4	5	1	0	0	0	0	0	0	44	0	10
26	4	4	3	2	0	0	0	0	0	0	0	2	0	0
27	604	1 175	1 089	196	79	0	0	0	0	0	0	485	0	21
28	5	11	5	10	1	0	0	0	0	0	0	9	0	1
29	59	74	24	39	8	0	0	0	0	0	0	71	0	6
30	1	77	1	40	16	0	0	0	0	0	0	119	0	6
31	241	281	125	196	33	0	0	0	0	0	0	153	0	19
32	391	495	1 389	41	18	0	0	0	0	0	0	978	0	46
33	29	139	6	8	2	0	0	0	0	0	0	4	0	2
34	547	378	113	97	32	0	0	0	0	0	0	59	0	12
35	114	1	295	3	57	0	0	0	0	0	0	199	0	0
36	11	3	13	1	1	0	0	0	0	0	0	20	0	0
37	12	10	22	0	0	0	0	0	0	0	0	36	0	73
38	83	706	423	127	5	0	0	0	0	0	0	1 335	0	16
39	59	45	193	57	10	0	0	0	0	0	0	104	0	19
40	224	625	45	7	126	0	0	0	0	0	0	677	0	7
41	31	63	31	29	6	0	0	0	0	0	0	38	0	4
42	0	0	0	0	0	0	0	0	0	0	0	0	0	0

续表

坐标	26	27	28	29	30	31	32	33	34	35	36	37	38
01	5 982	3 866	0	0	0	1 005	0	9	0	0	0	766	426
02	24 023	1 265	131	0	0	5	0	0	0	0	0	0	0
03	0	0	0	0	0	37 932	0	0	0	0	0	0	0
04	0	0	0	0	0	0	0	0	0	0	0	0	0
05	29 264	175	0	0	0	0	0	1	0	9	0	8	0
06	0	63	3	0	0	4 571	0	0	0	0	0	0	0
07	754	608	0	45	194	880	167	162	6	0	2	0	10
08	12 176	801	67	336	571	58	1 618	74	448	2	3	316	12
09	11 322	80	19	142	74	50	212	252	8	40	6	126	14
10	3 694	374	79	323	370	115	1 834	1 528	796	70	147	172	143
11	41 100	84 602	370	83	2 156	1 013	5 429	159	2 549	146	248	3 432	3 073
12	60 232	2 424	7	263	193	244	2 727	399	12	196	179	1 230	7 364
13	169 382	153	3	1	0	18	0	9	0	114	8	104	0
14	244 140	841	0	0	0	7	0	1	0	12	5	11	0
15	47 511	133	5	38	37	95	174	96	5 358	27	13	394	2 852
16	3 950	41	5	11	36	4	21	5	4	2	0	2	3
17	6 032	13 500	180	111	2 416	152	687	15	293	39	29	26	1 094
18	42 077	128	8	547	29	9	16	26	17	52	91	53	7
19	918	167	18	754	119	16	166	332	26	20	263	35	566
20	1 986	83	6	2 619	42	129	1 326	1 339	54	31	31	282	171
21	4 654	67	0	93	0	2	24	201	28	5	10	8	18
22	0	0	0	0	0	0	0	0	0	0	0	0	0
23	38 019	11 469	347	8 660	2 821	2 331	2 966	3 765	8 244	1 581	236	633	1 532
24	568	8	29	0	0	10	0	0	0	0	0	0	0
25	2 120	48	7	34	38	56	63	181	56	12	28	17	100
26	0	501	52	193	263	138	99	8	259	33	1	29	51
27	43 532	7 780	423	814	19 449	201	3 325	2 355	813	149	514	377	423
28	648	39	236	136	214	55	1 943	210	8	8	8	12	42
29	2 190	1 646	125	4 775	425	148	3 230	710	39	138	7	147	309
30	1 925	214	242	1 434	473	45	744	48	133	8	127	83	93
31	10 654	3 958	63	2 946	8 869	769	9 801	3 515	1 760	322	620	553	2 090
32	8 514	6 801	89	519	13 906	382	747	4 639	2 553	25	206	796	473
33	200	344	38	865	1 647	623	2 117	134	1	75	125	0	610
34	43 073	520	85	1 126	4 352	197	4 119	129	2 657	172	36	140	278

坐标	26	27	28	29	30	31	32	33	34	35	36	37	38
35	15 434	125	0	10	0	0	0	0	0	0	20	5	0
36	415	2	0	4	1	2	1	0	0	0	0	0	0
37	29	87	0	39	11	17	177	3	168	63	1	0	3
38	3 157	3 677	10	2 981	3 143	805	707	986	308	52	56	425	422
39	0	1 371	77	618	1 324	190	1 250	12 240	452	2	45	78	40
40	0	0	0	0	36	10	272	86	0	317	44	313	0
41	2 730	502	46	473	2 976	89	1 518	1 972	311	56	99	150	576
42	0	0	1 316	0	0	0	5 270	217	10 897	570	888	0	1 676

坐标	39	40	41	42
01	0	0	0	0
02	0	0	0	0
03	0	0	0	0
04	0	0	0	0
05	41	34	15	32
06	0	0	24	0
07	0	0	0	0
08	306	10	75	61
09	646	533	232	502
10	1 605	303	615	3 024
11	6 161	2 531	2 748	14 515
12	961	27 852	2 224	753
13	534	440	192	414
14	55	45	20	43
15	319	263	114	248
16	210	1 376	24	7
17	125	104	201	356
18	233	192	132	181
19	94	50	2 318	221
20	1 223	64	52	80
21	3	3	27	14
22	0	0	0	0
23	8 122	2 494	3 657	22 580
24	0	0	0	0
25	238	75	63	414

续表

坐标	39	40	41	42
26	143	354	113	111
27	2 233	165	972	5 239
28	380	21	65	296
29	1 440	341	542	5 091
30	505	36	221	1 430
31	3 098	291	2 223	26 672
32	1 416	54	1 195	302
33	2 218	80	201	1 431
34	619	366	652	604
35	0	0	0	0
36	0	0	0	0
37	84	0	6	0
38	766	448	393	3 185
39	3 409	446	160	2 521
40	946	61	42	1 218
41	514	91	683	5 532
42	0	3 025	0	0

4.2 嵌入水土资源要素的投入产出表编制

自工业革命以来，随着生产力水平的提高，人类开发和利用资源的速度大大加快，人类不当的生产与生活方式引起了全球资源短缺和环境污染等一系列问题。1992 年世界环境与发展大会的召开为环境和资源核算及国民经济账户体系的研究工作提供了新的契机。1993 年英国伦敦大学的环境经济学家 Pearce 在他的《世界无末日》中提出自然资本的概念以此来评价可持续发展能力（Pearce and Warford，1993）。Turner 也提出了自然资本作为可持续发展评价的标准（Turner，1993）。在两者的基础上，Dixon 的研究确定了四种资本，并确定一个国家的财富应包括土地、森林、水资源等自然资本（Dixon，1994）。特别是 1993 年联合国统计司建立了与 SNA 相一致的、可系统地核算环境资源存量和资本流量的框架，即综合环境与经济核算体系（System of Integrated Environmental and Economic Accounting，SEEA-1993）。SEEA 近 10 年来在理论方法与实践应用上得到逐步的完善。1999 年 Paul Hawken 等出版了《自然资本论》，正式提出了自然资本论，至此自然资本逐渐被广大专家和学者所接受（Hawken et al.，1999）。自然资本观体现出了稀缺资源的经济价值。在 SEEA 框架理论与方法指导下，中国国家统计局与国际组织、国家以及国内相关部门积极合作。美国联邦统计局、挪威统计局、加拿大统计局，中国生态环境部、自然资源部、水利部、国家林业和草原局等，积极探索资源、环境计量与核算，在森林资源、水资源、能源资源、环境污染、矿产资源及旅游资源等领域开展了试点工作。与其他国家不同的是我国国家资产负债表没有将非金融资产细分为非生产性资产和生产性资产，而是直接包含固定资产、存货和其他非金融，并且没有核算区分自然资源的价值。资产负债不仅仅关注了存量而且核算了流量。本节重点介绍水土资源流量的价值核算，完成了资本账户拆分，实现了嵌入水土资源账户的投入产出表编制。

4.2.1 水资源核算

水资源同时具有自然属性与社会属性。自然水资源在满足环境效益的同时通过水利工程建设、资源开发与净化处理等过程作为一种商品而投入社会经济系统获得经济与社会效益。因而，投入社会经济系统生产过程中的水资源具有初级要素与商品双重特征。水资源因其商品属性使其能在社会经济系统生产与消费过程中的需求可通过市场机制来配置。水资源因其不同的属性特征而在社会经济系统不同环节流动使其即使自然属性相同也存在价格差异。水资源核算通常是将水资源作为一个独立产业部门进行核算，进而编制出水资源的投入产出表。然而，开放性的水资源并没有被完全市场化，水资源部门的产出并没有完全考虑水资源的外部性成本。因此，区分出水资源的自然要素属性与中间投入商品属性，构造出价值型的要素与中间投入品的多维水资源投入产出表是较为科学合理的刻画水资源在社会经济系统的竞争与分配机制的关键（黄晓荣等，2005）。

厘清水资源在社会经济系统的利用方式与收费形式是确定水资源属性特征的关键。流域实际勘察与管理部门走访确定了农业、工业与服务业主要部门的用水方式，且据流域调查确定了水资源的费用与价格，结合张掖市的水资源普查信息核算了张掖市 2012 年水资源的价值。水资源商品属性的自来水通过水的生产与供应行业核算；水自然属性通过水资源要素进行核算，且细分了地表水、地下水与其他用水，分别进行了价值核算。黑河流域工业用水主要是地下水资源，占工业总用水量的 83%，其以水资源费计，费用为 0.15 元/m³。基于 2011 年张掖市水资源普查信息核算，结合 2011 与 2012 年的水资源公报数据进行了修正，制备了 2012 年与投入产出表部门对应的行业用水信息。分析发现区域工业基础薄弱，其用水约 4671 万 m³，大多用水企业年用水量小于 1 万 m³，年使用水大于 20 万 m³ 的企业约 50 个，主要是电力、食品制造行业、卫生服务业（图 4-1）。农业主要用水为地表水 14.70 亿 m³，其占农业用水总量的 71%，该部分以水费计，费用为 0.15 元/m³；地下水用水约 6 亿 m³，其占农业用水总量的 29%，该部分以水资源费计，费用为 0.01 元/m³。服务业主要用水为自来水，约为 450m³，占服务业用水总量的 65%。自来水根据其服务对象存在不同的价格，其服务于特种行业用水价格为 10 元/m³，工业用自来水 2.10 元/m³，经营性服务业用自来水 2.20 元/m³，而行政事业单位用自来水为 1.80 元/m³（图 4-2）。

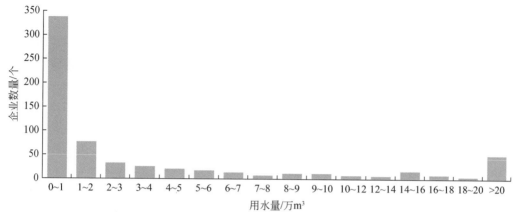

图 4-1　2012 年张掖市社会经济行业部门年用水量分布

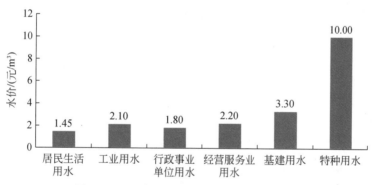

图 4-2　2012 年张掖市分行业用自来水价格

4.2.2　土地资源核算

　　土地资源作为一种支持社会经济行为的主要自然资源，因其异质性和多功能性，一直以来都备受关注。1995 年，我国就有学者讨论了土地资源资产的界定及其价值核算，开展土地资源的资产化管理研究（刘金平和张国良，1995）。1999 年有学者建议将土地资源纳入国民经济核算体系，构建土地资源资产化管理的预算制度（叶艳妹和吴次芳，1999）。我国关于土地资源平衡表的研究停留在面积变化上，未开展价值化的土地资源平衡表编制工作。土地资源核算又可以分为土地利用账户和土地覆被账户，张掖市的相关研究表明，产值与用地面积之间存在较强的相关性，特别是第一产业和第二产业（刘冠飞，2009），其拟合的 R^2 值都超过了 0.76（周健，2014）。本章对张掖市的研究重点关注了与人类社会经济生产用水直接相关的土地功能类型账户。

　　研究利用高分辨率遥感与调研结合的技术，确定了各种行业对应功能类型的土地面积。然而，土地资源具有较强的时空异质性特征：从空间尺度来看，不同区域的经济、社会和政治因素等都不相同，同样面积的土地带给该地区的效益不同；从时间尺度分析，同一块土地在不同时间点上由于用途、质量变化等原因而具有不同的价值，因此单从面积统计上无法看出这些变化所带来的土地价值变化，以及其对社会经济发展的贡献。研究参照《SEEA2012》的思路利用市价法和净现值法对土地资源进行了价值量核算。市价法主要指出让方式下的土地价值核算，该方法主要计算的是工业建设用地和居民住宅用地，面积乘以其出让价格除以使用年限。净现值法是租赁方式下的土地价值核算，主要用以分析农业用地的价值，根据土地租金进行价值量核算，面积乘以土地租金。

对土地功能分类的空间数据分析发现，张掖市区的工业主要集中在市区的东北侧及城市核心区外围。而市区中心主要分布了商务服务业用地（图4-3）。市区中心的住宿与餐饮业用地占地面积近130hm²、批发和零售业占地92hm²、其他占地较多的还有公共管理与社会组织、教育、居民服务和其他服务业、租赁和商务服务业等用地面积都超过了50hm²。市郊区主要分布的工业产业有非金属矿物制品业、食品制造及烟草加工业、化学工业、金属制品业等（崔海燕，2008），其占地面积也都在70hm²左右。根据区域土地招拍挂的平均价格除以其使用年限来计算工业与服务业用地价值。工业使用年限40年，居民住宅70年。张掖市所管辖的其他县的行业用地均按照该办法进行了处理。

图4-3　2012年张掖市区行业用地空间分布

研究通过收集整理张掖市统计年鉴数据，整理了2012年张掖市农业不同作物的播种面积，统计发现玉米播种面积近80 000hm²，其次是小麦、水果、油料等（图4-4）。其土地租金按照区域平均承包价格500元/亩计（1亩≈666.67m²）。

因此，按照上述办法将水土资源要素从资本中拆分，构成了水土资源初级要素投入的价值量核算表补足了表4-1的V和VI象限（表4-7）。

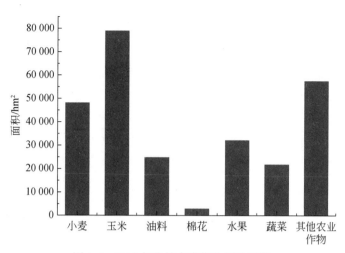

图 4-4　2012 年张掖市农作物播种面积

表 4-7　2012 年张掖市水土资源的价值　　　　　（单位：10^7 元）

行业部门	地表水	地下水	其他用水	土地资源
小麦	3.32	0.11	0.04	18.04
玉米	9.66	0.27	0.42	29.59
油料	0.65	0.02	0.00	9.29
棉花	0.21	0.01	0.00	1.05
水果	4.05	0.09	0.16	12.03
蔬菜	2.95	0.08	0.10	8.17
其他农业	1.21	0.03	0.01	21.55
煤炭开采和洗选业	0.00	0.01	0.00	4.06
石油和天然气开采业	0.00	0.00	0.00	0.00
金属矿采选业	0.00	0.02	0.09	4.86
非金属矿及其他矿采选业	0.00	0.02	0.00	3.95
食品制造及烟草加工业	0.00	0.13	0.17	0.44
纺织业	0.00	0.00	0.00	0.00
纺织服装鞋帽皮革羽绒及其制品业	0.00	0.00	0.00	0.00
木材加工及家具制造业	0.00	0.00	0.00	0.00
造纸印刷及文教体育用品制造业	0.00	0.01	0.00	0.84
石油加工、炼焦及核燃料加工业	0.00	0.00	0.08	0.00
化学工业	0.00	0.02	0.07	3.25
非金属矿物制品业	0.00	0.04	0.02	4.39
金属冶炼及压延加工业	0.00	0.03	0.01	5.36
金属制品业	0.00	0.00	0.00	0.50

行业部门	地表水	地下水	其他用水	土地资源
通用、专用设备制造业	0.00	0.00	0.00	0.11
交通运输设备制造业	0.00	0.00	0.00	0.00
电气机械及器材制造业	0.00	0.00	0.00	0.00
通信设备、计算机及其他电子设备制造业	0.00	0.00	0.00	0.00
仪器仪表及文化办公用机械制造业	0.00	0.00	0.00	0.00
工艺品及其他制造业	0.00	0.00	0.00	0.00
废品废料	0.00	0.00	0.00	0.00
电力、热力的生产和供应业	0.00	0.02	0.13	0.49
燃气生产和供应业	0.00	0.00	0.00	0.00
水的生产和供应业	0.11	0.39	0.00	0.19
建筑业	0.00	0.00	0.10	3.31
交通运输及仓储业	0.00	0.00	0.00	1.89
邮政业	0.00	0.00	0.00	0.87
信息传输、计算机服务和软件业	0.00	0.00	0.00	1.97
批发和零售业	0.00	0.00	0.02	1.26
住宿和餐饮业	0.00	0.00	0.07	1.73
金融业	0.00	0.00	0.02	0.48
房地产业	0.00	0.00	0.00	0.24
租赁和商务服务业	0.00	0.00	0.00	0.95
研究与试验发展业	0.00	0.00	0.00	0.33
综合技术服务业	0.00	0.00	0.00	0.26
水利、环境和公共设施管理业	0.00	0.01	0.41	0.03
居民服务和其他服务业	0.00	0.00	0.00	1.00
教育	0.00	0.02	0.20	0.82
卫生、社会保障和社会福利业	0.00	0.01	0.03	0.51
文化、体育和娱乐业	0.00	0.00	0.00	0.48
公共管理和社会组织	0.00	0.00	0.01	1.15

4.3 基于投入产出表的产业用水特征分析

水资源投入产出表不仅可以作为 WESIM 的数据基础，还可以直接用其来研究水资源强度与经济增长的结构关系，用以核算部门的用水强度、经济系统内部用水迁移、产业变化对水资源需求的拉动、行业对水资源变化的感应等多个方面。基于新的投入产出表提出了改进的直接用水系数、完全用水系数、感应度系数、影响力系数等指标来开展上述问题的分析（王茵，2006）。

4.3.1 直接用水系数

直接用水即在某种产品的生产过程中能够观察到的第一轮消耗量。水资源被分为中间投入品和初级投入要素，其直接用水系数定义为水生产与供应部门的直接消耗系数与水的投入系数之和。中间投入品的直接消耗系数表明每生产单位 j 部门产品需要直接消耗 i 部门产品的数量，是两个部门间直接存在的投入产出关系的数量表现。若将直接消耗系数定义为 n_2 的矩阵 A，则利于中间流量矩阵和总产出向量乘积计算：

$$A = (a_{ij})_{n \times n} = \begin{bmatrix} x_{11} & x_{12} & \cdots & x_{1n} \\ x_{21} & x_{22} & \cdots & x_{2n} \\ \vdots & \vdots & & \vdots \\ x_{n1} & x_{n2} & \cdots & x_{nn} \end{bmatrix} \begin{bmatrix} X_1^{-1} & 0 & 0 & 0 \\ 0 & X_2^{-1} & 0 & 0 \\ 0 & 0 & \ddots & 0 \\ 0 & 0 & 0 & X_n^{-1} \end{bmatrix} \tag{4-6}$$

比照中间投入的直接消耗系数，水资源要素的最初投入系数表明各部门生产单位产出时需要的水资源要素的投入（杨星辰，2012），其计算公式为

$$w_j = \frac{W_j}{X_j} \tag{4-7}$$

式中，a_{ij} 为中间投入系数矩阵；w_j 为水资源要素的直接投入系数；x_{ij} 表示第 j 投入部门生产中消耗的第 i 产出部门的产品价值；下标 i 表示产出部门所在行的位置，j 表示投入部门所在列的位置；W_j 表示第 j 行业的直接水资源使用量，研究中又将其分为直接用地表水系数和直接用地下水系数；X_j 表示第 j 部门的总产出（杨星辰，2012）。

4.3.2 完全用水系数

完全用水系数是指某部门 j 生产单位最终产品对有关部门 i 产品的完全消耗量，其中既包含直接消耗量，也包含间接消耗量（刘冠飞，2009）。记为完全消耗系数 b_{ij}。整个经济系统的完全用水包含了本部门生产的直接用水量，还包括了本部门生产投入的中间品所在的生产部门所使用的用水量，也是间接用水量（许健等，2002）。部门完全用水系数等于该部门增产一单位最终产品时经济系统总用水量的增加值，完全用水系数的计算公式为

$$W = w(B+I) = w\overline{B} \tag{4-8}$$

式中，W 为直接用水系数的行向量；B 是完全消耗系数矩阵，$\overline{B}$ 是完全需求系数矩阵。

完全需求系数是指生产一单位最终产品时总产出的全部需求量，也称为列昂惕夫逆矩阵。其公式为

$$\overline{B} = (I-A)^{-1} \tag{4-9}$$

式中，I 为单位矩阵；A 为直接消耗系数矩阵。

为了计算完全消耗系数，假如已知 j 部门对有关各部门 k（$k=1$，2，$\cdots$，n）的直接

消耗系数 a_{kj}，若知道 k 部门对 i（$i=1$，2，$\cdots$，n）部门的直接消耗系数 a_{kj}，则 j 部门生产一单位最终产品对 i 部门的第一轮间接消耗为 $\sum_{k=1}^{n} a_{kj} a_{ik}$；进一步，假如 k 部门对各部门 m（$m=1$，2，$\cdots$，n）的直接消耗系数 a_{km}，以及 m 部门对 i 部门的直接消耗系数 a_{im}，则部门 j 生产单位最终产品对 j 部门的第二轮间接消耗就是 $\sum_{k=1}^{n} \sum_{m=1}^{n} a_{kj} a_{mk} a_{im}$。依此类推，可以计算部门 j 生产单位最终产品对 i 部门的所有各轮间接消耗。于是有完全消耗系数：

$$b_{ij} = a_{ij} + \sum_{k=1}^{n} a_{kj} a_{ik} + \sum_{k=1}^{n} \sum_{m=1}^{n} a_{kj} a_{mk} a_{im} + \cdots$$
$$+ \sum_{k=1}^{n} \sum_{m=1}^{n} \cdots \sum_{z=1}^{n} \sum_{m=1}^{n} a_{kj} a_{mk} \cdots a_{iz} + \cdots \tag{4-10}$$

将其表达为矩阵形式 $\boldsymbol{B} = (b_{ij})_{n \times n}$，则有

$$\boldsymbol{B} = \boldsymbol{A} + (\boldsymbol{A}^2 + \boldsymbol{A}^3 + \cdots + \boldsymbol{A}^t + \cdots) \tag{4-11}$$

又因为 $0 \leqslant a_{ij} < 1$，必有 $\lim\limits_{t \to \infty} \boldsymbol{A}^t = (0)_{m \times n}$

因此，

$$\boldsymbol{I} + \boldsymbol{B} = \boldsymbol{I} + \boldsymbol{A} + \boldsymbol{A}^2 + \boldsymbol{A}^3 + \cdots + \boldsymbol{A}^t + \cdots$$
$$(\boldsymbol{I} - \boldsymbol{A})(\boldsymbol{I} + \boldsymbol{B}) = (\boldsymbol{I} - \boldsymbol{A})(\boldsymbol{I} + \boldsymbol{A} + \boldsymbol{A}^2 + \boldsymbol{A}^3 + \cdots + \boldsymbol{A}^t + \cdots)$$
$$= \boldsymbol{I} - \lim\limits_{t \to \infty} \boldsymbol{A}^t = \boldsymbol{I} \tag{4-12}$$

从而得

$$\boldsymbol{B} = (\boldsymbol{I} - \boldsymbol{A})^{-1} - \boldsymbol{I} \tag{4-13}$$

由公式 4-9 和公式 4-12 推导完全用水系数，没有考虑水资源作为初始投入要素消耗所产生的间接使用，这将低估部门完全用水强度。另外，传统计算方式没有考虑调入产品量，又会有所夸大部门用水强度。

研究考虑了中间投入品的部分来自于进口品，为计算产业部门消耗的本地区用水则需要修正公式，令 $\boldsymbol{\gamma}$ 为水资源要素投入系数对角矩阵。

$$\boldsymbol{\gamma} = \begin{bmatrix} \breve{a}_1 & 0 & 0 & 0 \\ 0 & \breve{a}_2 & 0 & 0 \\ 0 & 0 & \ddots & 0 \\ 0 & 0 & 0 & \breve{a}_n \end{bmatrix}$$

所以，提出的完全用水系数的计算公式改进为

$$\overline{W} = W(\boldsymbol{I} - \boldsymbol{\alpha}\boldsymbol{A} + \boldsymbol{\alpha}\boldsymbol{\gamma})^{-1} \tag{4-14}$$

式中，$\boldsymbol{\gamma}$ 为水资源要素投入系数对角矩阵；$\boldsymbol{\alpha}$ 为产品的本地区产品比例的对角矩阵，其计算公式为总产出/（调入+总产出）。

在 2012 年张掖市的 48 部门投入产出表中，根据不同类型的水资源和土地资源的投入量，利用公式 4-7 和公式 4-13 计算了各部门的水土资源的直接需求系数和完全需求系数（表 4-8）。

表 4-8　2012 年张掖市产业部门的水土资源使用系数

项目	直接需求系数				完全需求系数			
	I	II	III	IV	I	II	III	IV
小麦	0.680	0.313	0.152	0.004	0.712	0.327	0.160	0.004
玉米	0.578	0.472	0.197	0.021	0.597	0.486	0.204	0.021
油料	0.233	0.041	0.016	0.000	0.249	0.044	0.018	0.000
棉花	0.978	0.498	0.249	0.002	1.000	0.509	0.255	0.002
水果	0.349	0.294	0.101	0.011	0.360	0.301	0.105	0.012
蔬菜	0.109	0.099	0.041	0.003	0.114	0.102	0.044	0.004
其他农业	0.074	0.010	0.003	0.000	0.098	0.023	0.011	0.001
煤炭开采和洗选业	0.001	0.000	0.001	0.000	0.006	0.001	0.006	0.000
石油和天然气开采业	0.000	0.000	0.000	0.000	0.000	0.000	0.000	0.000
金属矿采选业	0.000	0.000	0.000	0.000	0.001	0.000	0.001	0.000
非金属矿及其他矿采选业	0.002	0.000	0.005	0.000	0.004	0.001	0.006	0.000
食品制造及烟草加工业	0.000	0.000	0.001	0.000	0.064	0.038	0.019	0.001
纺织业	0.000	0.000	0.000	0.000	0.000	0.000	0.000	0.000
纺织服装鞋帽皮革羽绒及其制品业	0.000	0.000	0.000	0.000	0.000	0.000	0.000	0.000
木材加工及家具制造业	0.232	0.000	0.236	0.009	0.397	0.006	0.398	0.016
造纸印刷及文教体育用品制造业	0.001	0.000	0.002	0.000	0.006	0.002	0.007	0.000
石油加工、炼焦及核燃料加工业	0.000	0.000	0.000	0.000	0.000	0.000	0.000	0.000
化学工业	0.000	0.000	0.001	0.000	0.001	0.000	0.002	0.000
非金属矿物制品业	0.001	0.000	0.002	0.000	0.002	0.000	0.004	0.000
金属冶炼及压延加工业	0.000	0.000	0.001	0.000	0.001	0.000	0.002	0.000
金属制品业	0.007	0.000	0.000	0.000	0.010	0.000	0.003	0.000
通用、专用设备制造业	0.006	0.000	0.002	0.000	0.009	0.000	0.004	0.000
交通运输设备制造业	0.000	0.000	0.000	0.000	0.000	0.000	0.000	0.000
电气机械及器材制造业	0.000	0.000	0.000	0.000	0.000	0.000	0.000	0.000
通信设备、计算机及其他电子设备制造业	0.000	0.000	0.000	0.000	0.000	0.000	0.000	0.000
仪器仪表及文化办公用机械制造业	0.000	0.000	0.000	0.000	0.000	0.000	0.000	0.000
工艺品及其他制造业	0.000	0.000	0.000	0.000	0.000	0.000	0.000	0.000
废品废料	0.000	0.000	0.000	0.000	0.000	0.000	0.000	0.000
电力、热力的生产和供应业	0.000	0.000	0.000	0.002	0.001	0.000	0.001	0.002
燃气生产和供应业	0.000	0.000	0.000	0.000	0.000	0.000	0.000	0.000
水的生产和供应业	0.001	0.262	0.977	0.003	0.002	0.263	0.982	0.003
建筑业	0.000	0.000	0.000	0.000	0.007	0.002	0.008	0.000
交通运输及仓储业	0.000	0.000	0.000	0.000	0.004	0.002	0.001	0.000

项目	直接需求系数				完全需求系数			
	I	II	III	IV	I	II	III	IV
邮政业	0.002	0.000	0.000	0.000	0.005	0.001	0.003	0.000
信息传输、计算机服务和软件业	0.000	0.000	0.000	0.000	0.002	0.000	0.002	0.000
批发和零售业	0.000	0.000	0.000	0.000	0.001	0.000	0.001	0.000
住宿和餐饮业	0.001	0.000	0.000	0.000	0.007	0.004	0.002	0.000
金融业	0.000	0.000	0.000	0.000	0.002	0.001	0.002	0.000
房地产业	0.000	0.000	0.000	0.000	0.002	0.001	0.004	0.000
租赁和商务服务业	0.001	0.000	0.000	0.000	0.002	0.001	0.001	0.000
研究与试验发展业	0.003	0.000	0.000	0.000	0.005	0.001	0.004	0.000
综合技术服务业	0.001	0.000	0.001	0.000	0.003	0.001	0.004	0.000
水利、环境和公共设施管理业	0.000	0.000	0.002	0.000	0.009	0.004	0.006	0.001
居民服务和其他服务业	0.001	0.000	0.000	0.000	0.004	0.002	0.003	0.000
教育	0.000	0.000	0.001	0.000	0.003	0.001	0.005	0.000
卫生、社会保障和社会福利业	0.000	0.000	0.001	0.000	0.004	0.001	0.005	0.000
文化、体育和娱乐业	0.001	0.000	0.000	0.000	0.004	0.001	0.005	0.000
公共管理和社会组织	0.000	0.000	0.000	0.000	0.002	0.001	0.003	0.000

注：I：土地（hm²/元）；II：地表水（m³/元）；III：地下水（m³/元）；IV：其他水（m³/元）

产业生产力水平不同造成部门的资源消耗系数差异显著。研究发现，各部门的直接用地系数差异较大，系数最大是农业大类的棉花部门，工业与服务业部门的直接用地系数都较小，只有工业部门的木材加工与家居制造业的系数稍大。在用水系数上，因为地表水主要用于农业灌溉与水的生产和供应业，所以其直接用水系数主要分布在这几个部门，农业部门的小麦、玉米、棉花与水果的直接用水系数都较高，均超过水的生产和供应业的 0.262 m³/元，种植业中最大的直接用水系数为棉花的 0.498 m³/元。从地下水的直接用水系数来看，因工业与服务业用水总量较小，但其产值相对较大，其系数也都非常小，而水的生产和供应业则相对使用了较多的地下水，其直接用水系数高达 0.977 m³/元。说明自来水供应部门应提高其取水的利用率，且其行业部门是公益性行业，主要服务居民生活用水，其水价较低，而特种工业与服务业用自来水量相对较少，使得水的生产和供应业的直接用水系数最高。分析完全用水和用地系数发现，其值在农业、工业与服务业部门的差异仍然较大，也进一步说明直接用水系数较高的农业部门产品与水供应行业产品是直接用地较低部门的工业与服务业的重要中间投入品。虚拟水战略被认为是水资源紧缺地区缓解水资源供需矛盾的有效手段。在投入产出表流入与流出产品量的基础上结合行业部门产品的完全用水系数，计算 2012 年张掖市的通过产品的流入流出的水量。产品的流入与流出反映了区域贸易的强度和结构，流出是拉动经济增长的主要驱动力，为此区域的经济增长势必继续拉动流出产品量，但是流出产品的结构值得关注。特别是强耗水部门的产品需要重视，计算发现张掖市由于贸易造成的水资源逆差为 15.67 亿 m³。产业用水的贸易逆差主要发生在农业部门和食品制造加工业，尤其是玉米、食品制造加工业、小麦和水果等部门的主要产品，玉米种植业的净流出水量近 6 亿 m³（表 4-9）。

表 4-9　2012 年张掖市产品流入流出的水量　　（单位：万 m³）

项目	流出水量	流入水量	净流出水量
小麦	38 634.92	17 926.27	-20 708.65
玉米	107 795.15	50 016.02	-57 779.13
油料	7 377.05	3 422.89	-3 954.16
棉花	2 427.47	1 126.32	-1 301.14
水果	42 695.21	19 810.21	-22 885.00
蔬菜	33 032.03	15 326.58	-17 705.45
其他农业	30 196.01	14 010.69	-16 185.32
煤炭开采和洗选业	1.95	126.41	124.46
石油和天然气开采业	0.00	0.00	0.00
金属矿采选业	277.59	33.11	-244.49
非金属矿及其他矿采选业	5.06	18.50	13.44
食品制造及烟草加工业	96 244.81	53 563.00	-42 681.81
纺织业	0.00	0.00	0.00
纺织服装鞋帽皮革羽绒及其制品业	0.00	0.00	0.00
木材加工及家具制造业	0.00	19 552.52	19 552.52
造纸印刷及文教体育用品制造业	134.48	546.05	411.57
石油加工、炼焦及核燃料加工业	0.54	2.13	1.59
化学工业	174.23	644.25	470.03
非金属矿物制品业	14.27	428.21	413.94
金属冶炼及压延加工业	35.53	205.96	170.43
金属制品业	25.40	310.42	285.03
通用、专用设备制造业	2.84	730.24	727.40
交通运输设备制造业	0.00	0.00	0.00
电气机械及器材制造业	0.00	0.00	0.00
通信设备、计算机及其他电子设备制造业	0.00	0.00	0.00
仪器仪表及文化办公用机械制造业	0.00	0.00	0.00
工艺品及其他制造业	0.00	0.00	0.00
废品废料	0.00	0.00	0.00
电力、热力的生产和供应业	118.03	4.14	-113.89
燃气生产和供应业	0.00	0.00	0.00
水的生产和供应业	0.00	7 310.60	7 310.60

项目	流出水量	流入水量	净流出水量
建筑业	9 469.46	7 246.09	−2 223.37
交通运输及仓储业	407.31	157.94	−249.37
邮政业	8.43	2.98	−5.45
信息传输、计算机服务和软件业	35.58	73.52	37.94
批发和零售业	248.04	58.15	−189.90
住宿和餐饮业	73.85	360.95	287.10
金融业	1.92	5.95	4.03
房地产业	0.00	0.00	0.00
租赁和商务服务业	35.13	7.96	−27.17
研究与试验发展业	26.31	82.50	56.19
综合技术服务业	19.31	25.09	5.77
水利、环境和公共设施管理业	363.79	258.47	−105.31
居民服务和其他服务业	11.08	1.78	−9.30
教育	39.92	62.25	22.33
卫生、社会保障和社会福利业	17.43	92.22	74.80
文化、体育和娱乐业	34.88	6.11	−28.77
公共管理和社会组织	264.49	8.26	−256.22

基于产品流通的物质量核算是资源消耗区域间补偿的基础。基于投入产出表与完全用水系数的核算分析了经济社会系统运行环节的水量平衡状态，中间投入品的虚拟水总量为 10.83 亿 m³，占投入直接水资源量的近一半，产品消费的虚拟水量为 4.4 亿 m³，总流出产品的虚拟水量为 37.02 亿 m³，总流入产品的虚拟水量为 21.36 亿 m³，总产出产品的完全需水量为 32.64 亿 m³。

4.3.3 影响力系数与感应度系数

影响力系数与感应度系数是测算经济系统产业部门主导行业与制约性行业的主要衡量指标。在投入产出表的基础上，假设 $\pmb{B} = (\pmb{I} - \pmb{A})^{-1}$，而 b_{ij} 为矩阵中的各个元素，其含义为 j 产品最终需要变动一单位产品时对于 i 部门所造成的直接与间接的需求量的变化。另外，此产生关联程度系数矩阵又可将关联效果分为向后与向前关联两种。向后关联效果指当 j 部门增加单位产品最终需求时，经济系统的总产出变化量。也可理解为在 j 部门增加一单位产品最终需求时，用于生产 j 产品的中间投入量也将增加产量，此一增产总效果即为向后关联效果。可以表示为

$$\delta_j = \sum_{i=1}^{n} b_{ij} \tag{4-15}$$

式中，δ_j 为影响力系数。

而向前关联作用则是指当所有部门都增加单位产品最终需求时，i 部门必须增产以满足各部门对中间投入品需求的增加，此增产效果即为向前关联作用。可以表示为

$$\theta_i = \sum_{j=1}^{n} b_{ij} \qquad (4\text{-}16)$$

式中，θ_i 为感应度系数。

另外，也有一些研究常使用影响力系数来衡量向后关联作用，采用感应度系数来衡量向前关联作用。

前者通常可以表示为

$$\delta_j = \frac{\sum_{i=1}^{n} b_{ij}}{\frac{1}{n} \sum_{i=1}^{n} \sum_{j=1}^{n} b_{ij}} \qquad (4\text{-}17)$$

后者通常可以表示为

$$\theta_i = \frac{\sum_{j=1}^{n} b_{ij}}{\frac{1}{n} \sum_{i=1}^{n} \sum_{j=1}^{n} b_{ij}} \qquad (4\text{-}18)$$

构建的 48 个部门的投入产出表计算了产业部门的影响力系数与感应度系数（表4-10）。

表 4-10　2012 年张掖市产业部门的投入产出相关系数

项目	影响力系数	感应度系数
小麦	1.01	0.63
玉米	0.93	0.65
油料	0.93	0.65
棉花	0.87	0.59
水果	1.02	0.62
蔬菜	0.96	0.64
其他农业	1.08	0.74
煤炭开采和洗选业	1.00	1.26
石油和天然气开采业	0.58	6.23
金属矿采选业	1.21	2.02
非金属矿及其他矿采选业	1.27	0.62
食品制造及烟草加工业	1.36	0.80
纺织业	0.58	0.67
纺织服装鞋帽皮革羽绒及其制品业	0.58	0.71
木材加工及家具制造业	1.52	1.07

续表

项目	影响力系数	感应度系数
造纸印刷及文教体育用品制造业	1.33	0.92
石油加工、炼焦及核燃料加工业	1.06	1.92
化学工业	1.11	2.18
非金属矿物制品业	1.15	0.76
金属冶炼及压延加工业	1.54	1.48
金属制品业	1.82	1.12
通用、专用设备制造业	1.55	0.64
交通运输设备制造业	0.58	0.75
电气机械及器材制造业	0.58	0.68
通信设备、计算机及其他电子设备制造业	0.58	0.67
仪器仪表及文化办公用机械制造业	0.58	0.67
工艺品及其他制造业	0.58	0.60
废品废料	0.58	0.66
电力、热力的生产和供应业	1.09	2.47
燃气生产和供应业	0.58	0.59
水的生产和供应业	0.95	0.60
建筑业	1.51	0.61
交通运输及仓储业	1.06	1.21
邮政业	1.16	0.63
信息传输、计算机服务和软件业	0.95	0.76
批发和零售业	0.85	0.74
住宿和餐饮业	0.97	1.13
金融业	1.02	0.96
房地产业	0.92	0.71
租赁和商务服务业	1.03	0.80
研究与试验发展业	1.07	0.61
综合技术服务业	0.89	0.59
水利、环境和公共设施管理业	0.95	0.63
居民服务和其他服务业	1.04	0.78
教育	0.86	0.79
卫生、社会保障和社会福利业	1.13	0.78
文化、体育和娱乐业	1.11	0.70
公共管理和社会组织	0.94	0.96

影响力与感应度系数测算结果发现，制造业、电力与燃气行业以及建筑业影响力系数都大于 1，认为其对经济系统的影响超过了各部门的平均水平，是区域国民经济的"龙头产业"或者说主导行业。从感应度系数来看采掘业、制造业与服务业超过受社会经济系统影响的各部门平均水平，认为该类型产业是区域经济发展增速的基础性产业，在制定产业政策时应优先考虑给予优惠或补贴。此外，从产业的用水系数结果来看，若单从直接耗水系数来看农业是次于水的生产和供应业的第二大耗水行业，但是如果考虑行业部门的间接生产对水的需求核算来看，采掘业、制造业及电力、热力的生产和供应业以及服务业的间接耗水强度比较大。

4.4 投入产出表输入 WESIM 模型的数据制备

嵌入水土资源账户的投入产出表编制是 WESIM 模型的基础输入数据。WESIM 模拟与应用前提是严谨的理论依据、翔实的数据与参数、可靠性的检验与验证。投入产出表是 WESIM 的主要输入数据，但是把投入产出表数据转换为 WESIM 模型所需要的数据格式仍有大量的工作与严谨的流程。WESIM 模型是以非竞争型投入产出表数据为基础，所以首先要实现编制的竞争型投入产出表转换为非竞争型，即实现中间投入品的区内与区外产品比例的核算。区域的中间投入进口品的比例主要按照调查访问数据。投入产出表数据多为 EXCEL 格式的二维数据表格，而 WESIM 模型的运行环境为 GEMPACK 软件，其运行的模型数据库可以存储多维数据，可以在数据库中区分不同经济主体的数据（图 4-5），进行快速地读取，其扩展格式为 HAR，Gempack 运行环境中 XLSHead 与 Har2xls 等工具可以实现 Excel 格式数据的转换。因此，熟悉模型运行环境及其工具插件制备也是一项重要工作。

为完成模型数据库需要将 Excel 的数据保存成 CSV 格式的数据，并进行程序转换，同时完成数据项平衡检查。其中包括完成各部门的总投入与总产出是否相等检查、各部门的误差项与库存量检查，因为这两项作为投入产出表中的余项存在，所以假设这两项的和不能超过固定比例的总产出，在张掖市的投入产出表中，假设这两项均为 0，所以满足这个条件。假定投入产出表中的进口额由进口到岸价、关税、进口中的其他税收（比如增值税）来决定。检查出口额是否小于等于国内总产出，由于模型是单区域模型，假设不允许有转口的存在。如果出口额大于总产出，则根据转口额对进出口额进行调整。检查并分配各部门的增加值部分（劳动力工资、固定资产折旧、营业盈余、生产税营净值、土地产值、地表水产值、地下水产值、其他水资源产值）。当前的投入产出表是基于生产者价格的，将各商品的中间投入与最终消费拆分为国内生产与进口两部分。构建税收矩阵，确定销售税、关税的税率。构建物流矩阵，由于编制的是 48 部门投入产出表，没有将物流涉及的部门进行拆分，所以选择投入产出表中的"交通运输及仓储业""批发和零售业""金融业"作为物流部门进行拆分。最后按照投入产出表加总合并，检查整个数据库总投入与总产出是否还相等。

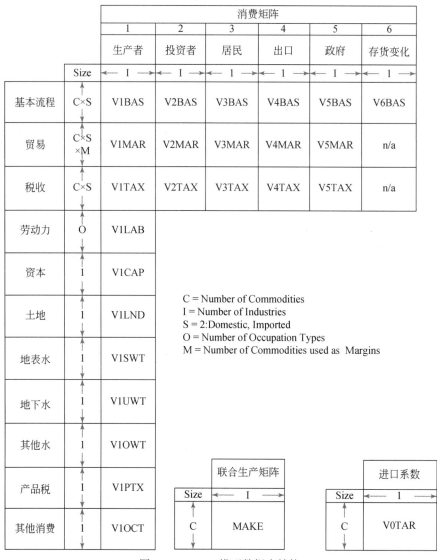

图 4-5　WESIM 模型数据库结构

完成数据库的制备是一个经济系统平衡态的表达，如何刻画各要素投入、中间投入的产出关系，居民消费、政府消费及出口消费的需求关系要通过各种函数，待确定了函数类型之后，最重要的是基于第一均衡点的数据推导出函数的参数。其主要包括 Leontief 函数的份额参数和 CES 函数的弹性参数（表 4-11）。生产函数形式的确定和参数的厘定是在对区域经济系统生产深入认识的基础之上对特定生产条件的表达。生产过程初级要素与中间投入品之间的替代关系，产出品的区内外分配系数等弹性参数可以通过计量模型估计也可以根据定义计算。

表 4-11　WESIM 模型替代弹性

参数	数值
CET 出口需求函数弹性	−5
CES 函数的进口品与国产品替代弹性	0.5 ~ 1.5
CES 的劳动力、资本、土水组合要素替代弹性	0.5 ~ 1.0
CES 各类型劳动力的替代弹性	0.5

第5章 气候变化情景下的内陆河流域水资源变动的社会经济影响——以黑河流域为例

全球气候及世界社会经济的变化给人类发展造成了很大不确定性，同时水资源具有稀缺性、不可替代性、再生性和波动性四大经济特性（钱正英，2001）。气候变化等因素影响水资源利用效率及生态，其模拟与定量评价中的不确定性对流域水资源综合管理提出了前所未有的挑战。气候变化是水资源规划、投资和管理面临的新挑战，综合未来气候变化影响的水资源规划与风险管理是未来水资源管理的发展方向（夏军等，2009；李志等，2010；Buytaert et al.，2010）。目前，相关研究已经建立起陆面–生态–水文过程耦合模型，若将其与宏观尺度社会经济模型、气候模式相结合，则将使得模拟人类活动与气候变化对水–生态系统的综合影响更加容易（程国栋，2009；刘昌明和赵彦琦，2012；Kaneko et al.，2004）。

5.1 未来气候变化情景参数的遴选

生态水文过程的主要驱动变量是气候参数，水文过程模型同时也是水资源变动预测与不确定性分析的重要工具，因此开展水资源变化预测的关键是制备适用于区域气候变化规律的参数与水文过程的模拟。未来水资源变动的预测结果精度与气候变化情景不确定性直接相关。IPCC 的气候变化情景评估一直是在确定了温室气体排放情景后预测未来全球变暖的可能性。人为减排与气候变化适应因素没有被 IPCC 第四次评估报告的气候变化非减排情景 SRES（special report on emission scenarios）所考虑（Solomon，2007；林而达和刘颖杰，2008），因此，为客观公正考量全球温室气体减排的贡献，2007 年 IPCC 提出了温室气体排放的稳定情景。为了客观开展气候变化的综合影响与适应性评估，IPCC 第五次评估报告调整了情景发展的设定方法和过程，IPCC 专家组建议采用 RCPs 来刻画未来新的稳定情景路径（林而达和刘颖杰，2008）。IPCC 第五次评估报告提出了 4 种未来气候变化的情景设定目标，包含 RCP_3-PD、$RCP_{4.5}$、$RCP_{6.0}$ 以及 $RCP_{8.5}$（Field and Van Aalst，2014）。同时，IPCC 第五次评估报告也指出了气候变化和土地利用变化已经改变了水文变化的稳态规律，变化环境下水资源可持续利用成为水资源管理研究面对的重要科学议题（翟建青等，2014）。

未来气候变化情景遴选直接影响未来水文过程变化态势。系统梳理四种气候变化情景的排放路径与趋势，同时针对区域气候变化特征选取合适的全球气候模式输出结果显得尤为迫切。$RCP_{8.5}$ 为高排放路径，其辐射强迫数值高于第四次评估报告中 SRES 情景的高排放（A_2）和化石燃料密集排放的情景；RCP_3-PD 为低排放路径；$RCP_{6.0}$ 和 $RCP_{4.5}$ 都为中间稳定排放路径，其路径形式均在未超过温室气体减排目标水平下达到稳定，但 $RCP_{4.5}$ 的相当浓度约为 $650CO_2$-eq，而 $RCP_{6.0}$ 的相当浓度为 $860CO_2$-eq（Field and Van Aalst，2014；胡亚南和刘颖杰，2013）。另外就未来 CO_2、CH_4 与 N_2O 等主要温室气体的排放浓度、排放总量和辐射强迫的时间变化趋势来看，$RCP_{4.5}$ 情景路径相对其他情景来看与中国未来经济社会发展预测较为一致，其预测全球在 2040 年左右达到目标水平，并在 2070 年左右趋于稳定，较为适合发展中国家的发展规划目标，我国自主贡献减排目标设定二氧化碳排放于 2030 年左右达到峰值，且在 2030 年非化石能源目标达到 20% 左右。因此，从情景的发展路径上看 $RCP_{4.5}$ 情景较符合我国政府面向未来经济发展目标所采取的应对气候变化的政策措施（高超等，2014；江志红等，2008）。且 $RCP_{4.5}$ 能将社会经济情景与气候变化结果有机统一起来，能更好地模拟综合情景开发过程（Field and Van Aalst，2014；高超等，2014），因而论文选取 $RCP_{4.5}$ 情景的全球气候模式输出数据作为气候参数降尺度的输入数据。同时，研究也遴选了全球不同科研机构与科研院所的十几个全球气候模式（GCM）结果进行了对比分析（表 5-1），如 ACCESS、BNU-ESM、CESM、GFDL 和 FGOALS 等。

表 5-1 $RCP_{4.5}$ 情景下研究选用部分全球气候模式简介

模式名称	分辨率	所属国家(研究中心)
CC-CSM(Climate System Models)	2.8°×2.8°	中国(国家气候中心气候系统)
BNU-ESM(Earth system Model)	2.5°×2.5°	中国(北京师范大学)
FGOALS-s2(Version 2 of the Flexible Global Ocean-Atmosphere-Land System model)	2.81°×1.66°	中国(大气科学和地球流体力学数值模拟国家重点实验室)
MIROCS(Model for Interdisciplinary Research on Climate)	1.40 625°×1.40 625°	日本 (Atmosphere and Ocean Research Institute (The University of Tokyo) (National Institute for Environmental Studies,and Japan Agency for Marine-Earth Science and Technology) CCSR/NIES/FRCGC
nESM2 (The second generation Canadian Earth System Model)	1.875°×1.875°	加拿大 (Canadian Centre for Climate Modeling and Analysis)
CESM(Community Earth System Model)	0.9°×1.25°	美国 (National Center for Atmospheric Research)
GFDL-CM2.1(Gophysical Fluid Dynamics Laboratory)	2.5°×2°	美国 (Geophysical Fluid Dynamics Laboratory) (NO-AAGFDL)
HADGEM2-CC(Hadley Centre MOHCHad GEM2-ES Natural and Environmental Research Counci)	1.875°×1.25°	英国 (Met Office Hadley Centre for Climate Change) 哈德里中心
MPI-ESM-P(Earth System Model-paleo)	1.8°×1.8°	德国 (Max-Planck-Institut for Meteorologie (Max Planck Institute for Meteorology) MPI
ACCESS (Australian Community Climate and Earth System Simulator)	1.875°×1.875°	澳大利亚(CSIRO and the Bureau of Meteorology)

区域气候受大尺度环流与季风等因素影响（陈敏鹏和林而达，2010；Riahi and Nakicenovic，2007），但同时也具有小气候特征，受局部地形、水体、城市、生态系统和

植被覆盖等陆地表层格局与覆被变化等共同影响，单单运用全球模式研究区域气候存在较大的局限性，但是全球模式是区域气候模式的主要边界条件或者数据驱动参数，因此，遴选符合区域气候变化特征的全球气候模式显得尤为迫切。实际研究中基于 GCM 模型模拟结果由于其模型模拟结果尺度较大很难与站点尺度的观测数据进行对比分析，为此，研究选用了以（40.3°N，99.5°E）为中心、约 21.6 万 km² 的矩形区域（360km×600km）为单元的矩形边界开展了黑河流域的区域气候模式的嵌套模拟，研究首先遴选全球气候模式模拟结果，使其与该区域内 14 个气象观测站点的气温、降水观测数据的趋势与特征保持较高的一致性（图 5-1）。

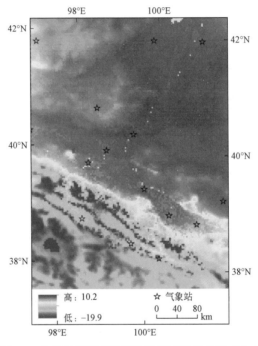

图 5-1　全球气候模式数据边界及区域气象站点分布

　　研究选取了年平均气温增温趋势与观测数据趋势和强度较为一致的全球气候模式。在开展年平均气温对比时采用的气象观测站点数据时间序列为 1980～2005 年，GCM 未来数据的时间序列为 2006～2030 年。在全部 GCM 模式中，单从年平均气温结果来分析，以及从未来近 20 年年平均气温变化幅度来看，只有 MPI 与 FGOALS 两个全球气候模式增长率与历史时期的增长趋势能较好的匹配，约为 0.5°C/10a，而其他模式的气温增长率均较低。从年平均气温的绝对值来看，FGOALS 模式的区域平均气温最低，比该区域气象站点观测的平均值低了近 3°C。因此，单从气温指标来看，MPI 模式的年均温变化趋势与流域观测站点的多年平均值较为一致（图 5-2）。

　　全球气候模式的降水趋势与气象观测站点的对比是遴选全球气候模式结果的另一个指标。从区域的年均降水指标来看，近 30 年全区的年均降水呈现波动上升趋势，而且年际变动较大。综合各全球气候模式结果来看，未来情景 BNU 模式下全区年均降水量较大，

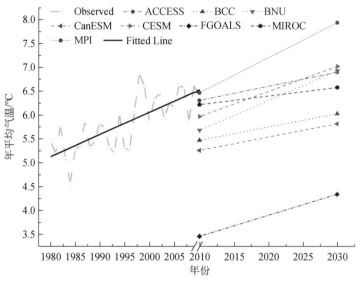

图 5-2　GCM 模式的年均气温输出值与历史观测值趋势对比

未来 20 年增长幅度大约为 150mm，且比整个区域内观测站点的平均值还要高近 150mm。且除 BNU、MIROC 与 FGOALS 三个全球气候模式中未来年平均降水增加外，MPI 与 ACCESS 模式的年平均降水量变化不大，而其他几个全球气候模式则均呈下降趋势（图 5-3）。鉴于数据处理时间限制和运算量未能开展区域全部全球气候模式的动力降尺度模拟。鉴于年均降水数值，研究根据上述分析遴选了 MPI 模式作为区域气候模式驱动参数开展未来情景下的气温与降水参数的降尺度模拟。

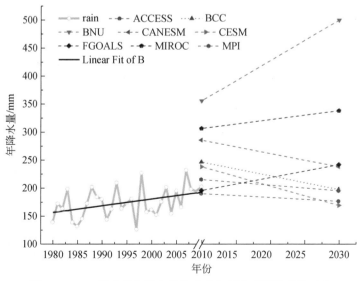

图 5-3　GCM 模式的年降水量输出值与历史观测值趋势对比

5.2 服务于区域气候模式模拟的土地利用/覆被数据制备

全球尺度的数据产品是服务于全球气候变化科学研究的基础。20世纪末，伴随全球环境变化科学研究的逐渐兴起，人们逐渐关注全球环境变化，在全球环境变化的科学研究过程中最受科学家们重视的则是全球尺度的数据产品。特别是服务全球环境变化的早期低分辨率的对地观测数据的获取与加工。1992年国际地圈-生物圈计划（IGBP）开始探索采用NOAA-AVHRR遥感数据来制备全球尺度的土地利用/土地覆被数据集，研究选取了合成NDVI的非监督分类和分类后校正的方法，确定了17个土地利用/土地覆被类型（张景华等，2011；刘纪远等，2002；陈佑启和杨鹏，2001；宫攀等，2006）。美国马里兰大学的研究者同样以NOAA-AVHRR的遥感数据为基础，利用遥感数据的五个波段信息和NDVI指标计算了41个指数，采用监督分类树创建了14个土地利用/土地覆被类型的数据产品。马里兰大学与美国地质调查局合作先后建立了几个空间分辨率逐渐提高的全球土地利用与土地覆被数据集，分类系统则采用了IGBP的17个分类和马里兰大学的14个分类。与此同时，其他国际机构和科学组织也致力于制备全球土地覆盖数据集，欧洲委员会联合研究中心联合了全球30多个合作机构建立了全球土地覆盖数据集2000（Global Land Cover 2000，GLC 2000），该数据集则采用了灵活的分类系统。目前，这些全球土地利用/土地覆被的分类系统大多是基于NOAA-AVHRR的遥感数据而设计（蔡红艳等，2010）。随着MODIS卫星数据应用的推广，遥感数据在其光谱分辨率、空间分辨率上的提高也增强了对地物的空间识别能力，为此以MODIS为基础的土地利用/覆被数据产品得到重视和发展。MODIS的土地利用/覆被数据产品以IGBP分类为主，结合了其他的分类系统，如马里兰大学的14类分类系统，IGBP分类系统，叶面积指数/有效光合辐射分类系统（蔡红艳等，2010）。UMD分类系统与IGBP分类系统相比是简化的IGBP分类系统，其去除了IGBP分类系统中的冰雪、永久湿地、农田与自然植被镶嵌体这三个分类类型（张景华等，2011；徐文婷等，2005；刘勇洪，2005）。在IGBP土地覆被分类系统中，提出了较为粗略的农田/其他植被的镶嵌分类系统，其复合类型的表达及特征的量化是土地覆被分类系统研究需要不断努力去解决的问题（张景华等，2011）。

面对IGBP倡导的相关研究计划对全球土地利用/覆被时空数据的需求，IGBP数据工作组和决策信息系统工作组共同启动了研究制备全球1km分辨率土地利用/覆被数据的DIScover项目。项目采用了17类土地利用/覆被的分类系统，研究最终形成了用于表征土地利用/覆被要素和植被情况的全球数据产品。目前，该数据产品已被广泛应用于全球尺度的科学问题研究，并且在气候变化、生物地球化学过程模拟及其他地球系统过程模拟研究中得到广泛的应用（刘纪远等，2002）。

从国内研究进展来看，1970年之前，中国土地利用/覆被分类系统以土地利用分类为主（张景华等，2011）。中科院遥感与数字地球所吴炳方研究团队在参加GLC 2000计划时，利用1km分辨率的SPOT/VGT数据分别对全国9个气候区进行分类，将全国土地覆被类型划分为22类（徐文婷等，2005）。随着遥感技术的快速发展，以土地覆被为主的分类系统迅速发展起来，但国家级土地分类系统仍以土地利用分类为主。中国科学院和农业部自 1992 年开始，组织两部门下属 23 个研究所和科研单位开展了一项题为"国家资源环境遥感宏观调查与动态研究"的重大科研项目。该项目基于 Landsat-TM 影像对全国的土地资源进行了分类，建立了中国的土地资源分类系统。该分类系统采用两层结构，将土地利用与土地覆被分为 6 个一级类、25 个二级类（熊喆和延晓冬，2014；张景华等，2011）。至今已形成了 1985 年、1995 年、2000 年、2005 年、2010 年与 2015 年六期中国区域土地利用变化的数据产品，本研究从西部数据中心和中国科学院资源环境数据中心共享获得了研究区内五期数据产品。因区域气候模式的参数需求，WRF 区域气候模式中嵌入的土地利用与覆被数据为 IGBP 分类体系数据基础，但相关的研究还未在中国提供一套精度较高的 IGBP 分类体系下的土地覆被动态图集。为此开展复合区域气候模式输入标准的 IGBP 分类体系的 LUCC 数据制备是区域尺度气候参数降尺度精度提高的有力保障。

土地利用与覆被数据是影响区域气候的重要下垫面参数，全球尺度的土地利用与土地覆被的数据源较多（GLC、UMD、WESTDC、IGBPDIS）（表5-2），但其影像精度、分类方法、分类精度也存在较大的差别。特别是在中国区域的国际分类数据存在多处错误，而中国科学院资源环境与数据中心的数据集精度相对较高，但是其分类方法与适用于区域气候模式的 IGBP 分类系统需求差异较大。同时，WRF3.5 版本模式内嵌的土地利用与土地覆被数据为1992 年 USGS 提供的全球尺度数据，数据较旧，开展区域气候模式模拟仍然存在较大的误差。因此，为更好地服务于区域气候模式 WRF 的模拟，研究基于数据挖掘的C4.5 分类算法实现了中国科学院资源环境数据中心数据集的 25 个分类系统向 IGBP 分类体系转换（表5-3）的 LUCC 数据制备，进而实现了高精度的时序 LUCC 数据服务于区域气候模式的模拟运行。

表5-2　中国区土地利用/覆被数据源信息

数据名称	遥感影像来源	分类数	分类技术	数据提供机构
GLC（Global Land Cover）	SPOT4-VGT	LCCS-22	非监督分类算法	欧盟联系研究中心
UMD（University of Maryland Dataset）	AVHRR 数据	简单 IGBP-14	监督分类的决策树	美国马里兰大学
IGBP（International Geosphere-Biosphere Programme）-DISCover	AVHRR 数据	IGBP-17	非监督分类的聚落算法	布拉斯加州林肯大学和欧洲联合研究中心
CAS（Chinese Academy of Science）	LandsatTM	CAS-25	人工解译	中国科学院资源环境数据中心

表5-3　IGBP 全球土地覆被分类系统

编码	类型	含义
1	常绿针叶林	覆盖度>60% 和高度超过 2m，且常年绿色，针状叶片的乔木林地
2	常绿阔叶林	覆盖度>60% 和高度超过 2m，且常年绿色，具有较宽叶片的乔木林地
3	落叶针叶林	覆盖度>60% 和高度超过 2m，且有一定的落叶周期，针状叶片的乔木林地
4	落叶阔叶林	覆盖度>60% 和高度超过 2m，且有一定的落叶周期，具有较宽叶片的乔木林地

编码	类型	含义
5	混交林	前四种森林类型的镶嵌体，且每种类型的覆盖度不超过60%
6	郁闭灌木林	覆盖度>60%，高度低于2m，常绿或落叶的木本植被用地
7	稀疏灌木林	覆盖度在10%～60%，高度低于2m，常绿或落叶的木本植被用地
8	有林草地	森林覆盖度在30%～60%，高度超过2m，和草本植被或其他林下植被系统组成的混合用地类型
9	稀树草原	森林覆盖度在10%～30%，高度超过2m，和草本植被或其他林下植被系统组成的混合用地类型
10	草地	由草本植被类型覆盖，森林和灌木覆盖度小于10%
11	永久湿地	常年或经常覆盖着水（淡水、半咸水或咸水）与草本或木本植被的广阔区域，是介于陆地和水体之间的过渡带
12	农田	指由农作物覆盖，包括作物收割后的裸露土地；永久的木本农作物可归类于合适的林地或者灌木覆盖类型
13	城镇与建成区	被建筑物覆盖的土地类型
14	农田与自然植被镶嵌体	指由农田、乔木、灌木和草地组成的混合用地类型，且任何一种类型的覆盖度不超过60%
15	冰雪	指常年由积雪或者冰覆盖的土地类型
16	裸地	指裸地、沙地、岩石，植被覆盖度不超过10%
17	水体	海洋、湖泊、水库和河流，可以是咸水或淡水

  基于土地利用/覆被数据之外的其他辅助数据开展数据分类体系的转换成为一种可能。中国科学院资源环境数据中心提供的土地利用/覆被数据精度要高于其他几个国际机构的数据产品，为此，研究以中国科学院资源环境数据中心的数据为主。首先，利用中国科学院资源环境数据中心提供的面积百分比栅格数据产品根据 IGBP 的第 14 类土地利用/覆被类型定义确定所有农田与自然植被镶嵌体的空间分布。接着利用中国科学院资源环境数据中心的二值型栅格数据产品实现与 IGBP 分类一致的土地利用类型转换，包括城镇与建设用地、水体、草地、农田与裸地。经过上述步骤之后，未实现类型转换的主要是详细的林地类型识别，所以研究基于 C4.5 分类算法主要进行详细的林地类型进行识别。研究为提高算法的分类精度，选取大的分类样本空间，开展了全国尺度四种土地利用/覆被数据空间叠置分析，选取林地类型分类一致栅格为样本点。确定样本点之后，研究选取了气温、降水、地形、地貌及经纬度等影响林地类型的参数与不同类型林地反映指标（指标 NDVI 与 NPP），实现多层栅格数据的集成，导出了服务于 C4.5 分类算法的样本数据集（图5-4）（冉有华等，2009）。利用 WEKA 软件包中的 C4.5 分类工具完成 CAS 中林地类型的细分，最后利用混淆矩阵、ROC 曲线与 CERN 站点的林地类型验证。因为 GLC、UMD 及 IGBP 的数据所反映植被信息为 1995 年左右，所以选用 CAS 的 1995 年的数据产品检验了该分类转换方法，完成了 1980 年、2005 年土地利用数据产品的分类转换。

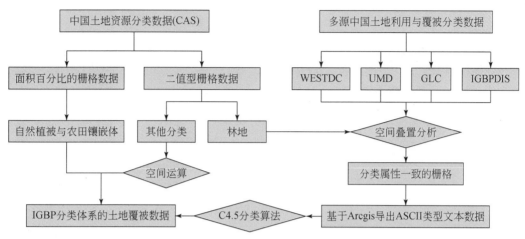

图 5-4　基于多源遥感数据的高精度土地覆被数据制备

数据挖掘的 C4.5 分类算法原理：C4.5 分类决策树算法继承了 ID3 算法的优点，改进了其不能处理连续型属性数据的缺点，使其得到了较好的应用。C4.5 算法首先离散连续型的属性数据，将其分割成不同的区间（李慧慧和万武族，2010）。离散化的前提是对属性值进行排序，然后计算信息增益率以及确定分段的阈值，再用顺序查找的方法搜索阈值。另外一处改进之处就是对空缺值的处理，不再是简单处理掉空缺值样本，而是采用修正参数，该修正参数利用已知属性样本的其他属性作为参考确定该值。第三处改进在于分支节点属性选择的标准，C4.5 分类算法采用信息增益率替代 ID3 中采用信息增益。Formtree（T，T_Attribute List）算法的伪代码中 T 表示样本集合，T_Attribute List 表示所有候选属性的集合。其算法步骤如下：①创建根结点 N，寻找信息增益率最大的属性作为根节点。②如果 T 的属性都与类 C 的一致，则标记其为类 C，并返回 N 为叶结点。③如果 T_Attribute List 为或 T 集合剩余样本数小于某个预设值，则标记为 T 中出现最多的类别，并返回 N 为叶结点。④对于所有 T_Attribute List 集合中的属性计算其信息增益值。⑤结点 N 的测试属性等于 T_Attribute List 集合中信息增益率最高的属性。⑥如果其测试的属性是连续型变量，则首先确定该属性进行分段的阈值。⑦对于每个由结点 N 长出的新叶结点；根据该叶结点对应的样本子集来判定是继续分裂还是标定为该类别。⑧计算所有结点分类错误的百分比，然后对决策树进行剪枝。

信息增益率的计算方法为：①选择信息增益最高的属性 T_Attribute List。②S 包含了 S_i 个段元包含类。③任何 S 段元的信息值：$I(S_1, \cdots, S_m) = -\sum_{i=1}^{v} \frac{S_i}{S} \log_2 \frac{S_i}{S}$。④属性的信息熵（Bisong，2005）：$E(A) = \sum_{j=1}^{v} \frac{S_{1j} + \cdots + S_{mj}}{S} I(S_{1j}, \cdots, S_{mj})$。⑤属性 A 的信息增益：Gain（A）$= I(S_1, S_2, \cdots, S_m) - E(A)$。

基于上述原理计算出各属性的信息增益值，发现决策树根节点的属性是 12 月份的 NDVI 值（表 5-4）。提出基于 1995 年多源空间数据为支撑的土地利用数据向土地覆被数据的转换模型并验证，该分类算法的全国尺度数据的分类精度为 88.62%，Kappa 系数为 0.86（表 5-5）。用该方法完成了 1980 年、2000 年与 2005 年土地利用数据分类转换（图 5-5），从分类结果来看区域大部分为裸地，接着是草地分布广泛，湿地与灌木也有相对较多的分布。

表 5-4   C4.5 分类算法的多属性的信息增益值

变量名	信息增益率	等级	变量描述
X	0.03	8	纬度
Y	0.22	2	经度
PA	0.12	6	年降水量
TA	0.20	3	年均气温
DEM	0.15	4	高程
LFM	0.11	7	地貌类型
NDVI-3	0.22	2	3 月 NDVI
NDVI-12	0.27	1	12 月 NDVI
NPP	0.14	5	净初级生产力

表 5-5   土地覆被类型转换的混淆矩阵

分类	EN	DN	DB	MF	CS	OS	全部分类数	正确分类数	精度	
									生产者	用户
EN	87 920	452	121	389			9 754	8 792	90.14	90.86
DN	990	5 346	327	213			5 985	5 346	89.32	84.62
DB	720	72	4 783	412			5 339	4 783	89.59	87.70
MF	7 130	448	223	4 956			6 340	4 956	78.17	83.02
CS					3 268	123	3 391	3 268	96.37	89.95
OS					365	4 222	4 587	4 222	92.04	97.17
总数	96 760	6 318	5 454	5 970	3 633	4 345	35 396	31 367		

注：EN：常绿针叶林；DN：落叶针叶林；DB：落叶阔叶林；MF：混合林；CS：郁闭灌丛；OS：稀疏灌丛；全部分类精度为 88.62%，Kappa 系数为 0.86

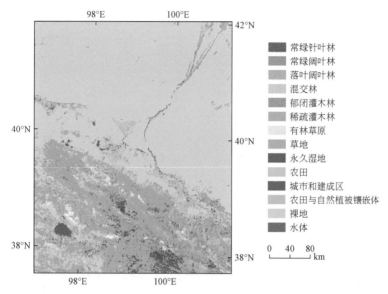

常绿针叶林
常绿阔叶林
落叶阔叶林
混交林
郁闭灌木林
稀疏灌木林
有林草原
草地
永久湿地
农田
城市和建成区
农田与自然植被镶嵌体
裸地
水体

图 5-5　2005 年 IGBP 分类的区域气候模式模拟区土地覆被分布

5.3　未来气候变化情景的区域气候模式动力降尺度模拟

目前，中尺度大气模式相对较多，其中最为典型的是美国国家环境预报中心（National Centers for Environmental Prediction，NCEP）的 ETA 模式与美国宾夕法尼亚大学研制的 MM5 模式（Mesoscale Model 5）。但 MM5 模式由于其动力学框架滞后、程序代码的规范性与标准化水平不高且运算时间较长，未能成为美国国家环境预报中心所重点推荐的气候模式；而 ETA 模式虽是 NCEP 的骨干模式但其可扩展性较差。因此，WRF 模式（Weather Research and Forecasting Model）应运而生，为陆面生物地球物理过程、辐射过程与热动力过程等研究提供了基础（余瑞，2014）。WRF 模式是一个全弹性的非静力模式，垂直方向采用顶气压为常数的地形追随质量变化的坐标，水平上采用了 Arwkrawa-C 网格，其集数值天气预报与数据同化等多功能于一体，且融合了高分辨率的下垫面地形与土地利用/覆被的数据资料，模型内嵌了详细的大气水平与垂直的涡动扩散方案，积云对流方案与云微物理方案，较大提高了中尺度天气的模拟和预报的精度。WRF 可根据科研与业务的不同有 ARW 版本（Advanced Research WRF）和 NMM 版本（Non hydrostatic Mesoscale Model）。本文的研究采用 ARW 版本，模式源代码可在 WRF 官方网站免费下载，模拟过程中采用 96 核 CPU 的 IBMLinux 集群服务器。ARW 模式的系统流程由 WRF 前处理程序 WPS、WRF 主程序和模拟结果的后处理 POST 模块三个部分组成（图 5-6）。

模式的水平方向和垂直方向分辨率、积分步长、模拟区域及物理过程参数化方案可根据研究目标的不同而进行合适的配置。

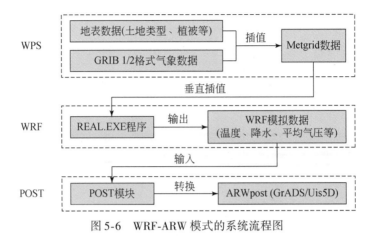

图 5-6　WRF-ARW 模式的系统流程图

5.3.1　黑河流域未来气候情景数据动力降尺度技术方案

本研究中空间数据采用的地理投影为 Lambert，选择了以（40.3°N，99.5°E）为中心，3km 空间分辨率的 200×120 格网的空间区域。在陆面过程模式的选择方面，由于本研究城镇化面积比例相对较小，属于绿洲农业区且建设用地规模较小，研究的陆面过程选用了 Noah-LSM 方案。该方案考虑了雪盖和冻土的影响，并且该方案可以预报四层的土壤湿度和土壤含水量，并且考虑到了植被类型、植被覆盖度与土壤理化属性。根据 WRF 开展区域气候模式模拟的流程（图 5-7），重点从以下三个方面开展了参数方案的制备。

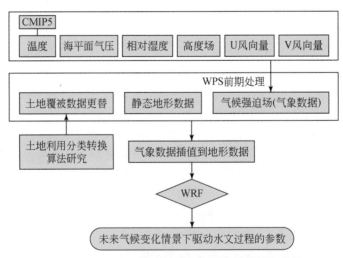

图 5-7　基于 WRF 模式的动力降尺度模拟技术路线

WRF 的前处理即 WPS 过程。从 WRF 的官方网站下载 WRF 模式运行所需的静态资料（地形、LUCC、LAI 等），根据上述研究区的中心及格网设定运行 geogrid. exe，生成模式格点和处理静态数据。运行成功以后，一个静态数据文件 geo_em. d01. nc 会产生在当前目录下。里面包含了 WRF 模式默认的 LUCC 下垫面数据，由于 WRF 模式所带的下垫面数据是 1992 年的 USGS 的 LUCC 数据，影响区域气候模式模拟精度的主要影响因素是下垫面和微地形数据，为此需要在该步骤替换 LUCC 信息。运用 Metinfo 软件通过读取 geo_em. d01. nc 文件中的 LU_INDEX 的字段信息输出矢量的格网数据，通过该数据与 2010 年的土地利用数据空间叠加分析，完成相关不一致格网土地利用信息的编辑，将编辑完成的矢量数据转换成栅格数据替换 geo_em. d01. nc。

未来气候强迫场数的输入。MPI 的 GCM 输出的未来气候参数不能直接输入 WRF 模式，需要根据 WRF 输入的 GRIB 格式将其转换成输入数据。制备适用于区域气候模式 WRF 未来模拟嵌套 MPI 数据集的未来气候强迫场，选择变量有温度、相对湿度、海平面气压、U 风向量、V 风向量、高度场，通过程序制备了 WRF 所需的气候强迫场数据格式 GRIB 数据（程序代码见附件）。利用遴选出的全球气候模式 MPI 在气候强迫制备工具下实现气候参数转变成 WRF 运行格式，将能够实现未来的气候强迫场数据替换掉，运行 ungrib. exe 解码 GRIB 数据的步骤，直接得到全球模式的气候场资料。运行 metgrid. exe，根据区域格网设定对气象场资料的数据进行水平插值，运行成功后，met_em. d01. yyyy-mm-dd_hh：00：00. nc 格式的文件会产生在路径下，完成 WRF 的前处理工作。

遴选影响 WRF 模式运行模拟的参数化方案组合（表5-6）。本文选择微物理过程方案为 PurdueLin 方案能够更为精细地刻画降水过程，其准确的微物理机制在降水区较为接近实际刻画降水的准确性及降水强度预测的合理性。PurdueLin 方案是 WRF 模式中可选的相对复杂的方案之一，其物理过程中主要包括了水汽、云水、云冰、雨、雪和霰六类水凝物的判定与生成，较为适宜高分辨率场景模拟（余瑞，2014；Migała et al.，2006；Ohmura，2001；Hock，1999）。饱和修正方案处理云和雨水的判别标准是按照温度界限，设定为 0℃ 以下时的云水为云冰，雨水判定为雪（Munro，1990）。模式中积云对流的参数化方案是 Kain-Fritsch（KF）浅对流方案，该方案在中国区具有较好的模拟效果（康尔泗，1994）。

表5-6　物理过程参数化方案

物理过程	参数化方案选择
微物理过程	PurdueLin
陆面模式	Noah-LSM
积云对流方案	Kain-Fritsch
长波辐射方案	CAMscheme
短波辐射方案	CAMscheme
边界层方案	YSU

通过以上步骤的配置后开始模拟运行 WRF，实现上述输入场数据的生成后，连接 real. exe 的输入场数据。real. exe 的输入场数据文件就是 Metgrid 的输出文件，文件名格式为 "met_em. d01. *"。在运行 real. exe 之前，必须将这些文件拷贝或者连接到 real. exe 的运

行路径（test/em_real）下面。同时连接植被、土壤信息。运行 wrf. exe 程序，运行成功以后，在 wrf. exe 的运行路径（test/em_real）下面会产生 wrfout_d01_2010-06-16_12：00：00 文件。

5.3.2 区域气候模式模拟结果验证与分析

区域气候模式的降尺度模拟主要是服务于制备驱动水文过程模型的关键参变量，为此，降水量的数量与空间格局模拟至关重要。黑河流域降水量主要集中在上游的祁连山区域，其年降水量为 400~800mm，中游区域为 100~200mm，下游荒漠区年降水量仅为50mm 左右。为此，研究对上游区域模拟的降水结果进行了重点的验证分析（表5-7）。首先，研究对 2010 年的模拟值与观测值对比分析，发现区域模拟平均值比观测值高了5.51%。由于区域的 5~9 月为降水的重要形成时间，研究也开展了 5~9 月观测与模拟数据的对比，模拟结果比观测值高了 8.38%（表5-8）。接着，研究梳理了黑河流域降水频次的相关研究资料，对降水频次的模拟结果也进行了对比分析。日降水量少于 5mm 的天数占全年降水天数的 74%，5~10mm 的天数占全年降水天数的 18%，而 10~15mm 的天数占全年降水天数的 5%，模式也较好地模拟出了降水量大于 15mm 的天数，但比观测值要偏大 [图5-8（a）]。最后研究降水的年内差异，WRF 模式模拟结果平均值与气象观测站点数据的相关系数为 0.89 [图5-8（b）]。因此，研究认为基于 WRF 模式的模拟结果可以用于未来气候变化情景的区域高分辨率的降水数据的模拟。并且从降水模拟的空间格局来看在小区域内较好地反映了地形的梯度差异特征（图5-9）。

表 5-7 2010 年黑河流域不同区域观测与模拟年降水量及其偏差

变量	观测/mm	模拟/mm	偏差/%
流域上游区	371.92	392.4	5.51

表 5-8 2010 年黑河流域不同区域 5~9 月观测与模拟年降水及其偏差

变量	观测/mm	模拟/mm	偏差/%
流域上游区	346.57	375.62	8.38

基于 MPI 的全球模式的驱动场数据模拟完成了区域 2006~2030 年的动力降尺度模拟，基于月尺度进行统计分析，并与 1981~2005 年对应的月尺度数据进行变化检测分析，从月平均气温来看，25 年间的差异大部分在正负 1.5℃之间，个别差异接近 3℃。气温变化的幅度基本为 0.6℃/10a。另外分析发现气温差也呈上升趋势，说明增温强度在不断地增加。从月降水量的差异来看，受气候情景的驱动场数据影响降水增加的幅度较大，有大约4 个对应年份降水的差值变化都超过了 8%，降水与相应年份差减少的相对较少，1981~2005 年与 2006~2030 年对应年份变化平均在 3% 左右（图5-10）。通过对 RCP$_{4.5}$ 情景下MPI 模式的动力降尺度研究发现，未来 20 年区域的气候变化仍趋向于向"暖湿"型转变。

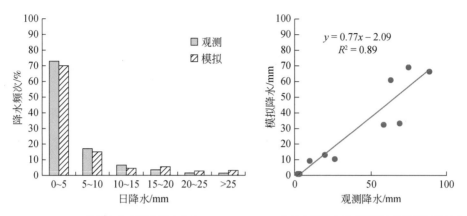

（a）流域上游日降水频次分布　　　　（b）流域上游降水的观测值与模拟值相关性分析

图 5-8　流域上游日降水情况

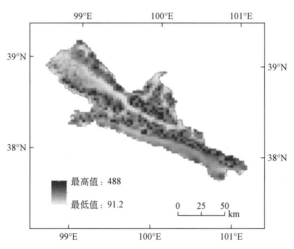

图 5-9　MPI 全球气候模式降尺度后降水的空间格局

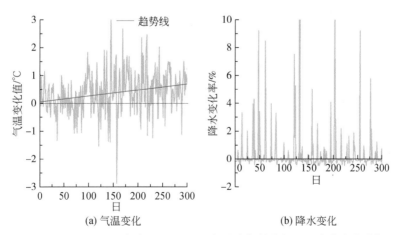

(a) 气温变化　　　　　　　　(b) 降水变化

图 5-10　2006～2030 年与 1981～2005 年对应年份的气温和降水变化分析

5.4 气候变化情景的水文胁迫模拟分析

气候变化与土地利用变化是影响流域水文过程的两个重要参数，由于气候变化与土地利用变化两个因素之间存在交互作用，为进一步确定未来气候变化对流域水资源的影响，需要厘清气候变化对流域径流作用的强度与方向。为此，研究设计通过控制实验模拟方案来揭示气候变化对流域水资源影响的贡献率。首先开展基础方案 S1 模拟，在该情景方案下完成参数率定与模拟验证工作。接着开展土地利用变化方案敏感度测试，设置了大规模造林的土地利用变化情景替换 S1 方案中的土地利用数据，开展方案 S2 的模拟对比 SWAT 输出的径流量、产水量的变化检测模型对土地利用变化输入参数的敏感性。然后基于 2005 年土地利用数据为输入参数替换 S1 方案下的土地利用信息，开展土地利用变化方案 S3 的模拟，通过 S3 情景与 S1 情景的模拟结果做差计算土地利用变化的水文效应。最后替换 S3 方案下的气温、降水变量，开展未来气候变化情景 S4 方案下的水文过程模拟，则通过 S4 情景与 S3 情景模拟的径流量、产水量等指标结果做差计算揭示气候变化的水文效应，S5 方案测度出反应区域产水特征的冰川径流对整个径流的贡献率。通过五个方案的模拟，测试出模型对土地利用变化的敏感性后剥离了历史时期土地利用变化与气候变化对径流的贡献率，进而分析了未来气候变化情景下的流域产水的变化趋势和强度（表 5-9）。

表 5-9 SWAT 模拟控制实验方案

方案	说明
基础方案：S1	以 1985 年土地利用数据为 SWAT 输入参数，气候参数为 1981～2005 年的模拟方案
土地利用敏感性方案：S2	设置了大规模造林的土地利用情景方案为 SWAT 输入参数，气候参数为 1981～2005 年的模拟方案
土地利用变化方案：S3	以 2005 年土地利用变化数据为 SWAT 的输入参数，气候参数为 1981～2005 的模拟方案
气候变化情景方案：S4	以 2005 年土地利用变化数据为 SWAT 输入参数，气候参数为 2006～2030 年的模拟方案
冰川贡献率模拟方案：S5	利用改进的 SWAT 与原 SWAT 模型利用相同的输入参数开展实验对比分析

基于改进的 SWAT 模型完成了参数率定与验证过程，在其验证阶段除在检验参数上效果显著，还较好地模拟出了历史上的几次降水高峰，如 1993 年、1998 年的降水高峰值（图 5-11）。为使研究结果可对比分析，五种模拟方案采用同一套率定的参数值。在基础方案 S1 下，黑河流域上游地区总面积为 28 484km^2，1985 年的土地利用结构以未利用地为主占比约 57%，其次是草地面积占比约 21%，且冰川积雪覆盖面积在 4% 左右。模拟结果发现在 S1 方案下，1981～2005 年间，上游地区的产水量呈下降趋势，但是产水量也能较好反应流域的气候特征，如 1998 年的强降水，2001 年的干旱。在 1981～2005 年平均情景下黑河流域上游地区的年平均降水量 68.82mm，折合水资源总量为 19.37 亿 m^3。

为开展 SWAT 模型的输入变量灵敏度检验，研究设计了土地利用变化的极端情景，上游林地面积增加了 10%（图 5-12）。由于没有较好时间序列对于各类型多区域的林地水文参数的观测数据，林地变化的水文效应目前仍存争议。较多研究认为林地面积增加特别是

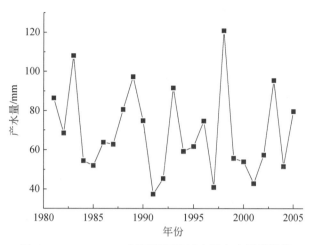

图 5-11　1981～2005 年间黑河流域上游产水量模拟值

在干旱地区加大了蒸散发量，不利于流域的水文过程。也有研究认为林地有较好的水源涵养功能，区域的产水能力受气候、地理环境等多种因素综合影响。

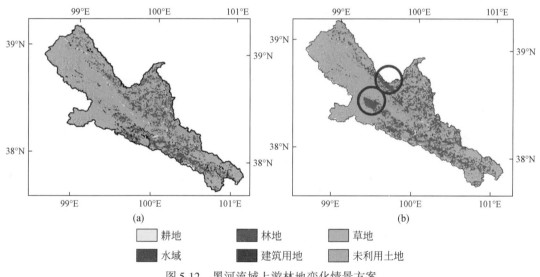

图 5-12　黑河流域上游林地变化情景方案

　　模拟发现该情景下 1981～2005 年间流域上游的平均年产水量增加了 0.57mm，平均增长率 0.87%（图 5-13），进一步说明该区域的造林有利于黑河的水资源供给。分析其原因主要是由于林地的变化，黑河虽然处于干旱与半干旱区，但其上游因高寒山区冰雪覆盖较多，温度较低，区域的蒸散发量较低。即使林地扩张会使蒸散发量大于草地和未利用地，但因其雨水截留，土壤的入渗量会增加，因此，区域的林地增加使得流域上游的水源涵养功能在一定程度上能得以提高。同时模拟结果也进一步说明了改进的 SWAT 模型对土地利用变化输入参数的敏感性。

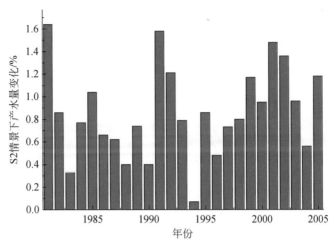

图 5-13 S2 情景下流域上游产水量变化

S3 方案下，主要模拟土地利用变化的实际效应，因土地利用数据的现状，虽模拟的时间段为 1981～2005 年，实际基准模拟输入的是 1985 年的土地利用数据，该情景模拟输入的是 2005 年的土地利用数据，因此，此次模拟情景与第一次模拟情景做差值所反映的是 1985～2005 年土地利用变化的效应。分析黑河流域上游土地利用数据发现，上游该阶段主要的土地利用变化是耕地的扩展，其年增长率为 15.75%，其主要转移来源于草地（表 5-10）。同时随着温度升高冰川覆盖面积年降低率为 3.44%。

表 5-10 输入 SWAT 模型的 1985～2005 年土地利用结构变化分析

土地利用类型	1985/km^2	2005/km^2	年增长率/%
草地	6 056.64	5 620.62	-0.3
耕地	153.16	731.75	15.75
水域	536.87	860.39	2.51
冰雪	1 207.27	211.4	-3.44
林地	4 413.88	2 972.42	-1.36
未利用地	16 115.87	18 087.1	0.51

土地利用变化方案的模拟发现，1981～2005 年间土地利用变化自身引起的产水效应不利于流域上游的水源涵养功能的提高，2005 年的土地利用输入模拟比 1985 年土地利用输入模拟的产水量年平均降低 1.55mm，变化的百分比为-2.33%，且模拟时间越长其累计效应越大，其原因是草地的降水蓄积系数要高于耕地，所以耕地相对于草地的地表径流系数要高（图 5-14）。

S4 方案是未来气候变化情景的模拟，研究选用 RCP$_{4.5}$ 情景下 MPI 模式的降尺度结果作为驱动改进 SWAT 水文模型的参数，并基于 2005 年土地利用方案模拟了流域在未来气候变化情景下的 2006～2030 年上游产水变化的趋势与强度，并与 1981～2005 年的对应年

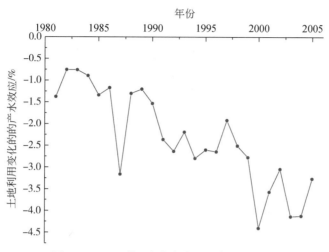

图 5-14   土地利用变化方案下的产水量变化

份产水情况进行了对比分析，在未来气温和降水增加的情景下流域上游产水量将增加5.90%，在年尺度上开展分析发现，未来气候变化情景对产水的效应在大多数年份都是正效应，但有七年是产水量降低的情景，减小的幅度为 5%~20% （图 5-15）。因此，相对于水资源量在平均增加的过程中更应该重视其突变特征。从区域的发展规律来看，社会经济发展是以水定规模，伴随着水资源近年增长的趋势新开垦耕地面积增大，但实际农业发展不仅受水资源总量的控制，也受到水资源季节差异影响。特别是影响春播的"卡脖子"干旱严重制约了区域的农业发展，所以对模拟结果也开展了在月尺度上的分析。通过对比发现，虽然在未来气候变化情景下的流域上游产水量增加比较显著，但几乎在每年的三、四、五月的产水量都呈下降趋势，也就是即使洪峰的增量明显但其时序没有发生大的变化，在农业上较难发挥水资源总量增加的优势。

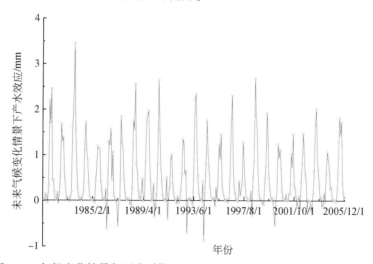

图 5-15   气候变化情景与历史时期（1981~2005 年）的流域上游产水量变化

S5 方案考虑了流域冰川径流是流域上游的一个重要的产流过程，研究也改进了 SWAT 模型，但未测度具体冰川在径流中的贡献率。为此又综合考虑了基于改进的 SWAT 模型与原 SWAT 模型采用相同的输入数据和相同的率定参数进行了对比分析，2012 年的模拟结果表明冰川对年径流的贡献率为 8.9%，6~10 月影响显著（图 5-16）。与杨针娘等的研究结果 10.9% 对比其稍微偏小，分析其原因是原 SWAT 模型有积雪融水过程，未考虑积雪融化累积结冰过程，导致原 SWAT 模型未考虑冰川的模拟结果变大，而两者做差的分析使得冰川的总体贡献偏小。考虑冰川径流模型结果，在夏季径流偏大，而冬季的径流量偏小，且冬季积雪融化更多形成了冰川的累积。

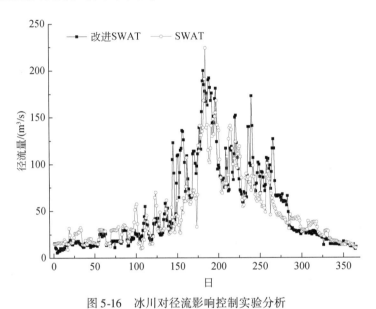

图 5-16 冰川对径流影响控制实验分析

5.5 气候变化胁迫的水资源对社会经济系统影响与配置

社会经济发展与人口持续增长加大了社会经济系统的水资源需求，而同时，未来气候变化的不确定性也胁迫着区域水资源安全。研究基于区域气候模式的高精度气候参数驱动的生态-水文过程模拟了流域 2006 至 2030 年的近 20 年气候变化对水资源的胁迫强度。考虑社会经济系统模型模拟信度以 2030 年为模拟目标年，为此，研究对比了 2006~2030 年与 1981~2005 年前后各 25 年的气候变化强度，分析了区域气候变化对流域水资源的影响强度，核算了 2012~2030 年气候变化对水资源的胁迫变化百分比，以此为社会经济系统模型的外生冲击变量。模型的主要影响路径为基于该百分比数据对未来社会经济系统的地表水供水变量进行影响冲击，进而模拟社会经济系统运行状态对未受影响冲击时基准线的偏离程度，进一步认识了在未对社会经济系统进行调控时水资源供给变动对社会经济系统宏观结构的影响以及社会经济系统主体通过市场机制进行自适应优化配置的过程。

研究基于 SWAT 模拟的 2030 年气候变化情景下流域地表径流产水结果分别计算了其

产水量变化的年际变率，未来至 2030 年虽然年均降水仍会呈现增加趋势，平均增长 5.90%。但其年际差异比较大的个别年份会出现相对的枯水或者丰水的水情。从分析年份上看，2015 年、2016 年、2019 年、2022 年、2024 年、2025 年与 2029 年都会出现相对水资源量减少的现象。但是，2019 年、2022 年、2024 年、2029 年都是在上年份水资源量大幅增高的情况下的相对降低，且由于与其相邻上一年的水资源量增加幅度相对较大，因此，这四年的水资源量相比于 2012 年基期变化量不大，同时，2016 年与 2025 年是流域明显的枯水年。水资源总量降低的比例为 5%~20%，而其他年份均出现水资源量增加的趋势，特别是 2018 年与 2023 年水资源增长的幅度相对较大（图 5-17）。

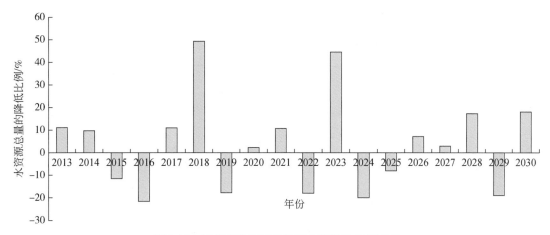

图 5-17　气候变化情景下流域水资源的年际变动

流域水资源增加或减少对社会经济系统的影响主要侧重于增长速率，显著性不强。研究认为流域社会经济结构决定水资源利用的 85% 以上都集中在农业部门，短期的地表水资源减少以地下水过量开采灌溉来减缓对农业的影响，同时地表水资源的突增对社会经济系统的影响还受耕地数量限制，很难瞬时对经济系统产生冲击。水资源相对稳定的供给态势是充分体现水资源要素价值的前提。相比而言，水资源的减少或不确定性变动则对社会经济系统产业部门产生较大的负效应冲击。因此，研究分析了气候变化情景下水资源量减少对社会经济系统的冲击，研究模拟了地表水供应量减少 5%、10% 与 15% 情景下的社会经济宏观结构影响（表 5-11）。研究在宏观经济模型闭合中设定了土地资源总量与技术进步率为外生变量，但未对其进行冲击，所以当地表水资源量下降直接导致其对 GDP 的贡献降低，而其他替代性水资源的需要加大。当地表水的供应量从减少 5% 调整到减少 15% 时，其对 GDP 的影响的强度变化了近 6 倍。

表 5-11　气候变化影响水资源供给情景下的经济发展影响分析

收入法计算 GDP 的要素	5%	10%	15%
土地	0	0	0
劳动力	−0.097	−0.250	−0.442

收入法计算 GDP 的要素	5%	10%	15%
地表水	−0.063	−0.175	−0.322
地下水	0.002	0.002	0.002
其他用水	0.004	0.005	0.006
资本	0.000	0.000	0.000
直接税	0.028	0.038	0.034
技术进步	0.000	0.000	0.000
合计	−0.126	−0.381	−0.722

研究受生态-水文过程模型的限制未能考虑气候变化对流域地下水资源量变化的影响，在经济系统外生冲击影响分析中更多地关注了地表水资源量变动效应。因此，当地表水资源量变动时地下水作为一种可替代的资源而被超采，经济系统的行业部门主体会根据其投入产出成本效益与水资源生产力情况通过市场手段平衡调节来进行地表水与地下水资源的联合配置。当地表水资源供给发生变化时，经济系统各部门的产业产出一般会受到影响。黑河流域地表水的使用主要集中于农业部门与水的生产与供应行业部门，其产出受水资源要素的减少而降低，从研究模拟的三种（5%、10%和15%）地表水变化情景的社会经济影响结果来看，其影响最大的行业部门均是棉花、小麦与玉米。在地表水减少5%的情景时，三个行业部门的产出分别减少了3.99%、3.59%与3.36%。而当地表水减少了15%的情景时，三个部门产出则分别减少了12.56%、11.51%与10.89%（表5-12）。同时对模拟结果的全产业链分析发现，农业部门产出的减产导致工业和服务业部门产出的增加，分析其原因主要认为在经济系统均衡理论下，农业部门由于水资源要素的约束而减小生产规模，农业生产投入的资本与劳动力要素转移于受地表水资源约束较小的行业部门。此外，由于地表水资源量的减少直接加大了社会经济系统对地下水资源的消耗，如当地表水资源量减少5%时，经济附加值较高的油料作物将通过地下水资源弥补其地表水资源量的不足，其该行业部门的地下水资源使用增加量达到了15.61%。特别值得注意的是，当地表水资源量减少15%，地表水资源的缺乏势必引起地下水资源的超采，严格的水资源管理制度尤显重要。同时因为受劳动力和资本转移影响的其他产业产出增加间接拉动了地下水资源的超采。然而，WESIM 模型中因水资源作为一种投入要素，未明确限制地下水资源的可利用量，部分地下水资源利用较小的部门增加量较大。

表5-12 气候变化影响地表水资源情景下的产业产出与地下水使用影响分析

行业类型	5%		10%		15%	
	I	Ⅱ	I	Ⅱ	I	Ⅱ
小麦	−3.59	6.87	−7.49	8.65	−11.51	6.62
玉米	−3.36	3.19	−7.05	2.56	−10.89	−0.51
油料	−1.73	15.61	−3.73	13.96	−5.89	30.83

续表

行业类型	5%		10%		15%	
	I	II	I	II	I	II
棉花	−3.99	5.97	−8.23	7.06	−12.56	4.66
水果	−2.71	3.29	−5.72	2.79	−8.90	−0.14
蔬菜	−1.08	3.36	−2.37	3.06	−3.82	0.37
其他农业	−0.52	18.29	−1.20	16.74	−1.99	41.33
煤炭开采和洗选业	0.39	9.15	0.61	16.69	0.69	22.51
石油和天然气开采业	0.15	19.48	0.26	36.98	0.33	51.47
金属矿采选业	0.59	9.58	1.03	17.56	1.36	23.81
非金属矿及其他矿采选业	1.10	7.51	1.88	13.72	2.44	18.56
食品制造及烟草加工业	0.13	6.88	0.24	12.11	0.33	16.09
纺织业	0.05	19.48	0.07	36.98	0.07	51.47
纺织服装鞋帽皮革羽绒及其制品业	0.05	19.48	0.09	36.98	0.12	51.47
木材加工及家具制造业	1.20	4.22	2.00	7.10	2.59	9.16
造纸印刷及文教体育用品制造业	1.82	9.72	3.17	17.83	4.17	24.18
石油加工、炼焦及核燃料加工业	0.54	17.72	1.01	33.23	1.39	45.77
化学工业	1.25	9.23	2.09	16.83	2.66	22.70
非金属矿物制品业	1.30	9.35	2.25	17.11	2.93	23.16
金属冶炼及压延加工业	1.24	8.08	2.12	14.75	2.76	19.93
金属制品业	2.87	8.58	4.99	15.65	6.52	21.15
通用、专用设备制造业	2.08	9.55	3.65	17.53	4.82	23.80
交通运输设备制造业	0.03	19.48	0.05	36.98	0.07	51.47
电气机械及器材制造业	0.07	19.48	0.13	36.98	0.19	51.47
通信设备、计算机及其他电子设备制造业	0.05	19.48	0.09	36.98	0.14	51.47
仪器仪表及文化办公用机械制造业	0.09	19.48	0.17	36.98	0.24	51.47
工艺品及其他制造业	0.15	19.48	0.26	36.98	0.35	51.47
废品废料	0.58	19.48	1.00	36.98	1.32	51.47
电力、热力的生产和供应业	0.12	7.98	0.14	14.20	0.10	18.75
燃气生产和供应业	0.06	19.48	0.11	36.98	0.15	51.47
水的生产和供应业	−0.60	0.13	−2.26	−1.92	2.12	5.25
建筑业	0.63	9.65	1.08	17.66	1.41	23.89
交通运输及仓储业	0.05	9.18	0.03	16.71	−0.04	22.48
邮政业	3.56	9.69	6.20	17.73	8.09	23.98
信息传输、计算机服务和软件业	0.41	9.40	0.71	17.21	0.93	23.31
批发和零售业	−0.08	9.11	−0.31	16.54	−0.66	22.17

行业类型	5%		10%		15%	
	I	II	I	II	I	II
住宿和餐饮业	0.44	9.12	0.74	16.64	0.94	22.46
金融业	0.00	9.04	−0.11	16.42	−0.28	22.05
房地产业	0.04	9.18	0.06	16.80	0.08	22.72
租赁和商务服务业	0.53	9.48	0.89	17.35	1.15	23.48
研究与试验发展业	1.20	9.85	2.09	18.05	2.74	24.48
综合技术服务业	0.69	9.47	1.19	17.33	1.55	23.46
水利、环境和公共设施管理业	0.28	1.20	0.50	1.96	0.68	2.47
居民服务和其他服务业	0.13	9.16	0.15	16.72	0.12	22.55
教育	0.07	8.01	0.11	14.41	0.13	19.24
卫生、社会保障和社会福利业	0.16	8.89	0.26	16.19	0.31	21.80
文化、体育和娱乐业	0.34	9.35	0.57	17.12	0.74	23.18
公共管理和社会组织	0.21	9.32	0.37	17.06	0.50	23.09

注：I：产业部门产出变化；II：地下水资源量使用变化

第6章 城镇化与产业转型发展情景下非农用水预测——以黑河流域为例

城镇化是提高区域自然资源利用效率，保障人口集聚，保障产业发展的劳动力需求，减少持续增长人口的资源环境压力，最终实现区域可持续发展的有效途径。城镇化的发展过程对流域水循环在供需两个路径上分别产生影响，城镇化的快速发展拉动区域土地利用变化改变流域自然水循环的产汇流条件，同时，城镇化的快速发展从需求侧上影响了生产、生活与生态用水之间的分配，特别是城镇生活需水与工业服务业的用水增加，城镇主体的用水行为管理与调节使得需水管理成为新时期水资源管理的重要方式。研究城镇化的双重水循环效应对于流域可持续水资源管理具有重要意义。本章重点介绍黑河流域城镇化发展带动区域产业转型发展过程中的产水影响与需水变化。

6.1 城镇化与社会经济发展情景下的产业用水需求分析

城镇化发展既是社会转型也是产业转型的有效途径。在我国社会经济转型发展的新时期，国家提出了新型城镇化路径与目标要求，同时伴随国家"一带一路"倡议的实施为西部地区的经济发展带来了新动力，特别是张掖市作为"一带一路"的节点城市，其城镇化建设与发展出现了新的机遇。张掖市作为全国13个生态文明示范工程试点城市，2012年的城镇化率约为36%，远落后于国家平均水平。转型跨越是张掖发展的目标也是创新发展的关键路径，推进转型发展毫无疑问地包括城镇化发展路径。经济学家认为城镇化是指经济发展进入工业化时代之后农业生产活动比重逐渐下降的必然发展过程；然而，地理学家则认为城镇化是人类在居住空间上的变化迁移过程，城市逐渐成了人类活动的中枢，人类的居住从农村向城镇转移，从而提高了土地资源的利用效率。据城市经济学研究的相关测算表明，当城市人口规模达到10万人以上时，城市开始产生净值收益，而且随着城市人口数量增加，净值收益率逐渐增加；但当规模超过100万人时，净值收益率反而会下降（张春梅等，2012）。张掖市区县级城市的数据统计发现，除了甘州区以外其他5个县的城市人口均不足10万。张掖市城镇化发展水平较低，且发展缓慢。甘肃省于2014年底完成了《甘肃省城镇体系规划（2013—2030年）》（以下简称"规划"），规划中明确了城镇化建设水资源的重要性，提出了张掖市2030年城镇化建设的目标。城镇化建设"量水而行"保障生活用水优先、推进农业大力节水、工业用水优化、弥补生态用水。规划提出2030年常住人口增长到130万，城镇人口达到80.4万，城镇化率达到61.8%。2001年以来张掖市区域的城镇化水平逐渐提高，2012年的城镇化率为35.98%（表6-1）。规划中强调加强流域发展协同和绿洲生态建设，促进上游祁连山区、中游绿洲湿地以及下游生态功能协调发展，将张掖建设为丝绸之路经济带上的重要节点城市和生态产业基地。

表6-1　2000～2012年张掖市城镇化率水平　　　　　（单位：%）

项目	2000年	2005年	2007年	2008年	2009年	2010年	2012年	平均值
张掖市	17.4	24.62	25.82	27.58	35.50	34.84	35.98	1.415
甘肃省	24.01	30.02	31.59	32.15	32.65	36.12	37.15	1.323
全国平均	36.22	42.99	45.89	46.99	48.34	49.95	51.27	1.352

　　城镇化对流域水循环与水资源的影响具有双重作用，一方面城镇化的发展扩大了社会经济系统对生产和生活用水的需求，另一方面城镇化发展导致土地利用变化改变了地表水循环过程。城镇化过程改变了流域下垫面的物理性质，形成的不透水层直接影响了水文过程的截留、蒸发与下渗等产汇流过程。早在20世纪60年代，国外学者就着手了城镇化过程水文效应监测与模拟研究，利用生态水文模型模拟，实现不同城镇化情景下模拟结果对比的控制实验分析（刘保珺，2003）。然而国内的大部分研究集中于我国城镇化的发达地区，主要研究暴雨的城市内涝效应，分析城市绿化面积变化、排水标准变化、海绵城市建设等条件下城市内涝情况，研究方法多是历史反演与极端情景等方法。

　　人口城镇化发展是拉动城市用地变化的主要驱动因素，开展未来情景下城镇用水需求预测是开展土地利用结构变化分析的前提。基于遥感反演的土地利用数据分析发现，2000年张掖市的城乡建设用地比例为2.49%，2005年为2.67%，2010年增长至3.12%，增长水平较快。2010年张掖市的城镇建设用地总面积约为5万 hm^2，规划至2030年其建设用地总面积达到8.7万 hm^2。三次产业的产出比重从2000年的32：34：34变化到2010年的33：30：37，说明2010年第三产业、第一产业和第二产业的产出依次下降。但国内生产总值从2000年的129.7亿元增长到2010年的2345.8亿元。这种结构与经济发展水平相适应，表明区域经济已步入服务型经济，这意味着传统产业正在让位于知识型产业。根据2000～2010年城镇化率的趋势，构建IOWHA方法对2010～2050年这些县的城镇化水平进行预测（图6-1），结果显示城镇化率较高的区县为甘州区、肃南区和肃州区。具体来说，预测流域中游各区县的城镇化率到2050年最高将达到50%。2010～2050年，城镇化率的最大变化值约为20%。城镇化率变化值最低的县是流域上游民乐县，发展相对滞缓，几乎持续在6%。预计到2050年，黑河流域中游七个区县城镇化率最高为48%，但远低于西北其他水资源丰富的城市（Bao and Fang，2012）。2010年建成区土地面积约占全流域土地利用总面积的1.53%，至2050年将增加62%（图6-1）。

　　开展土地利用变化格局模拟需要实现数量分配和空间表达的过程。首先，采用计量估计法辨识出区域位置、地理环境、地形地貌、土壤因子等控制因素与变化驱动因素的影响强度和作用的方向，进而生成区域土地利用变化的倾向矩阵；其次，基于区域土地利用的控制性详规制备出区域土地的限制矩阵；再次，综合集成土地利用变化的倾向矩阵与限制矩阵生成难易度矩阵；最后，依据土地利用变化需求结构、难易度系数矩阵、满足度系数对需求进行空间分配，生成最终满足城镇化目标规划的区域土地利用格局（陈莹

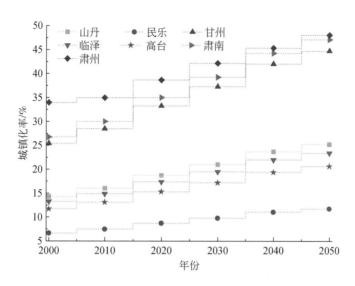

图 6-1　黑河流域中游各县的城市化进程预测

等，2011）。土地利用变化需求空间分配的原则是：按照难易度系数矩阵选择栅格从易到难对土地利用类型的总需求量进行配置；每完成一个栅格的用地需求配置后，都将从土地利用变化最容易的栅格到最难栅格进行配置，然后根据土地利用类型加总该类型的所有栅格已配置的需求量与总需求量做差，根据两期的差值进行下一轮的土地利用配置工作，直至所有类型的土地利用变化需求都得到满足，进而完成土地利用需求的空间配置与格局模拟（陈莹等，2011）。

以未来张掖市规划设定的未来城镇化率为目标，基于 DLS 模型模拟了未来情景下流域中上游土地利用的空间格局。DLS 模型主要从张掖市县级行政区域与 1km 栅格两个尺度上实现对黑河流域地区 2030 年土地利用变化高分辨率水平上的模拟。土地利用格局不仅受历史时期的土地利用类型和每个栅格以及周围栅格的驱动力因子的影响，还受这些驱动力的变化对将来土地利用变化的可能影响。本研究依据影响城镇建设用地需求变化的驱动因素变化及其约束下的转移概率来模拟其空间的格局。DLS 模型模拟区域土地利用变化是以系统工程的思维，首先确定区域土地利用的需求结构，农业用地、工业用地、服务业用地等主要经济社会发展相关的用地其需求结构的变化主要取决于 WESIM 的结果，部分林地、草地的未来需求主要取决于区域的宏观规划。在确定了区域未来用地的总需求后开展空间分配的模拟，在该过程中利用计量分析模型辨识土地利用变化的驱动机制，制备出各种驱动因素和限制性因素的空间栅格数据。另外，DLS 模型的空间配置过程考虑栅格土地利用变化的转移概率和栅格尺度的土地利用类型的限制。栅格尺度上的土地利用变化的转移概率受其历史时期土地利用类型和栅格内部以及周边栅格的驱动因素的综合影响。例如，确定不可能发生任何土地利用变化栅格区，如自然保护区、生态屏障区、沙漠等受人类社会管理和自然条件约束的限制区域，限制区内不允许进行任何的土地利用转移。但受总体的用地需求的要求、土地用途转化推理规则等因素的影响，使得 DLS 在模拟结果上仍有不确定性，需要开展其不确定性的分析（余瑞，2014）。

　　流域中游的城镇化用地主要集中于黑河东侧支流流经的张掖市甘州区，并且随着建设用地的扩展逐渐向黑河附近蔓延。随着城镇化率的提高、建设用地总面积增加规划的实施，流域中游的临泽、高台区县城镇建设用地面积也迅速增加（图6-2）。基于城镇规划分析，未来城镇建设用地需求比2012年增加50%，基于未来城镇化增长情景的土地利用与已率定的SWAT模型模拟了未来城镇化的水文效应。分析黑河流域莺落峡水文站的径流量模拟结果发现，流域的城镇化对水文过程的影响在0.62%左右。也就是城镇化发展在一定程度上增大了黑河干流的径流量，减少了城镇化区域的地下水补给量，但其影响较小。考虑到未来城镇化的快速发展主要会集中于流域中游的河西走廊地区，城镇化建设加大了中游地表水的入河径流，同时其自身用水需求也逐渐升高。

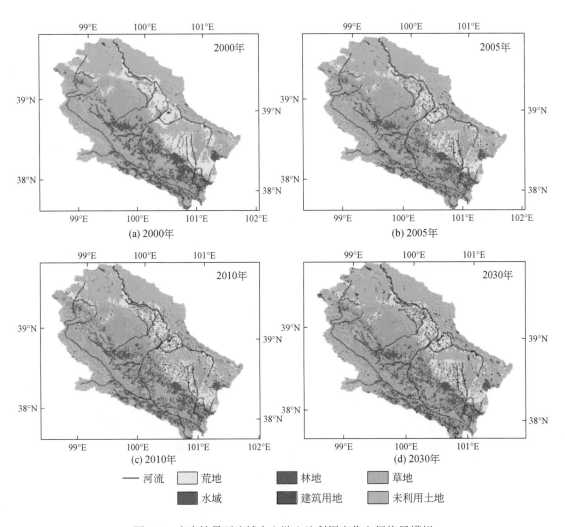

图6-2　未来情景下流域中上游土地利用变化空间格局模拟

另外，城镇化发展在提高水资源需求的同时具有综合拉动经济增长效益的功能。单从张掖市居民消耗的用水定额来看，农村家庭是40m³/(人·天)，而城镇居民是85m³/(人·天)，城镇居民是农村居民生活用水量的两倍。另外，从城市人口与农村人口的消费规模和方式来看，2012年张掖市城镇居民家庭总支出是15 015元，是农村家庭总支出的三倍。2012年城镇居民水消耗3938万m³，农村居民水消耗3114万m³。所以即使按照目前的配额考虑居民生活用水，当城镇化率达到60%时，整个城镇生活用水需求将增加$1.18×10^7$m³。另外，若核算城镇人口与农村人口的消费方式改变带来的虚拟水消耗，则差距更大。相关研究表明张掖市城镇人口由于膳食结构调整，高收入群体的食物消费虚拟水为8815m³/户，低收入群体是2729m³/户（林英志等，2013）。因此，单从食物虚拟水消耗来看，城镇居民是农村居民的三倍之多。房地产行业专家评估，建筑材料涉及50多个工业部门产品，单从几个影响最大的部门来看，包括玻璃行业的70%、水泥行业的70%、木材行业的40%、钢材行业的25%、塑料制品业的25%的产品。城镇化发展推动了产业转型升级、农民向城镇居民转变，促进了要素的自由流动，是实现城乡统筹发展的根本途径。

城市化可能会促进劳动力资源和技术水平的提高，而劳动力素质和技术水平的提高会因为影响生产活动的主要因素而推动产业结构的变化。结果显示，总体来看，第一产业比重预计将下降10%以上，其中高台地区降幅最大，下降22%。同时，第三产业的比重预计会有一定程度的提高，各县第三产业比重会上升5%到11%不等（表6-2）。

表6-2   设计情景下黑河中游各县的产业产出与调整

县区	2000[①]年的产值			2010[②]年的产值				2010~2050[③]年期间的产业转型		
	产业			产业				产业		
	I	II	III	I	II	III	IV	I	II	III
肃州	15.97	26.47	23.76	137.88	149.63	152.00	5.36	-0.14	0.09	0.06
山丹	3.3	3.63	3.59	75.25	96.88	108.13	4.36	-0.12	0.08	0.10
民乐	4.48	2.18	2.45	102.13	82.38	99.38	4.36	-0.18	0.08	0.11
甘州	9.35	7.17	9.68	258.13	234.00	404.88	5.36	-0.13	0.06	0.11
临泽	3.45	2.46	2.02	78.63	65.63	54.13	4.36	-0.16	0.07	0.07
高台	4.58	1.19	1.59	104.38	48.88	35.50	4.36	-0.22	0.05	0.05
苏南	0.98	0.77	0.66	22.00	19.13	16.88	4.36	-0.16	0.07	0.07
总计	42.11	43.87	43.75	778.4	696.53	870.9				

①I：第一产业（1亿元）；II：第二产业（1亿元）；III：第三产业（1亿元）。②I：第一产业（1亿元）；II：第二产业（1亿元）；III：第三产业（1亿元）；IV：2010~2050年期间GDP的增长率。③I：第一产业（%）；II：第二产业（%）；III：第三产业（%）

研究基于WESIM模型模拟了城镇化率拉动的居民消费倾向变化而导致的经济系统生产与消费环节的冲击，同时分析了对水土资源要素的影响。基于静态的WESIM模型模拟城镇化率从36%上升到60%，分析了城镇化率对经济系统的冲击影响，在保证整个经济产出不变的情况下，分析三面法计算 GDP 上的变动发现，从支出法计算结果来看出口是降低趋势（-0.12%），而进口是增加趋势（0.22%）；从收入法分析来看劳动力贡献率增加 0.05%，直接税的贡献率也增加 0.04%；而从要素的贡献来看只有劳动力的贡献率增加 0.07%。分析认为城镇化率提高后劳动者的素质普遍提高，劳动边际生产率提高，并且劳动力的收入效率提升，另外城镇化率的提高扩大了居民的消费需求，扩大了进口需求，进而减少出口需求。从行业来看，城镇化率的增加提高了居民的农产品消费能力，农业部门的产品消费量增加都在 7.10% 以上，而且拉动了能源与资源部门的消费，如煤炭开采、石油天然气的开采需求增加也在 7.10% 左右，同时水、电、天然气的产品的需求增加都在 2.7% 以上，并且刺激了建筑业、批发零售、餐饮业等服务业部门的产品需求增加。而非居民主要消费行业的产品消费呈下降趋势。居民消费水平与消费价格指数的增加刺激土地租金的升高，特别是对水利、环境与公共设施管理行业的冲击达到了 9.83%，其次是对水的生产与供应业的冲击达到了 3.45%。从居民消费产品拉动的水资源消耗来看，大部分行业都是趋于水资源消耗增加趋势，也有一些行业的水资源消耗减小，其影响的程度都比较小（表6-3）。水资源消耗比例虽然比较小，但是其基数最大，所以水资源需求压力还是比较大。单从农业来看，虽然水资源消耗的百分比不超过 0.50%，但是其水资源消耗绝对量的变化较大，整个农业部门由城镇化拉动消费需求引起的水资源需求量增加 $3.88 \times 10^6 \mathrm{m}^3$。因此，综合分析城镇化直接拉动的生活用水需求和产业用水需求为 $1.57 \times 10^7 \mathrm{m}^3$。

表6-3　规划城镇化情景下居民消费与资源消耗变化模拟分析　　　　（单位:%）

行业类型	居民消费	土地租金	水资源消耗量
小麦	7.11	0.21	0.09
玉米	7.11	0.29	0.12
油料	7.11	0.56	0.31
棉花	7.10	0.15	0.06
水果	7.11	0.44	0.19
蔬菜	7.11	0.89	0.38
其他农业	7.11	0.75	0.43
煤炭开采和洗选业	7.12	0.76	0.31
石油和天然气开采业	7.10	0.00	0.14
金属矿采选业	4.69	0.10	0.05
非金属矿及其他矿采选业	-1.40	0.19	0.11
食品制造及烟草加工业	-1.78	0.21	0.06
纺织业	-1.39	0.00	0.04
纺织服装鞋帽皮革羽绒及其制品业	-2.52	0.00	-0.24
木材加工及家具制造业	-1.38	0.51	0.07
造纸印刷及文教体育用品制造业	-1.38	0.27	0.12

续表

行业类型	居民消费	土地租金	水资源消耗量
石油加工、炼焦及核燃料加工业	-1.39	0.01	0.12
化学工业	-1.39	0.04	0.11
非金属矿物制品业	-5.65	-0.28	0.00
金属冶炼及压延加工业	-5.75	0.40	0.08
金属制品业	-1.38	0.20	0.06
通用、专用设备制造业	2.86	0.13	0.09
交通运输设备制造业	-3.77	0.00	0.06
电气机械及器材制造业	-4.01	0.00	0.10
通信设备、计算机及其他电子设备制造业	-5.74	0.00	-0.82
仪器仪表及文化办公用机械制造业	-5.74	0.00	-0.08
工艺品及其他制造业	-5.70	0.00	-0.63
废品废料	-5.75	0.00	0.11
电力、热力的生产和供应业	2.75	1.45	0.20
燃气生产和供应业	2.83	0.00	0.52
水的生产和供应业	2.76	3.45	0.15
建筑业	2.82	0.12	0.10
交通运输及仓储业（含邮政业）	-1.40	0.22	0.08
邮政业	1.83	0.08	0.10
信息传输、计算机服务和软件业	2.64	1.37	0.22
批发和零售业	2.82	0.01	0.10
住宿和餐饮业	2.82	1.61	0.76
金融业	-2.23	-1.91	-0.47
房地产业	-0.47	-6.22	-0.28
租赁和商务服务业	-2.44	-0.31	-0.03
研究与试验发展业	-2.54	0.30	0.16
综合技术服务业	-2.54	0.64	0.34
水利、环境和公共设施管理业	-2.54	9.83	0.38
居民服务和其他服务业	-2.34	-1.78	-0.63
教育	-5.51	-3.41	-1.11
卫生、社会保障和社会福利业	-5.57	-4.92	-1.96
文化、体育和娱乐业	-5.42	-2.87	-0.93
公共管理和社会组织	-5.75	0.03	0.13

社会经济发展主体用水需求变化的影响因素众多。在国家"丝绸之路"经济带规划方案中作为河西走廊的核心地带张掖市城镇化的快速发展必不可挡。除城镇化发展推动用水需求之外，供水能力、人口总量、经济总量、产业结构、消费方式、公众意识、科技与管理水平等都影响着社会经济系统的用水需求。随着经济与人口总量的增长、城镇化水平提高、消费模式转变，社会经济系统用水需求会持续上升，而经济结构的优化转型、科技水平的提高与管理措施的进步则会降低其用水需求，进而提高水资源利用效率和生产力。流域水资源管理方案是面向未来的自然因素与人文要素变化情景以流域可持续发展为目标的动态适应过程。因此，厘清社会经济发展情景驱动因素的变化趋势模拟社会经济系统的用水需求具有指导流域水资源可持续发展的现实意义。本研究参照了文献资料与区域发展规划，梳理了张掖市 2030 年关于人口、投资、消费与经济增长率的预测。基于 WESIM 动态模型，设置了以就业增长为主的长期闭合，同时根据未来社会经济发展预测指标模拟了未来社会经济发展的趋势，构建了未来社会经济发展的基准情景，分析了基准情景下的社会经济系统的水资源需求（表 6-4）。

表 6-4　未来社会经济发展预测分析　　　　　　　　　　（单位:%）

项目	参数			
	就业增长率	技术进步率	居民消费平均增长率	投资平均增长率
2000~2012	0.23	6.8	12	28.33
预测值	0.30	4	5.8	18

按照上述参数，在未采取任何社会经济节水政策措施与社会经济产业发展政策的基准情景下，首先调整预测参数使其在 2013 年与 2014 年模拟结果与统计数据一致后开展至 2030 年的未来基准预测。GDP 的增长率趋势逐渐趋缓，由 2014 年的 5.4% 降低到 2030 年的 2.1%，预测其 2030 年的 GDP 值达到 750 亿元左右（图 6-3）。

另外，分析社会经济系统的用水趋势，预测社会经济用水总量将从 2012 年的 21.9 亿 m³ 增加至 2030 年的 39.15 亿 m³。以农业规模继续保持扩张，并且积极发展第二和第三产业同时增长的态势来保障经济的快速发展，水资源的压力将非常大，按照当前的经济规律和用水效率，2030 年将需要增加近一倍的水资源量，这是不可实现的。模拟未来的趋势特别是预期至 2029 年张掖市社会经济用水量达到峰值 39.88 亿 m³，伴随产业结构增长趋势的扭转，社会经济用水总量变化趋势也出现了拐点。2030 年社会经济系统的用水总量开始出现下降趋势（图 6-4）。因此，单从模拟预测的规律来看，产业结构对社会经济系统用水总量影响比较显著。从产业产出的增长来看，第一产业的产出增长在 2020 年之前一直处于高位，2021 年后第三产业的产出增长率转变为最高，而到 2026 年后第二产业的产出增长率转变为最高，且逐渐拉开了与第一产业及第三产业的产出增长率距离（图 6-5）。至 2025 年前是张掖市快速发展时期，各行业的产业产出率在超过 5% 的趋势下增长。模拟结果进一步定量地验证了相关研究提出的张掖市未来的社会经济可持续发展目标下开展产业

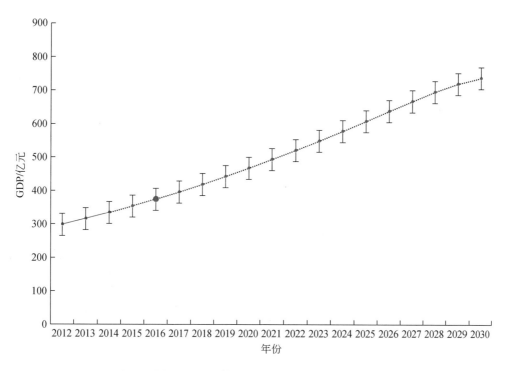

图 6-3　基准情景下未来 GDP 变化趋势

转型的必要性（林英志等，2013）。新型城镇化的发展目标为未来经济社会发展的产业转型升级提供了驱动力与机遇。

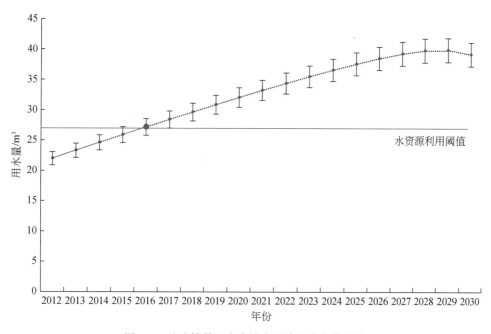

图 6-4　基准情景下未来社会经济用水变化趋势

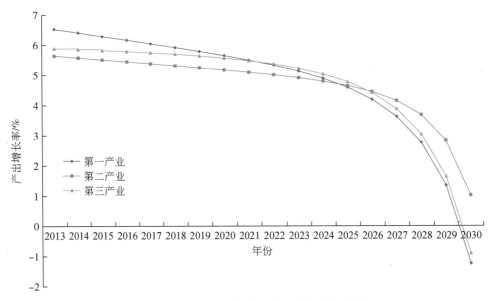

图 6-5　基准情景下未来产业产出增长率变化趋势

6.2　产业转型方案与水资源调控措施的适应性管理研究

水资源适应性管理是以水资源的供需平衡为核心，探索生态-水文过程模型与社会经济系统模拟的集成，在流域中游的张掖市尺度上集成分析城镇化与社会经济发展形成的需水压力、气候变化对水资源胁迫形成的供水矛盾，以及调节需求矛盾的产业转型方案与缓解供水压力的价格机制，以探求流域未来情景下供需矛盾调节的社会经济措施，为水-生态-社会经济耦合系统协调可持续发展提供科学决策方案（图 6-6）。

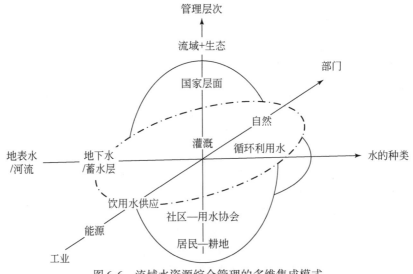

图 6-6　流域水资源综合管理的多维集成模式

产业结构与水资源的生产消耗结构紧密相关，产业结构的转型升级会引起水资源使用结构的改变，在产业结构转型优化促进经济增长的同时，通过减少水资源要素投入和间接耗水中间产品投入而减少水资源的消耗，是实现经济效益和生态效益均衡发展的重要路径（苏芳和徐中民，2008）。水资源作为必要的生产资料在不同产业之间的配置也会影响经济的协调发展程度。相关研究表明，除了市场化的程度抑制水资源消耗，产业结构的优化，产业结构从资本-劳动力密集型向技术-知识型转变是实现工农业节水的重要措施（张令梅，2004）。研究认为，社会经济系统用水会随着以人均 GDP 为指标的社会经济发展阶段出现转变，符合环境库兹涅茨曲线的倒 U 形假说，在香港与台湾等工业发达城市都出现了这种规律（刘轶芳等，2014）。张掖市目前还处于工业化初期，以劳动密集型产业为主，主要是农业用水为主，工业用水所占比例较低。张掖市的工业结构不合理，主导产业带动能力弱，工业规模小（章平，2010）。2012 年张掖市的工业增加值占全市 GDP 的 26%，规模以上工业占全部工业的 13.5%。同时，该区域是一个水资源匮乏的干旱与半干旱的荒漠绿洲区，因其地处中游，水资源量在很大程度上取决于上游的来水量，而且自 2000 年国家实施了黑河的统一调度，为保障下游的生态环境，中游用水被进一步地挤压。同时中游湿地等生态用水限制了经济社会用水的规模，水资源严重地制约了区域的经济社会与生态环境的可持续发展，权衡生态需水与经济社会用水需求也显得颇为重要。相对于直接减少各产业的产量以减少部门的水资源配置量所带来的经济损失，通过改进产业生产的技术水平和产业扶持政策来实现产业结构的转型优化，进而提高水资源生产力或水资源利用效率是更为合理的途径。产业结构的格局与生产过程的水资源消耗结构密切相关，即便是不提高个别产业部门的水资源生产力，产业结构的变动也会影响整个经济系统总的水资源消耗变化。例如，通过压缩水资源生产力水平低的行业使得产业结构转型，可在确保经济规模稳定目标下实现经济生产的水资源总消耗量减少（苏芳和徐中民，2008）。因此，厘清产业部门的水资源生产力、产业用水效率、产业规模与经济的主导性，辨析产业结构与水资源利用效率的关联，既能服务于区域的产业结构优化升级，同时也是建立高效节水型产业结构的理论依据。

应对水资源的供需矛盾，在注重社会经济系统生产力和生产方式调整的同时，也应关注提高生产资料的效率。水资源在总量控制、水资源效率与纳污能力三条红线控制下，在水资源稀缺地区研究定额管理与价格机制是实现水资源管理达标的重要手段。单纯的定额机制在一定程度上保证了总量控制，但是难以实现水资源利用效率的提高。为此在合理的价格机制下实施定额管理是缓解社会经济发展水资源制约瓶颈的有效手段。经济学家认为在完全竞争的市场机制下实现的供求均衡价格等于生产的边际成本，此时资源达到了最优配置。然而水资源不同于普通的商品，其具有商品与公共品的双重属性，需要兼顾公平与效率，难以形成完全竞争市场。同时由于水的供应行业由政府主导很难形成放开的多企业竞争的供水部门，因而易形成行业垄断，较难形成自由的水市场。尽管水市场机制具有一定的局限性，然而一些公共用品由私人提供的相关实践案例已经证明其可行性（贾绍凤，2001；曾祥旭，2011）。张掖市作为我国第一个节水型社会建设试点，已经展开了现代水权和水市场理论研究。依据张掖市水价管理办法，实施城乡水资源统一管理、总量控制与定额管理运用多种价格形式进行调控。灌区尺度的核算表明，张掖市农业用水的水费远低于其全部成本水价。例如，在大满、乌江、三上与甘浚灌区的统计发现，其现行水费占其完全水价的60%左右（马静等，2007）。

水资源费的设定不仅要考虑供水部门的成本还要考虑消费的支付能力，水资源管理部门的管理机制与效率，进而在博弈中科学制定水费。因此，分析表明当水资源价格远低于影子价格时即使水价大幅增长使其节水效果与定额管理的节水效果达到了一样的成效，但收益将大幅降低，在节水量相同的情况下，提高水价比减少水资源配额的成本高。

水资源因其属于公共用品而具有外部性，考虑其公平性，水资源价格要远远低于其影子价格，只有在水资源充沛地区才有可能发生。然而，即使在水资源充沛区，大幅提高水资源的价格，消费者的用水意识相对要提高，比起外部性的无节制用水则会节省更多的用水量，价格机制下消费者的收入损失比定额配置下的收入损失要高得多。水资源外部性的存在，会降低其效率，不能使社会福利最大化。然而当具有不同类型水资源可以利用，其价格差异悬殊时，消费者因利益差异会选择水资源的类型，若无行政强制措施则会形成竞争的市场环境，即使有行政强制但因收入主体的差异也会形成竞争。由于水资源类型的差异以及水资源自身的属性，张掖市的水资源也因地下水、地表水、自来水及其他水的多种类型而具有水资源费、水费与水价三种价格或费用机制，且差异较大。为此，张掖市的部分地区出现了地表水使用与地下水使用的博弈。为此，探讨其两者的价格情景分析其对水资源使用量的影响可服务于指导区域的水资源管理方案。

单位GDP用水量在2000~2010年有同期下降的趋势（图6-7）。在不同的行业，农业仍然是最大的水消费部门，占总取水量的90%以上（图6-8）。在2002年之前，单位GDP

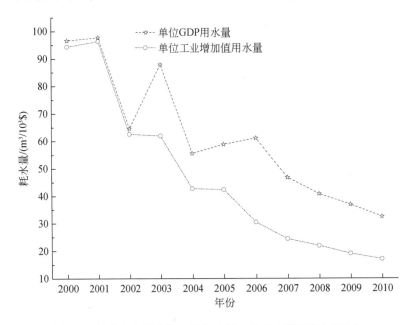

图6-7 单位产出用水量（数据来源：甘肃水资源官方报告）

用水量只是比单位工业增加值用水量略高；然而，2002 年后，两者之间的差距扩大了。2010 年单位 GDP 用水量约为 30m³/10³ 美元，是单位工业增加值用水量的两倍，说明农业用水量很大。此外，城市化和其他人为活动在流域不断发展，增加了耗水量。

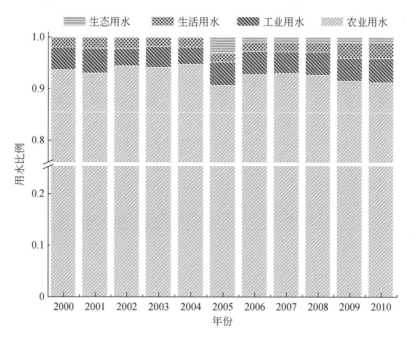

图 6-8 各行业用水比例（数据来源：甘肃水资源官方报告）

位于黑河流域中游的甘州区、临泽县、高台县、苏南裕固族自治县、山丹县、民乐县、肃州区等 7 个区县，都是典型的绿洲县。这些区县的总面积约为 4.2 万 km²，2010 年总人口 126 万，其中农村人口占 72.3%，城市人口占 27.7%（Wang et al.，2009）。2010 年，中游地区城镇化率略低于 30%。总的来说，该地区的总用水量为 2.46×10⁹m³，其中 81.7% 来源于黑河和其他流域（18.3%）（Li et al.，2001）。自 2001 年以来，当水资源综合管理和分配策略在整个黑河流域实施，水源供应方式已经发生了改变，黑河供应地表水下降了 13.0%，供应地下水增加 15.6%（Wang et al.，2009）。然而，随着城市化和经济发展的预期增加，未来对淡水的需求将会增加。

产业结构的转型升级受市场的资源配置、政府的宏观产业政策与产业部门的技术储备等多种因素综合影响，而非仅凭政府的强制性压缩与扩大完成。在市场机制尚未发育完善的背景下，依靠市场的调节机制完成产业结构转型升级需要漫长的道路。以政府为主导的对区域转型主要产业予以技术支持、科研投入、政策倾向等多种措施的扶持，将外生的有形力量转换到产业结构转型的内生优化机制中有利于设计出比较符合区域发展方向的产业转型升级路径。为此，可开展行业的技术进步率外生模拟其导致的产业结构优化背景及水资源消耗强度的变化（苏芳等，2008）。水资源是制约区域经济发展的重要资源因素，根据行业用水特征分别设计了三种方案（表 6-5）。基于外生冲击利用静态的 WESIM 模型模拟了三种方案下的经济规模、结构与水资源消耗情况。

表 6-5　产业结构转型的方案设计

方案	I	II	III
方案设计	农业技术进步 5%	工业技术进步 5%	服务业技术进步 5%

模拟结果发现，不同方案下产业用水技术进步导致的产业转型对 GDP 的贡献各有差异。从 GDP 的增加来看，工业技术进步导致的产业结构转型使 GDP 增长 6.99%，技术进步的贡献率比较大。而农业技术进步导致产业结构转型使 GDP 增长 3.72%，贡献率相对较小。从水资源要素收入来看农业的技术进步导致的地表水要素投入减少相对显著，而工业使得地下水资源要素的投入减少显著，也充分体现了行业的用水特征（表 6-6）。

表 6-6　产业结构转型方案对 GDP 影响的分解分析　　　（单位:%）

要素	I	II	III
土地资源	0. 0 000	0. 0 000	0. 0 000
劳动力	1. 6 732	1. 4 078	1. 7 288
地表水	−0. 0 303	0. 0 000	0. 0 000
地下水	−0. 0 001	−0. 0 009	0. 0 000
其他用水	−0. 0 001	0. 0 000	0. 0 000
资本	0. 0 000	0. 0 000	0. 0 000
直接税	0. 1 358	0. 7 724	0. 2 564
技术进步	1. 9 438	4. 8 150	2. 3 379
合计	3. 7 223	6. 9 943	4. 3 231

从行业技术进步导致的产业结构转型升级结果来看，总体都会促进经济的发展。首先，分析农业行业的技术进步方案模拟结果，导致农业产出增加了 9.17%，工业产出轻微下降 0.12%，而服务业产出增加 0.51%。其次，分析工业行业技术进步方案模拟结果，工业产出增长的同时农业与服务业产出均处于增加状态。工业产出增加 7.87%，略小于农业技术进步方案导致的农业产出增加幅度，但是其拉动其他两个行业产出也处于增加趋势。最后分析服务业技术进步方案，服务业产出增加的同时拉动了农业与工业产出同时增加，并且农业和工业增加的比例相对较高。其原因为服务业生产需要农业和工业行业产品中间投入较大，间接拉动了工业和农业的生产活动（图 6-9）。

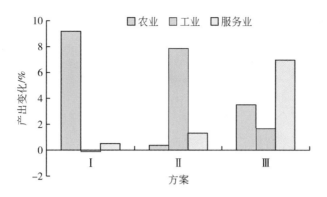

图 6-9 三种产业结构转型方案下产出变化

综合分析产业结构转型升级的结果，由于张掖市的生产用水主要集中于农业部门，在方案 I 下虽然地表水与地下水的使用量会轻微减少（图 6-10）。其他两个方案对水资源要素的影响程度不大。但从产业结构的带动上来看，服务业的发展显著的拉动了农业与工业行业部门的发展（贾绍凤等，2004）。因此，研究认为方案Ⅲ是区域产业结构转型发展的方向，政府应该致力于服务业行业的发展，鼓励产业部门积极改进技术，进而带动区域经济的快速发展。

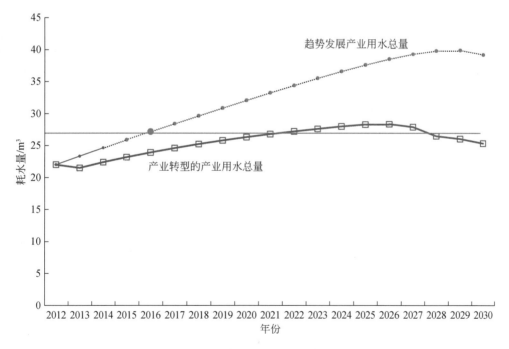

图 6-10 产业转型方案下未来社会经济用水变化趋势

通过短期对比分析认为方案Ⅲ在快速发展的同时能带动其他两个产业增长。为此，研究开展了基于方案Ⅲ情景参数的长期动态模拟。至 2013 年开始对于第三产业的技术进步率设定保持 5%，则社会经济系统用水总量在 2022 年左右超过水资源可利用量，超过该值的最大年是 2026 年，其水资源需求量为 28.31 亿 m³，超出大约 6.8%。且 2026 年是方案 Ⅲ 情景下水资源需求曲线出现拐点的年份。结合气候变化影响，水资源的平均增长率为 5.9% 左右，但仍会出现水资源短缺现象。农业作为一个适应性较强的行业预期会在水资源短缺年份缩小规模。通过产业转型使得张掖市的水资源生产力从目前的 15 元/m³ 提高到 2030 年的 30 元/m³。在产业结构转型发展过程中，政府应大力扶植发展低耗水、高效用的现代服务行业，对于耗水较高的服务型行业引入竞争机制，通过市场作用转换其在第三产业中的比重，提高行业的用水效率；同时，张掖市大力发展的生态旅游产业也逐渐成熟，这些都会在提高水资源生产力的同时拉动区域产业转型升级。基于张掖市水资源的特殊性，流域内耕地数量随着近年降水量的增加与农业节水技术的进步而不断增加，其社会经济发展的特点是以水定生产规模，所以土地资源管理方案是张掖市真正调控水资源使用量的关键措施。严格控制耕地数量是确保农业用水总量降低、提高水资源生产力的重要手段。为此基于 WESIM 的静态模型模拟不同水土资源调控措施下的水资源配置与社会经济影响可为水市场机制调控研究实现节水和发展双赢提供科学的决策建议。

情景模拟是政策变动的社会经济与资源配置影响分析的重要手段。研究分析了 WESIM 的短期闭合机制，外生调控水土资源要素的费用、租金或价格及内生产业生产所用不同类型水资源的数量，分析了不同方案下不同类型水资源配置与社会经济影响的变动方向与强度。基于编制的 2012 年嵌入水土资源要素的张掖市投入产出表分析基础均衡态下重点行业部门的用水情况发现，玉米、小麦、水果和蔬菜的用水量都较大，同时地下水的使用量也较高，几乎为地表水使用量的一半。除农业部门外的工业与服务业用水总量都较少，主要分布于食品制造加工、电力、热力的生产和供应业、水的生产和供应业及服务业，其生产用水合计 21.89 亿 m³，其中地下水合计 6.50 亿 m³（图 6-11）。张掖市对地表水和地下水运用了不同的价格形式进行水资源使用量的调节，不难理解如果不采取行政强制措施当地下水资源费与抽取地下水的电费之和小于地表水水费时，农民将为经济利益而忽视生态效应，进而抽取地下水进行灌溉，目前区域的地下水因只收取水资源费即 0.01 元/m³，而地表水水费是 0.15 元/m³，若忽视地下水灌溉对土壤影响以及地下水水位下降的生态效应，地下水的开采力度将会继续加大。鉴于该实际情况，研究设计了地下水资源费与水费分别增加 5% 的情景方案并开展了模拟。在模拟中考虑社会经济系统的用水结构特征及工业和服务用水总量较小的实际，进行了部门的合并，保留了细分农业的部门。

对比分析地表水与地下水费用增加 5% 的情景，两种情景都保证了整个经济系统的总增加值不变。当该类型水资源要素提价后因有其他替代要素而导致了其要素本身收入的直接下降，而其他类型要素随着使用量的增加而获得要素收入增加。另外即使价格同样增长 5%，模拟结果中地表水水价的提高影响程度更为显著。但是因为两者价格都比较低对整个生产投入费用的影响并不大。如地表水费增加 5% 的情景下影响最大，其费用减少了 0.018%，也就是地表水费减少 3.96 万元（表 6-7）。

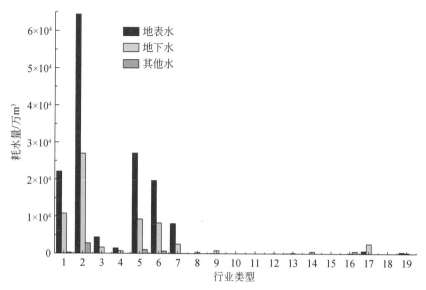

图 6-11　2012 年张掖市不同行业类型用水量

1. 小麦；2. 玉米；3. 油料；4. 棉花；5. 水果；6. 蔬菜；7. 其他农业；8. 采选业；9. 食品制造及烟草加工业；
10. 纺织及其制品业；11. 木材加工及家具制造业；12. 造纸印刷及文教体育用品制造业；13. 化学工业；14. 金属
冶炼与加工；15. 其他制造业；16. 电力、热力的生产和供应业；17. 水的生产和供应业；18. 建筑业；19. 服务业

表 6-7　地表水与地下水费用增加情景模拟

水资源要素	Ⅰ	Ⅱ	Ⅲ
地表水	2.22	0.009	−0.018
地下水	0.14	−0.012	0.009
其他用水	0.09	0.003	0.009

注：Ⅰ 投入要素费用（亿元）；Ⅱ 地下水水资源费增加 5%（%）；Ⅲ 地表水水费增加 5%（%）

　　上面分析了两种情景下对生产过程的各类型水资源要素投入费用的影响，总体看影响较小，但是从各行业的用水总量上看影响则更为显著。如增加地下水水资源费 5% 情景下，从农业的几个种植行业来看，因其用地下水灌溉的使用基数较大，约 6 亿 m^3，种植行业用地下水量减少了 0.48%，约减少地下水使用量 288 万 m^3。在地下水水资源费增长的情景下，地表水的使用量会增加，其增加幅度为 0.01%~0.02%，地表水使用的基数也较大，计算发现地表水使用量增加了约 14 万 m^3。模拟结果表明，提高地下水的水资源费在使行业的地下水用量降低的同时，导致行业使用地表水量增加，而且若总用地面积不变情况下土地的租金也呈下降趋势（表 6-8）。从农业行业分析，提高地下水水资源费，农业行业节水约 274 万 m^3。水资源费一旦调节至符合价值规律水平，辅以定量限额、超额累进加价，人们的用水态度将转变为"斤斤计较"，从意识上注重节水，势必关注用水效率与节水技术的提高。另外从增加地表水费 5% 的情景模拟结果来看，地表水使用减少的比例比较小，在 0.02%~0.03% 之间，因其本身规模比较大，其用水总量减少约 44 万 m^3。然而地下水的使用量增加明显，未能起到很好的节水效果。对比水资源费与水费提高的模

拟结果发现,增加相同比例的费用,两者节水的效果差异显著,增加地下水水资源费情景下单从农业就可节水 274 万 m³,而增加地表水费而不提高地下水水资源费的情景下总的用水量反而增加。所以基于情景模拟结果分析认为区域应该适当的提高地下水水资源费。

表 6-8　地表水与地下水费用增加情景模拟

项目	地下水水资源费增加 5%			地表水水费增加 5%		
	地下水用量	地表水用量	土地租金	地下水用量	地表水用量	土地租金
小麦	−0.48	0.02	−0.03	0.48	−0.02	−0.92
玉米	−0.49	0.01	−0.05	0.47	−0.03	−1.63
油料	−0.49	0.01	−0.01	0.48	−0.02	−0.35
棉花	−0.48	0.02	−0.03	0.48	−0.02	−1.02
水果	−0.49	0.01	−0.04	0.47	−0.03	−1.68
蔬菜	−0.49	0.01	−0.05	0.47	−0.03	−1.81
其他农业	−0.49	0.01	−0.01	0.49	−0.01	−0.28
采选业	−0.25	0.25	−0.02	0.00	−0.50	0.00
食品制造及烟草加工业	−0.28	0.22	−1.46	0.00	−0.50	0.00
纺织及其制品业	−0.50	0.00	0.00	0.00	−0.50	0.00
木材加工及家具制造业	−0.02	0.48	−13.46	0.00	−0.50	0.00
造纸印刷及文教体育用品制造业	−0.17	0.33	−0.05	0.00	−0.50	0.00
化学工业	−0.44	0.06	−0.02	0.00	−0.50	0.00
金属冶炼与加工	−0.22	0.28	−0.03	0.00	−0.50	0.00
其他制造业	−0.45	0.05	0.00	0.00	−0.50	0.00
电力、热力的生产和供应业	−0.47	0.03	−0.08	0.11	−0.39	−2.81
水的生产和供应业	−0.11	0.39	−10.49	0.00	−0.50	0.00
建筑业	−0.50	0.00	0.00	0.00	−0.50	0.00
服务业	−0.48	0.02	−0.11	0.00	−0.50	0.00

另外从两种情景的结果来看,因地下水水资源费或者地表水水费的增加均降低了土地的租金,在张掖市这个干旱与半干旱地区,农业的发展主要依赖水资源。因地表水水费远高于地下水水资源费,所以地表水水费增加 5% 的情景下,土地租金下降程度相对较大,比如有的种植行业下降比例达到 1.8%,这样不利于保护农民的利益。相对于农业,工业及服务业部门的土地租金几乎没有受到影响,主要原因是区域的工业用水的主要来源是地下水,地下水水资源费的增加对工业部门的土地租金的影响要比地表水水费的增长所产生的影响显著得多。地下水水资源费的增加同样降低了农业部门的土地租金,但是影响相对较小,究其原因主要是农业部门主要使用地表水灌溉,地表水使用量是地下水使用量的两倍之多。另外从种植结构的灌溉定额上分析,定额最大的作物是蔬菜,其毛定额为 1000m³/(亩·年),玉米的毛定额为 850m³/(亩·年),小麦和油料均为 715m³/(亩·年),

棉花是 510m³/(亩·年),为提高农业用水效率,提高农业用水生产力,应积极引导农户播种经济作物。然而,统计分析发现粮食作物与经济作物播种的比例没有缩小反而扩大,比例由 58:42 变为了 69:31。因此单从农业内部开展种植结构的调整也是重要的节水措施。另外张掖市自 2002 年建设节水型城市就开始引进节水技术、节水作物品种和节水农业设施,目前其渠水的利用率刚刚达到 60%,所以其农业节水潜力仍然巨大。

研究分析了控制农业行业部门的土地资源量对社会经济系统用水的影响以及对社会经济系统冲击,发现在调整农业种植结构的同时,如果从农业用地总量上进行控制,也能较为有效地控制经济社会系统的用水量。研究模拟了土地资源量减少 5% 情景的经济影响与节水效果,发展期对经济系统的影响为 GDP 降低 0.57%,而此时共节水 1.17 亿 m³(表6-9)。并且水土资源在模式设定中作为同等要素,但从两者冲击的影响来看,在两种资源的供应量减少 5% 的情景下,土地资源对 GDP 的影响要比水资源的影响高近 0.19%。因此,为保障流域中游的水资源安全,应该严格控制耕地总量,强化土地资源管理。

表6-9　控制行业用地减少5%情景的节水效果　　　　(单位:万 m³)

项目	地表水减少量	地下水减少量	其他水减少量
小麦	−1328.05	−645.00	−15.54
玉米	−3686.80	−1541.27	−160.44
油料	−223.41	−86.03	−1.44
棉花	−91.32	−45.62	−0.28
水果	−1391.73	−477.89	−54.01
蔬菜	−846.31	−352.61	−29.27
其他农业	−371.28	−117.21	−2.53
煤炭开采和洗选业	0.00	−3.44	0.00
石油和天然气开采业	0.00	0.00	0.00
金属矿采选业	0.00	−5.63	0.00
非金属矿及其他矿采选业	0.00	−5.56	−0.02
食品制造及烟草加工业	0.00	−29.20	−1.00
纺织业	0.00	0.00	0.00
纺织服装鞋帽皮革羽绒及其制品业	0.00	−0.04	0.00
木材加工及家具制造业	0.00	−0.44	−0.02
造纸印刷及文教体育用品制造业	0.00	−2.65	−0.06
石油加工、炼焦及核燃料加工业	0.00	0.00	0.00
化学工业	0.00	−6.83	−0.26
非金属矿物制品业	0.00	−13.06	−0.41
金属冶炼及压延加工业	0.00	−8.00	0.00
金属制品业	0.00	−0.12	0.00
通用、专用设备制造业	0.00	−0.21	0.00

项目	地表水减少量	地下水减少量	其他水减少量
交通运输设备制造业	0.00	0.00	0.00
电气机械及器材制造业	0.00	−0.03	0.00
通信设备、计算机及其他电子设备制造业	0.00	0.00	0.00
仪器仪表及文化办公用机械制造业	0.00	0.00	0.00
工艺品及其他制造业	0.00	0.00	0.00
废品废料	0.00	0.00	0.00
电力、热力的生产和供应业	0.00	−4.71	−25.84
燃气生产和供应业	0.00	0.00	0.00
水的生产和供应业	−23.52	−85.57	−0.19
建筑业	0.00	−0.19	−0.20
交通运输及仓储业	0.00	−0.03	0.00
邮政业	0.00	0.00	0.00
信息传输、计算机服务和软件业	0.00	0.00	0.00
批发和零售业	0.00	0.00	0.00
住宿和餐饮业	0.00	−0.08	0.00
金融业	0.00	0.00	0.00
房地产业	0.00	0.00	0.00
租赁和商务服务业	0.00	0.00	0.00
研究与试验发展业	0.00	0.00	0.00
综合技术服务业	0.00	−0.38	0.00
水利、环境和公共设施管理业	0.00	−0.37	−0.05
居民服务和其他服务业	0.00	0.00	0.00
教育	0.00	−5.17	0.00
卫生、社会保障和社会福利业	0.00	−2.18	0.00
文化、体育和娱乐业	0.00	0.00	0.00
公共管理和社会组织	0.00	−0.01	0.00

因此，通过对水资源费的增加、种植结构内部调整可以实现张掖市农业用水的有效控制，在供水和用水环节杜绝水资源的浪费。另外，地表水和地下水的水资源费由市水务局收取，更多归属地方财政，而地表水灌溉用水费由黑河流域管理局征收，上交国家，因此出现灌溉的地表水和地下水使用的博弈。实现水资源费与水费征收单位及财政归属的统一，有利于不同部门利益的统一，避免为提高本部门收入而鼓励使用其管理的水资源。市场化的水资源价格制度，核算水资源的外部性成本，使水资源价格逼近影子价格或者高于影子价格，进而抑制水资源相对充沛地区经济生产过程中水资源的过度且无效率消费现象，有利于提高水资源的生产力，构建产权明晰的水资源管理制度。确保在市场机制下，

充分地刺激经济主体用水的行为，促使其改进技术水平，降低用水强度，提高水资源的生产力和利用效率，促进水资源在区域、产业和企业间的转移，形成有效的水权交易规模和效益（吴威，2014）。

张掖市市辖区县也因水资源的丰度、产业结构、居民意识、产业规模与管理水平等差异而使得区域内的水资源压力差异明显。山丹与民乐地区处于中上游，水资源相对充沛，居民节水意识要低于中下游的临泽与高台。山丹、民乐地区主要是农业用水，工业主要集中于甘州区、临泽县与高台县，而肃南主要是畜牧业。因此区域产业结构与资源禀赋的差异拉动区域间生产和生活品的贸易流，形成整个张掖市社会经济系统的水循环过程。产业结构的调整方案应根据区域的资源优势与产业基础而因地制宜。

6.3 区域产业用水需求驱动效应分解

基于两期投入产出表的结构分解分析（structural decomposition analysis，SDA）是一种静态分析方法，区别于指数分解方法，其核心是将投入产出表的经济结构中某个因变量在两个时段上的变动分解为与投入产出表相关的经济结构、规模、最终需求、贸易结构、消费与技术等多个独立自变量变动的和，以测度出各独立自变量对因变量变动在方向和强度上的贡献（张春梅等，2012）。结构分解技术作为一种以投入产出表为核心开展变化驱动因素分析的有力工具，在描述因变量在时序变化的归因分析方面有独特的优势（李艳梅和张雷，2008）。研究在收集制备多期的投入产出表的基础上应用 SDA 方法能够厘清该时段内某些变量变动的各种驱动因素贡献率的大小，并进行多部门的比较分析，以投入产出分析中的行与列的恒等为前提，分解因变量的变动，并把其变化分解成几个自变量的变动，既清晰地包含了直接影响，又考虑了产业中间投入的间接影响（王苗苗，2013）。SDA 分析与投入产出表紧密结合，根据投入产出表的技术系数矩阵与最终需求系数矩阵可以拆解其技术效应和最终需求效应，将其与 WESIM 结合起来，更有利于分析经济系统中的资源与能源消耗增长、劳动力就业拉动、资本投入驱动等问题。

通过识别其驱动因素和影响强度可以将某个自变量分析分解成为若干个影响其变化的因变量的乘积或者加和，这个自变量的百分比变化或者绝对变化量也可以分解为因变量变化的乘积或者加和（夏炎等，2010）。为了将问题表达地更加清晰我们基于简单的模型推导其数学原理，令：

$$y = xz \tag{6-1}$$

在这里 y、x 和 z 可以为数字、向量和矩阵。y 在两点的变化量为：$\Delta y = y(1) - y(0)$，可以分解为

$$\begin{aligned}\Delta y &= x(1)z(1) - x(0)z(0)\\&= [x(1)-x(0)]z(1) + x(0)[z(1)-z(0)]\\&= (\Delta x)z(1) + x(0)(\Delta z)\end{aligned} \tag{6-2}$$

同理可得

$$\Delta y = (\Delta x)z(0) + x(1)(\Delta z) \tag{6-3}$$

在这种简单的情况中，y 变化的决定因素的加法分解方法有两种。方程（6-2）和方程（6-3）的分解是完全等价的。对于方程（6-2）和（6-3），通常被描述为 "x 的变化和 z 的变化对 y 变化的贡献"，有一个常用的解决方案是用等价的分解形式来替换它：

$$\Delta y = (\Delta x) z\left(\frac{1}{2}\right) + x\left(\frac{1}{2}\right)(\Delta z) \tag{6-4}$$

在这里，$z\left(\frac{1}{2}\right) = \frac{1}{2}z(0) + \frac{1}{2}z(1)$，$x\left(\frac{1}{2}\right) = \frac{1}{2}x(0) + \frac{1}{2}x(1)$，这个完美表达只有在两个影响因素情况下才能成立。然而通常情况下，有 n 个影响因素。

$$y = x_1 x_2, \cdots, x_n$$

则从一端计算增加值演变为

$$\Delta y = x_1(1)x_2(1), \cdots, x_n(1) - x_1(0)x_2(0), \cdots, x_n(0)$$
$$= (\Delta x_1)x_2(1)x_3(1), \cdots, x_{n-1}(1)x_n(1) + x_1(0)(\Delta x_2)x_3(1), \cdots, x_{n-1}(1)x_n(1) +, \cdots, \tag{6-5}$$
$$+ x_1(0)x_2(0)x_3(0), \cdots, (\Delta x_{n-1})x_n(1) + x_1(0)x_2(0)x_3(0), \cdots, x_{n-1}(0)(\Delta x_n)$$

同理，我们从另一端计算增加值：

$$\Delta y = (\Delta x_1)x_2(0)x_3(0), \cdots, x_{n-1}(0)x_n(0) + x_1(1)(\Delta x_2)x_3(0), \cdots, x_{n-1}(0)x_n(0) +, \cdots,$$
$$+ x_1(1)x_2(1)x_3(1), \cdots, (\Delta x_{n-1})x_n(0) + x_1(1)x_2(1)x_3(1), \cdots, x_{n-1}(1)(\Delta x_n) \tag{6-6}$$

尽管从符号的角度来看，方程（6-4）和（6-5）是一个最简单的表达式，所有等价的分解形式可以通过设置集合 $\{1, 2, \cdots, n\}$ 中元素的排列应用方程（6-5）得到，因此不同分解形式总共有 $n!$ 种。

考虑部门的水资源要素成本和产品贸易的变化并根据 48 部门的投入产出表，得到的模型为

$$w = uy \tag{6-7}$$
$$y = Ay + Bf \tag{6-8}$$

式中，w 是部门水资源消耗的向量；y 是部门总产出向量；u 部门的单位产品的水资源消耗的输出量；

A 技术系数矩阵 a_{ij}，表示 j 部门生产一单位产出需要投入 i 部门的产品量；

B 的系数矩阵 b_{ik}，用来测量在从部门 i 花费在 k 个最终需求部门的分数，描述最终需求的结构或分布；

f 为居民消费、政府消费、出口、投资这四个类别的最终需求向量。

这个模型的解决方案，模型分解的基础，由下式给出：

$$w = uLBf \tag{6-9}$$

式中，$L = (I-A)^{-1}$，表示 Leontief 逆矩阵，其矩阵中元素为 b_{ij}，描述完全水资源需求量。根据该公式，社会经济系统水资源使用量变化（Δw）可以分解为以下四个部分：单位总产出消耗水资源的改变（Δu）的影响、技术改变（ΔL）的影响、最终需求结构的改变（ΔB）的影响、最终需求水平的改变（Δf）的影响。

根据 2007 年和 2012 年的数据，将 Δw 应用到张掖市 42 部门的投入产出表，共有四个解释性变量，所以不同的分解形式总共有 24 种，其中两极分解模式如下：

$$
\begin{aligned}
\Delta w &= w(2012) - w(2007) \\
&= u(2012)L(2012)B(2012)f(2012) - u(2007)L(2007)B(2007)f(2007) \\
&= (\Delta u)L(2012)B(2012)f(2012) + u(2007)(\Delta L)B(2012)f(2012) \\
&\quad + u(2007)L(2007)(\Delta B)f(2012) + u(2007)L(2007)B(2007)\Delta f \\
&= (\Delta u)L(2007)B(2007)f(2007) + u(2012)(\Delta L)B(2007)f(2007) \\
&\quad + u(2012)L(2012)(\Delta B)f(2007) + u(2012)L(2012)B(2012)(\Delta f)
\end{aligned}
\tag{6-10}
$$

若对（6-9）公式进行全微分，则有

$$
\mathrm{d}w = (\mathrm{d}\hat{u})LBf + \hat{u}(\mathrm{d}L)Bf + \hat{u}L(\mathrm{d}B)f + \hat{u}LB(\mathrm{d}f)
\tag{6-11}
$$

使用离散近似：

$$
\Delta w \approx (\widehat{\Delta u})LBf + \hat{u}(\Delta L)Bf + \hat{u}L(\Delta B)f + \hat{u}LB(\Delta f)
\tag{6-12}
$$

在实证研究中，通常使用第一年的权重、最后一年的权重或者是它们的平均权重（中点权重）。

$$
\begin{aligned}
\Delta w &= (\Delta u)L_0 B_0 f_0 + u_0(\Delta L)B_0 f_0 + u_0 L_0(\Delta B)f_0 + u_0 L_0 B_0(\Delta f) + \varepsilon(0) \\
&= (\Delta u)L_1 B_1 f_1 + u_1(\Delta L)B_1 f_1 + u_1 L_1(\Delta B)f_1 + u_1 L_1 B_1(\Delta f) + \varepsilon(1) \\
&= (\Delta u)L_{1/2} B_{1/2} f_{1/2} + u_{1/2}(\Delta L)B_{1/2} f_{1/2} + u_{1/2} L_{1/2}(\Delta B)f_{1/2} + u_{1/2} L_{1/2} B_{1/2}(\Delta f) + \varphi\left(\frac{1}{2}\right)
\end{aligned}
\tag{6-13}
$$

式中，$\varepsilon(0)$ 代表了交互影响。它是高于四阶的高阶无穷小，均值和之前定义的一样。因此，$L_{1/2} = \frac{1}{2}L_0 + \frac{1}{2}L_1$，注意 $\varphi\left(\frac{1}{2}\right) \neq \frac{1}{2}\varepsilon(0) + \frac{1}{2}\varepsilon(1)$，因为，在一般意义下，$(\Delta u)L_{1/2} B_{1/2} f_{1/2} \neq \frac{1}{2}(\Delta u)L_0 B_0 f_0 + \frac{1}{2}(\Delta u)L_1 B_1 f_1$，这意味着还有第四个表达：

$$
\begin{aligned}
\Delta w &= \frac{1}{2}(\Delta u)\left[L_0 B_0 f_0 + L_1 B_1 f_1\right] + \frac{1}{2}(\Delta L)\left[u_0 B_0 f_0 + u_1 B_1 f_1\right] \\
&\quad + \frac{1}{2}(\Delta B)\left[u_0 L_0 f_0 + u_1 L_1 f_1\right] + \frac{1}{2}(\Delta f)\left[u_0 L_0 B_0 + \frac{1}{2}u_1 L_1 B_1\right] + \varepsilon\left(\frac{1}{2}\right)
\end{aligned}
\tag{6-14}
$$

因此，第 i 个部门的水资源变化可以表达为：

$$
\Delta w_i = T_i + E_i + Sc_i + St_i
$$

$$
T_i = \frac{1}{2}\left\{ \left[\sum_j (\Delta u_i) b_{ij}^1\right] f_1 B_{i1} + \left[\sum_j (\Delta u_i) b_{ij}^0\right] f_0 B_{i0} \right\}
\tag{6-15}
$$

$$
E_i = \frac{1}{2}\left\{ \left[\sum_j u_i^0(\Delta b_{ij})\right] f_1 B_{i1} + \left[\sum_j u_i^1(\Delta b_{ij})\right] f_0 B_{i0} \right\}
\tag{6-16}
$$

$$
Sc_i = \frac{1}{2}\left[\sum_j (u_i^1 b_{ij}^1)B_i^0 + \sum_j (u_i^0 b_{ij}^0)B_i^1 \right]\Delta f
\tag{6-17}
$$

$$
St_i = \frac{1}{2}\left[\sum_j (u_i^1 b_{ij}^1)f_1 + \sum_j (u_i^0 b_{ij}^0)f_0 \right]\Delta B_i
\tag{6-18}
$$

所以，部门 i 的水资源变化的驱动效应可以分解为四部分，T_i 表示为 i 部门技术变化的效应，E_i 表示为 i 部门完全使用效率变化的效应，S_{ci} 表示为 i 部门经济系统规模变化的效应，S_{ti} 表示为 i 部门经济结构变化的效应。

基于张掖市 2007 ~ 2012 年的产业用水数据研究表明，该期间整个经济系统用水量增加了 0.58 亿 m^3，农业用水增加了 0.5 亿 m^3，第二产业减少了 0.14 亿 m^3，第三产业增加了 0.22 亿 m^3（图 6-12）。分析其原因是该时期整个经济系统的规模扩大造成了水资源需求的增加，由于经济规模导致的用水增量为 0.92 亿 m^3，且由于经济规模扩大导致的最终产品（消费、进出口和投资）的完全用水消耗增加了近 1.16 亿 m^3，而产业结构转型降低水资源消耗为 0.63 亿 m^3，技术进步降低的水资源消耗为 0.87 亿 m^3。

即：

导致的最终端产品（消费、进出口和投资）的完全用水

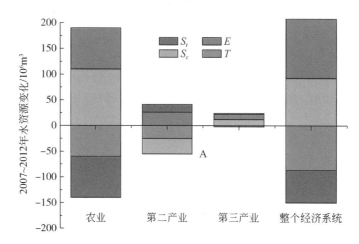

图 6-12 2007 ~ 2012 年张掖市产业用水变化驱动因素分解

从规模效应上分析，农业和第三产业以及整个经济系统的规模变化都拉动了社会经济系统水资源消耗的增加，也说明农业和第三产业的规模在该时期是增加的。从行业的技术效率变化对水资源消耗总量变化驱动来看都是负效应。农业内部的产业结构调整产生了节水效应，节水总量约为 0.80 亿 m^3。而第二产业结构的调整对水资源需求产生了增加的效应，增加约为 0.15 亿 m^3，总体经济结构调整对水资源变化也是负的效应，与该区域的相关研究具有类似结果（王苗苗，2013）。因此，该区域的节水型社会建设可以通过推动产业结构调整和提升产业的技术进步等积极政策和措施来实现。

第7章 土地利用变化情景下的流域水资源供需矛盾模拟——以黑河流域为例

7.1 社会经济情景下的土地利用结构模拟

本章集成的 LUCC 动力学模型耦合自然与人文要素的影响机制,在宏观尺度上基于一般均衡理论集成了土地利用宏观结构模拟的 CGELUCC 模块,计算社会经济系统拉动的生产用地结构需求的变化,结果传递于空间栅格尺度模块;气候变化通过农业生态分区模型驱动 CGELUCC 模型中的土地利用功能转移;在微观尺度上,集成宏观 CGELUCC 模型的用地需求与气候变化情景参数,推演气候、政策、农户决策等行为模式影响的土地利用变化的 agent-based model 模型,形成自然要素与人文因素双重驱动的 LUCC 动力学模型体系,并开展黑河流域未来土地利用变化模拟,进而分析土地利用变化情景下的流域水资源供需矛盾,为流域水资源管理提供情景方案。

7.1.1 土地利用均衡分析模型

人文要素驱动的土地利用均衡分析模型由空间模块和非空间模块两部分构成(图7-1),分别在区域尺度上描述人文要素驱动的土地利用需求变化,在栅格尺度上表达土地利用需求拉动土地利用格局变化。非空间模块基于可计算一般均衡理论,考虑区域政策、社会、经济等各方面的因素,考察的是社会经济发展对土地资源要素各种不同承载功能变化的需求,基于国家/区域社会经济发展的总体趋势及政策对未来土地利用需求进行模拟。同时人类活动占据主体的耕地变化受气候变化约束,农业生态分区的推移变动对其产生直接影响。空间模块基于多智能主体理论,考察栅格尺度上的政策、社会、经济、自然条件控制下土地利用需求的在空间上的平衡。通过结合由宏观需求驱动微观变化的自上而下的分解过程和由栅格条件制约区域需求的自下而上的加总过程,形成了完整自然要素与人文因素耦合驱动的 LUCC 动力学模型体系。

自然要素驱动土地利用变化的途径主要通过农业生态分区模型与 ABM 空间栅格模拟模型两个模块。非空间模块考虑了气候变化导致的农业生态分区(AEZ)改变引起的社会经济发展决策改变导致的耕地需求变化,研究气候变化驱动农业生态分区变化导致区域耕作制度改变,从而引发整个社会经济底层对耕地供给改变,导致土地利用行为方式改变的过程。这里的农业生态分区指的是由可持续发展和全球环境中心(center for sustainability and global environment,SAGE)和联合国粮食及农业组织(FAO)根据气候条件和作物生

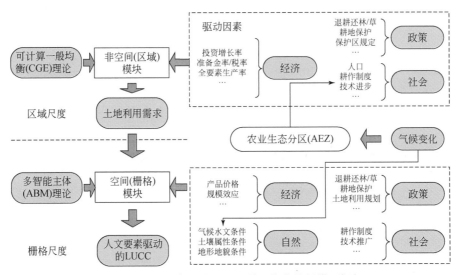

图 7-1　人文要素驱动的土地利用均衡分析模型框架

长规律划分的一致性分区单元。在 ABM 模型中通过引入气候参数影响 Agent 的决策行为方式实现空间格局模拟上的影响分析。

　　人文要素驱动的土地利用均衡分析模型非空间模块是基于可计算一般均衡理论构建的一般均衡模型。模型中土地资源作为一种初级生产要素嵌入生产函数，当土地资源在不同产业部门上流转意味土地资源承载的功能发生了转变，同时在区域土地面积保持供需均衡的约束下。投入产出表是该模型运行的核心数据基础，其刻画了一个均衡态下社会经济系统结构与规模特征，编制完成的嵌入土地资源要素的投入产出表正是刻画了土地资源作为生产初级要素与社会经济系统之间的关联关系。模型的实际，是由一系列经济学方程构成的有且有唯一解的联立方程组，不同的土地利用类型作为生产要素在经济学方程中体现，当外生变量亦即方程的系数发生改变，作为方程组解的各种土地利用类型的需求就会发生改变，从而驱动区域土地利用结构的改变。

　　土地利用均衡分析模型的非空间模块运行环境是多用途的宏观经济系统建模软件包 GEMPACK。模块主要包括三个主要程序文件：①RUN. bat，启动土地利用均衡分析模型的非空间模块的运行。②LUC- *. cmf，定义土地利用均衡分析模型的非空间模块外生变量及其变化。③CHIN. TAB，土地利用均衡分析模型的非空间模块求解主文件。五类主要数据文件：①set. har，定义土地利用均衡分析模型的非空间模块数据集。②dat. har/LUC_ *. har，土地利用均衡分析模型的非空间模块输入数据。③par. har，土地利用均衡分析模型的非空间模块参数数据。④shk*. har，土地利用均衡分析模型的非空间模块情景设定数据。⑤luc- *sl4，土地利用均衡分析模型的非空间模块模拟结果。

　　土地利用均衡分析模型非空间模块在 GEMPACK 环境下的运行流程如（图 7-2）。由 RUN. bat 文件启动整个程序的运行；由 LUC_ time. cmf 文件实现数据的更新与情景设定；由 chin. TAB 文件实现模型的求解。农业生态分区变化的冲击通过各个生态分区要素禀赋数量的更新引入模型的运算之中。

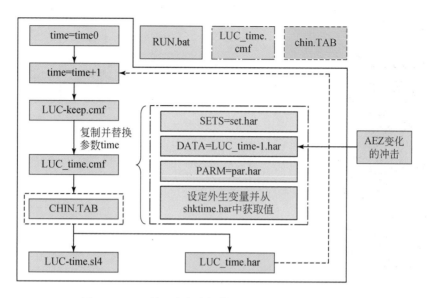

图 7-2 土地利用均衡分析模型非空间模块运行流程

虽然土地利用均衡分析模型的非空间模块可以实现区域上的社会经济发展对土地利用需求的核算与预测，但实现土地利用需求的空间显性表达，必须依据基于栅格尺度上的各种自然、经济、政策、社会条件空间化参数将土地利用需求进行空间上的分配。这一过程通过构建空间模块实现。空间模块是基于多智能主体理论构建的用以将土地利用需求分配到空间栅格上的模型工具。该模块包括气温、降水、辐射、坡度、高程、土壤 N 含量、土壤 P 含量、土壤 K 含量、土壤颗粒组成、生产规模等信息，用以判断相应土地利用/覆被类型的土地生产潜力，同时结合土地利用与收益案例库和非空间模块提供的产品价格数据，估算出各种潜在土地利用类型的经济收益。在非空间模块提供的土地利用需求约束下，对各种土地利用类型按照其经济收益的高低进行分配，直至与土地利用需求分配达到误差要求为止。

在土地利用均衡分析模型的空间模块中，为了实现土地利用需求在空间上的分配，基于多智能主体（ABM）理论设计形成了一个土地利用需求的空间分配方案。即在土地利用需求决定土地利用变化趋势的基础上，考察每个栅格尺度的自然属性条件和潜在的土地利用生产力方案，评估不同土地利用方案下地块生产产品的量，进而基于土地利用均衡分析模型的非空间模块提供的产品价格，估计出不同土地利用方案的经济收益，通过对比承载不同功能收益的大小，确定该栅格的土地利用变化最终方向（图 7-3），实现所有栅格的空间分配循环，同时核算变化栅格的总量与非空间模块的土地利用结构变化需求对比，最终完成自上而下的分配与自下而上的汇总匹配。

从上面流程图可以看出，评估不同土地利用方案下地块所产出的产品数量是土地利用均衡分析模型的空间模块的核心和关键。这一功能通过在土地利用均衡分析模型空间模块中嵌入土地利用与产量案例库实现。这个土地利用与产量案例库中汇集了某种土地利用类型在特定高程、坡度、气温、降水、土壤属性（湿度、颗粒构成、N、P、K、有机物含量

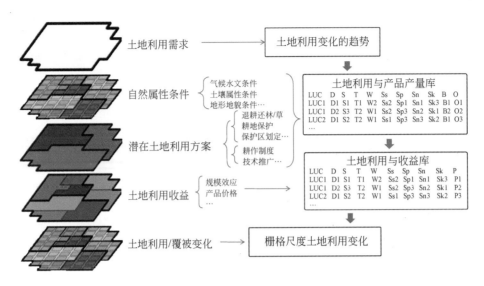

图 7-3　土地利用均衡分析模型空间模块运行流程

等)、周边土地利用/覆被方式等条件下的产量。在估计某一栅格/地块在某种土地利用类型下的产量时，只需与案例库中已有的案例进行对比，选取在该种土地利用类型下与之自然属性条件相似的一个或几个案例，对其产量加权计算作为该栅格在该种土地利用类型下的产量。关于土地利用与收益的案例库可以根据某种土地利用类型下的产量与产品价格得到。

7.1.2　LUCC 动力学模型框架基于 CGE 模型的土地利用结构模拟

基于本章对 LUCC 动力学模型的要求，研究对气候变化和人文要素耦合驱动 LUCC 的过程进行了刻画，得到一个分析气候变化和人文要素耦合驱动 LUCC 过程的 LUCC 动力学模型框架（图 7-4）。气候变化重点描述土地覆被变化以及土地利用需求的约束条件，人文要素重点刻画人类行为的土地利用需求变化信息。气候变化和人文要素耦合驱动的 LUCC 动力学模型采用气候条件变量驱动的土地覆盖动态模型来表述气候变化驱动的土地覆被变化过程，采用社会经济变量驱动的土地利用均衡分析模型表达人文要素驱动土地利用变化的过程；通过改变社会经济行为间接驱动土地利用变化的过程，采用气候条件变量驱动的农业生态分区改变从而导致资源禀赋利用方式的改变将气候变化引入土地利用均衡分析模型之中；气候变化和人文要素驱动 LUCC 的耦合过程采用由"当前土地覆被状况影响未来土地利用行为"和"当前土地利用状况决定未来土地覆被变化"构成的这样一个循环迭代过程刻画，即土地利用和土地覆被互为本底条件。

气候变化影响的土地覆被变化影响着未来人文要素驱动的土地利用模块，而同时，当时土地利用状况决定未来土地覆被的变化，为开展时间序列上的模拟，实现上述循环迭代过程，研究设计了如下的 LUCC 动力学模型运行流程（图 7-5）。

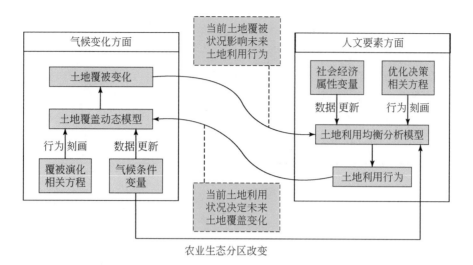

图 7-4　气候变化和人文要素耦合驱动的 LUCC 动力学模型框架

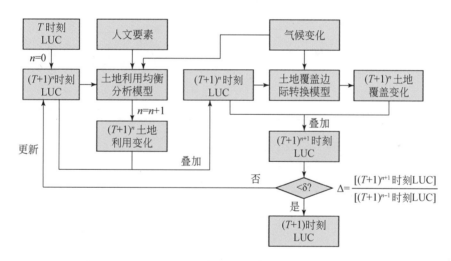

图 7-5　气候变化和人文要素耦合驱动的 LUCC 动力学模型运行流程

7.1.3　土地利用均衡分析模型

建立土地利用均衡分析模型的目的是刻画土地资源有限性与排他性特征限制下的土地利用需求满足程度最大化过程。土地利用均衡分析模型假设：①土地利用变化受该区域土地利用需求的驱动并受当前土地利用格局与自然环境条件的制约。②土地利用变化导致土地利用格局变化。③土地利用格局与土地利用需求总是处于动态均衡之中。

土地利用均衡分析模型（图 7-6）基于可计算一般均衡模型框架构建，其数据基础是土地利用社会核算矩阵（土地利用 SAM 矩阵）。模型规定土地的总供给等于总需求。而土地总需求由土地的经济发展需求、社会发展需求和生态环境需求三部分构成。其中，社会发展需求主要包括具有社会公益性质的风景旅游区、历史遗迹、科研基地、文化基地以及城市基础设施建设等占用的土地资源数量；生态环境需求包括以区域生态环境保育为目的的自然保护区、生态工程以及建设用地配套的自然栖息地等；经济发展需求是指由区内外人们的商品消费需求驱动的作为产业厂房或者必备的初级生产要素的土地资源需求。商品消费需求驱动的土地需求经过一系列的生产、销售、消费等环节，受本区域经济发展状况的制约，并受政府进出口政策调整影响的区域外产品需求量的影响。

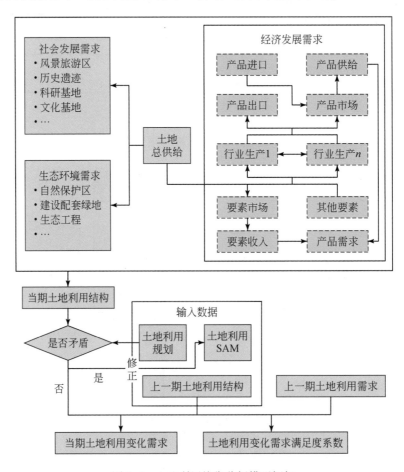

图 7-6　土地利用均衡分析模型框架

土地利用均衡分析模型建模的基本思想是在社会发展需求、生态环境需求与经济发展需求之间分配土地资源使产生的土地利用总效用达到最大。土地利用总效用最大化可表达为

$$\max U = \text{Usoc}^{\alpha}\text{Ueco}^{\beta}\text{Uent}^{\gamma} \tag{7-1}$$

式中，U 为区域土地利用总效用；Usoc、Ueco 与 Uent 分别为区域土地利用满足社会发展需求、经济发展需求与生态环境需求获得的效用；α、β、γ 为份额参数。土地利用满足社

会发展需求获得的效用由用于风景旅游区、历史遗迹保护、科研基地、文化基地、道路等区域社会发展公益性土地的面积决定：

$$\text{Usoc} = \sum_i r_i \text{SocA}_i \tag{7-2}$$

式中，i（$i=1,2,\cdots,6$）分别表示耕地、林地、草地、水域、建设用地、未利用地；SocA_i 表示用于满足社会发展需求的第 i 类土地的面积；R_i 为转换参数。

与满足社会发展需求的土地利用效用类似，满足区域生态环境需求的土地利用效用由用于自然保护区、生态工程、建设用地配套绿地等生态环境保育土地的面积决定：

$$\text{Uent} = \sum_i r_i \text{EntA}_i \tag{7-3}$$

式中，EntA_i 表示用于满足生态环境需求的第 i 类土地的面积；r_i 为转换参数。满足经济发展需求的土地利用效用由用于消费的产品数量与种类决定：

$$\text{Ueco} = \prod_j X_j^{\omega_j} \tag{7-4}$$

式中，X_j 表示用于满足消费需求的第 j 种产品的数量；ω_j 为转换参数。第 j 种产品的消费数量由进口产品 j 的数量与本地生产本地消费产品 j 的数量构成：

$$X_j = I_j + D_j \tag{7-5}$$

式中，I_j 表示第 j 种产品的进口数量；D_j 表示本地生产本地消费产品 j 的数量。本地生产本地消费产品 j 的数量为本地生产产品 j 的总量与出口产品 j 的数量之差：

$$D_j = P_j - E_j \tag{7-6}$$

式中，P_j 表示本地生产的第 j 种产品的总量；E_j 表示第 j 种产品的出口数量。

用于支付各种产品消费的收入为要素收入与储蓄之差：

$$\sum_j X_j p_j = \sum_j \sum_i \text{EcoA}_{ij} \text{pl}_i + \sum_j \text{Lab}_j \text{plab} + \sum_j \text{Cap}_j \text{pcap} - \text{Save} \tag{7-7}$$

式中，EcoA_{ij} 表示第 j 种产品生产中投入的第 i 类土地的面积；p_j 表示第 j 种产品的价格；pl_i 表示第 i 种土地的价格；Lab_j 为第 j 种产品生产中投入的劳动力数量；plab 为劳动力价格；Cap_j 为第 j 种产品生产中投入的资本数量；pcap 为资本价格；Save 为储蓄。假设所有的储蓄均用于投资，即

$$\text{Save} = \sum_i \text{Cap}_j \text{pcap} \tag{7-8}$$

产品产量由投入生产的各种要素数量决定：

$$P_j = \left(\sum_i \text{EcoA}_{ij} \right)^{\eta_j} \text{Lab}_j^{\mu_j} \text{Cap}_j^{\nu_j} \tag{7-9}$$

式中，η、μ 与 ν 为份额参数。

假设区域对外贸易均衡，即

$$\sum_j I_j p_j = \sum_j E_j p_j \tag{7-10}$$

最终，各种类型的土地面积为

$$A_i = \text{SocA}_i + \text{EntA}_i + \sum_j \text{EcoA}_{ij} \tag{7-11}$$

各类型土地面积之和为区域总面积:

$$A = \sum_i A_i \tag{7-12}$$

当期的区域土地利用变化伪需求可表述为

$$\mathrm{D}a_i = A_i - a_i \tag{7-13}$$

式中,a_i为上一期第i种土地利用类型的面积。若当期的第i类土地利用变化伪需求小于区域规划中的第i类土地利用变化面积,则直接将规划中的第i类土地利用变化面积当作当期区域土地利用变化需求修正土地利用 SAM,并使其固定不变。重复上述过程,计算其他各种用地类型的土地利用变化需求。即令

$$\mathrm{DA}_i = \mathrm{PA}_i \tag{7-14}$$

式中,PA_i为区域规划中的第i类土地利用变化面积。若当期所有类型的土地利用变化伪需求均大于区域规划的土地利用变化面积,则将区域土地利用变化伪需求作为当期区域土地利用变化需求。即

$$\mathrm{DA}_i = \mathrm{D}a_i \tag{7-15}$$

同时,基于上一期土地利用变化需求与上一期土地利用变化可计算出区域土地利用变化需求满足度系数:

$$\delta_i = \mathrm{RA}_{i0} / \mathrm{DA}_{i0} \tag{7-16}$$

式中,DA_{i0}为上一期第i种类型的土地利用变化需求,RA_{i0}为上一期第i种土地利用类型的实际面积变化。模型中其他公式及参数估算方法在此不做赘述。

7.2 未来情景下的流域土地利用空间格局模拟

7.2.1 土地系统动态模拟系统 (DLS) 的原理与框架

7.2.1.1 DLS 模型原理

土地系统动态模拟系统着眼于整个土地系统,以区域用地结构变化均衡理论和栅格尺度用地类型分布约束理论为理论依据,以区域土地系统为研究对象,综合考虑驱动区域土地系统结构变化的自然控制因子和社会经济驱动因子,定量分析不同因子的驱动作用,通过开展情景分析,模拟区域用地结构变化的时空过程和用地类型分布的时空演替。DLS 旨在回答土地系统结构在何时、何地、为何以及发生怎样的变化与转换,并导致何种突出的环境效应(邓祥征等,2008)。通过对区域与精细栅格尺度土地系统结构域演替格局的模拟与分析,为土地利用管理、规划提供更加准确并有较强针对性的决策参考信息。

7.2.1.2 DLS 模型框架结构

DLS 模型主要用于测度驱动因子对土地利用类型变化的影响,在栅格尺度上实现对区域土地系统结构变化的情景分析,并对未来土地利用变化的趋势做出预测(Deng et al.,

2008）。模型框架如图 7-7 所示。

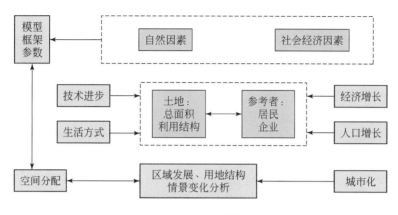

图 7-7　DLS 框架

DLS 模型由四个模块组成：空间回归分析模块、情景分析模块、转换规则模块和空间分配模块。空间回归分析模块以驱动因子空间回归分析为基础计算各土地利用类型在每个单元栅格上的概率值，用以测度驱动因子对用地类型分布的影响；情景分析模块以年为时间段，提供各用地类型每年需求变化；转换规则模块表达了单位栅格单元尺度某一种土地类型向另一种土地类型转移的难易程度；空间分配模块主要实现土地利用类型结构变化的空间分配。

1. 空间回归分析模块

空间回归分析提供了一个有确定土地利用变化的反应函数的模型，DLS 模型将定义的土地用途转换和驱动因子之间的关系作为模型的输入，几个独立的变量就可以预测某一种土地利用类型出现的概率。概率值通过具有空间化驱动因子的逻辑回归方程计算得到。其数据制备方法是：采用 ArcGIS 制备包括因变量与自变量所有数据项的二维数据表，然后将包括空间坐标信息的文本文件输出到 Stata 软件中，采用逐步逻辑斯蒂回归模型估计土地系统结构变化与影响因素之间的关系。

2. 情景分析模块

情景分析是建立在对驱动因子的各种合理假设之上来预测未来各种可能发生的用地结构变化。构造这种预测的未来情景是开展土地利用变化动态模拟的前提。DLS 通过控制输入参数及其之间的组合可以设置不同的情景。构造土地系统变化情景的方法有很多，比如利用趋势外推法或者利用比较复杂的经济模型。具体应该采用哪种方法可根据实际情况决定，但是无论采用哪种方法，其首要前提是必须充分反映出土地利用变化的可能发展趋势。

3. 转换规则模块

DLS 模型的转换规则决定了每个栅格单元上某一种土地类型向另一种土地类型转换的可能性与难易程度。判断规则有两种，第一种类型显示了土地利用类型的稳定性大小，第二种类型标记了限制区域，即保持土地利用类型现状，理论上不再向其他土地利用类型转换的区域。转换规则的值介于 0 和 1 之间，值越大，发生转换的可能性越大。难以转换为其他类型的土地类型，如道路、居民点等，转换规则值为 0；反之，如果该土地类型可以并且能够非常容易被转换为其他土地类型，则转换规则为 1。

4. 空间分配模块

土地利用变化动态模拟空间分配是依据土地利用类型结构变化的未来预测情景，并且结合驱动因子空间回归分析结果，在空间上将不同情景下各种土地利用类型进行动态分配的过程（图 7-8）。换言之，空间分配过程是依据土地利用类型结构驱动因子变化及与其相关联的土地结构转换规则概率值，按照历史时期实际土地系统结构与转换规则，并且对照不同发展情景下土地系统宏观结构的面积需求量，在每个栅格尺度上实现各种土地类型在预测时段内的供需平衡。所以，从另一个角度看，土地利用类型宏观结构的变化反映了每个栅格尺度上土地类型之间相互竞争并实现供求平衡的结果。

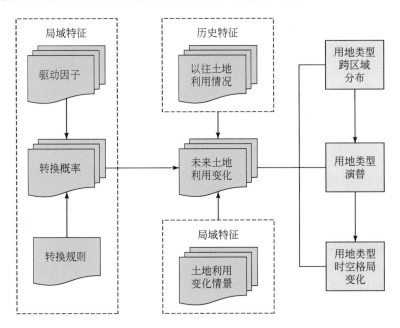

图 7-8　DLS 用地类型空间分配步骤

在进行土地利用类型动态分配之前，需要计算出参加分配的栅格数。为了实现空间分配过程中在栅格水平上各土地类型之间的供需平衡，DLS 模型引入了补偿因子。对于所有参与土地用途转换分配的栅格，计算出每种土地类型在各栅格上的转移概率值，对这些值的比较与分析遵循以下三条原则：

若某一土地类型在前一年已经存在并且其转移概率值小于 1，那么模型将首先计算该土地类型在当年出现的概率、相应的补偿因子和稳定性因子，作为该土地利用类型的分配概率：

$$L_{i,k} = T_{i,k} + C_k + S_k \tag{7-17}$$

式中，$L_{i,k}$ 是土地利用类型 k 在栅格 i 中得以分配的概率值，$T_{i,k}$ 是相应土地类型的出现概率，C_k 和 S_k 是第 k 种土地利用类型的稳定性因子及其补偿因子。

当补偿因子 S_k 接近于 0 或者等于 0 时，$L_{i,k}$ 只包括转移概率和一个补偿因子两部分，即

$$L_{i,k} = T_{i,k} + C_k \qquad (7\text{-}18)$$

若某一土地类型在前一年份没有出现过并且其当年需求呈减少态势，则其转移规则为 1，即通过排除从需求上看呈减少趋势的土地利用类型被分配给该栅格的可能性。

如果空间分配允许考虑稳定性的设置，则将分配概率最高的土地利用类型分配给那些待分配用地类型面积不足的栅格。对各土地类型转移概率值 $L_{i,k}$ 进行比较分析并根据其大小在每个 1km 栅格上分配面积（图 7-9）。

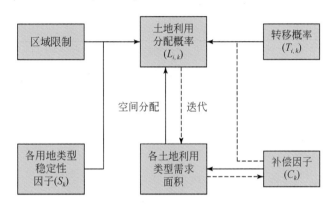

图 7-9　DLS 土地利用变化空间分配步骤

在模拟起始年份，给所有土地类型的补偿因子设定相同的初始值，在后期运算过程中各补偿因子会自动调整，以确保将各土地类型前一年所分配面积和当年需求面积之差的比例控制在允许误差范围内。如果实际分配面积小于当年需求面积，程序将适当增加补偿因子的值，反之则减少。当分配结果满足各土地类型的需求时，模型运算结束。

通过分析黑河流域过去 20 年来土地系统宏观结构变化的规律，基于黑河流域 2000 年的实际土地利用图以及地形、交通和社会经济等数据，并且结合黑河流域未来土地利用规划，设计了土地系统宏观结构变化的两种情景，即基准情景和规划情景。

7.2.2　基准情景下的流域土地利用格局模拟

该情景模式是以 1988 年至 2008 年的黑河流域实际土地利用变化趋势为基础，并假设从 2008 年到 2030 年之间各个土地利用类型的空间变化受政策影响程度不大，通过计算得到各土地利用类型年际变化率，最后以 2008 年遥感反演的土地利用数据作为本底，结合黑河流域土地利用现状，通过趋势外推法得 2008～2030 年间逐年的各地类需求量。同时为满足各年份土地面积总量保持稳定，部分土地面积需求量做了调整（表 7-1）。

表7-1　基准情景下各年份各土地利用类型面积需求量　　　（单位：km²）

年份	土地面积需求量					
	耕地	林地	草地	水域	建设用地	未利用地
2008	5 787	5 878	30 437	1 490	520	83 618
2009	5 789	5 872	30 452	1 489	527	83 601
2010	5 790	5 866	30 467	1 487	534	83 585
2011	5 792	5 860	30 483	1 486	541	83 568
2012	5 794	5 855	30 498	1 484	548	83 551
2013	5 796	5 849	30 513	1 483	555	83 534
2014	5 797	5 843	30 528	1 481	563	83 518
2015	5 799	5 837	30 544	1 480	570	83 501
2016	5 801	5 831	30 559	1 478	577	83 484
2017	5 803	5 825	30 574	1 477	584	83 468
2018	5 804	5 819	30 590	1 475	591	83 451
2019	5 806	5 814	30 605	1 474	597	83 434
2020	5 808	5 808	30 620	1 472	604	83 418
2021	5 810	5 802	30 635	1 471	611	83 401
2022	5 811	5 796	30 651	1 469	618	83 384
2023	5 813	5 790	30 666	1 468	625	83 367
2024	5 815	5 785	30 681	1 466	632	83 351
2025	5 817	5 779	30 697	1 465	639	83 334
2026	5 818	5 773	30 712	1 463	646	83 317
2027	5 820	5 767	30 727	1 462	652	83 301
2028	5 822	5 762	30 743	1 460	659	83 284
2029	5 824	5 756	30 758	1 459	666	83 268
2030	5 825	5 750	30 774	1 458	673	83 251

　　在基准情景（图7-10）中，耕地面积略有增长，但整体总量基本稳定，其中，2000年到2020年时仅增长了9.85%，2020~2030年耕地面积总量基本不变。林地和水域的面积均持续地减少，到2030年时，与2000年相比林地的减少量达到4900hm²，水域的减少量达到2200hm²，其中，林地减少的主要区域在上游祁连山地区。2000~2015年草地的总量增加了15 700hm²，其增长区域包括到黑河下游三角洲地区、上游的祁连山区，包括肃南裕固族自治县、山丹县及祁连县。城乡建设用地面积持续增长，2030年时达到67 300hm²，相较2000年增长量达到43.19%，这主要与城市化进程加快和人民生活质量不断提升有关。黑河流域中游地区大部分面积主要由耕地、林地和建设用地组成，2015~2030年耕地面积除中游地区之外都有所减少，这主要与人口和牲畜数量的不断增加有关，导致耕地面积和城镇面积的增加，但是草地面积却大量减少。

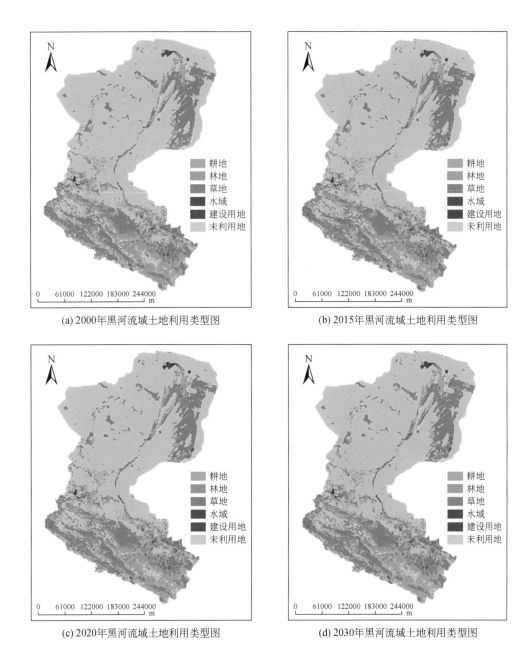

(a) 2000年黑河流域土地利用类型图   (b) 2015年黑河流域土地利用类型图

(c) 2020年黑河流域土地利用类型图   (d) 2030年黑河流域土地利用类型图

图 7-10   黑河流域 2000～2030 年基准情景下土地利用变化模拟结果图

7.2.3 规划情景下的流域土地利用格局模拟

根据黑河流域近期治理规划和远景规划，按照相关土地利用规划政策的设计规划，并结合各土地利用类型实际发展变化趋势，通过趋势外推法得到 2008～2030 年逐年黑河流域各个土地利用类型的面积需求量（表7-2）。

表7-2　规划情景下土地利用类型面积需求量　　　　（单位：km²）

年份	土地面积需求量					
	耕地	林地	草地	水域	建设用地	未利用地
2008	5 787	5 878	30 437	1 490	520	83 618
2009	5 766	5 890	30 452	1 490	523	83 610
2010	5 743	5 902	30 468	1 489	525	83 604
2011	5 720	5 913	30 495	1 487	528	83 587
2012	5 697	5 925	30 510	1 486	530	83 582
2013	5 674	5 937	30 525	1 484	533	83 576
2014	5 652	5 949	30 540	1 483	536	83 571
2015	5 629	5 961	30 556	1 481	538	83 565
2016	5 606	5 973	30 571	1 480	541	83 559
2017	5 584	5 985	30 586	1 478	544	83 553
2018	5 562	5 997	30 602	1 477	547	83 547
2019	5 539	6 009	30 617	1 475	549	83 541
2020	5 517	6 021	30 632	1 474	552	83 534
2021	5 495	6 033	30 647	1 472	555	83 528
2022	5 473	6 045	30 663	1 471	558	83 521
2023	5 451	6 057	30 678	1 469	560	83 514
2024	5 430	6 069	30 693	1 468	563	83 507
2025	5 408	6 081	30 709	1 466	566	83 500
2026	5 386	6 093	30 724	1 465	569	83 493
2027	5 365	6 105	30 739	1 463	572	83 485
2028	5 343	6 118	30 755	1 462	575	83 478
2029	5 322	6 130	30 770	1 460	577	83 470
2030	5 301	6 142	30 786	1 459	580	83 462

在政策规划情景下预测的土地利用变化特征与基准情景在个别土地类型上存在差异。在耕地方面，由于受到土地利用规划政策的影响，耕地面积总量整体呈减少的趋势，相比较2000年的耕地面积总量，到2030年共减少了1100hm²，但是根据2008年的土地利用数据显示，耕地总量2008年时已经增加到578 700hm²，是2000年的1.56倍，这说明，该情景预测的耕地面积变化趋势从2000年至2030年这30年间尤为明显。根据图7-11所示，耕地变化的范围主要集中在民乐县、高台县和肃南裕固族自治县等地区，在这些区域中，有15 700hm²转为了林地，121hm²转为草地，另外还有4600hm²转为了建设用地。这主要与退耕还林还草的政策干预及城市化进程的加快有关。因此，林地和草地的面积都有所增

194

加，对于整个黑河流域，2000～2030 年林地增加了 25 700hm²，主要集中在上游祁连县等地区，草地增加趋势更加明显，从 2000 年到 2030 年共增加了 56 700hm²。建设用地在该模式下 2030 年的面积达到 58 000hm²，较之 2000 年增长量达 17.45%，其发展模式基本是交通要道发展、向北扩张以及向南延伸的趋势。未利用地由于受到土壤类型及自然社会经济的影响，其总量基本没变。

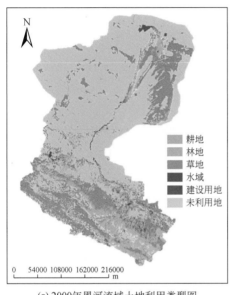

(a) 2000年黑河流域土地利用类型图

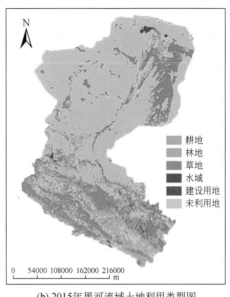

(b) 2015年黑河流域土地利用类型图

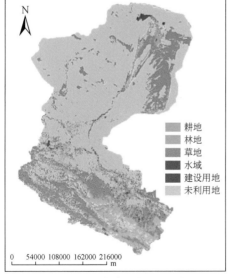

(c) 2020年黑河流域土地利用类型图

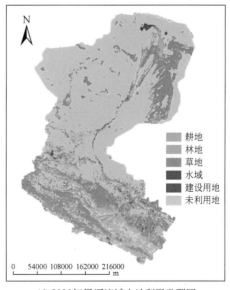

(d) 2030年黑河流域土地利用类型图

图 7-11　黑河流域 2000～2030 年政策规划情景下土地利用变化模拟结果图

对比基准情景和规划情景下的模拟结果，可以看出在各种驱动力因子的综合作用下，各种土地类型之间相互竞争及其在空间分配上的演替规律。在基准情景下上游的祁连山地区、下游三角洲地区土地利用类型有明显的变化趋势，而中游地区在该情景下的变化不明显，基本处于平稳状态；在规划情景下，在土地利用类型区域尺度的空间变化来看与基准情景区别不大，但有些土地类型的变化趋势存在差异，从整体来看，耕地面积减少、林地和草地在各区基本呈不同程度的增加趋势，这表明国家当前实施退耕还林还草、环境保护等生态工程将会在未来 10~15 年的时间里产生积极的效果。

7.3　土地利用变化情景下的水资源供需矛盾分析

本节结合气候变化情景参数与生态-水文过程模型评估了黑河流域土地利用变化情景下的水文过程效应。气候变化情景分析发现，在 1981~2005 年的平均气温和平均降水量相较 2006~2030 年的数值将分别改变 0.8℃ 和 10.8%。土地利用变化和气候变化共同使产水量变化增加 8.5%，分别使产水量变化增加 1.8% 和 9.8%。预测未来降水的大幅度增加和相应的未利用土地的减少将对流域水文特别是地表径流和地下径流产生重大影响。因此，在黑河流域水资源规划中，既要考虑土地利用，又要考虑气候变化，以减轻不利的水文影响，利用积极的影响。

7.3.1　生态-水文过程参数验证

研究选取了 SWAT 模型作为土地利用变化的水文效应模拟工具。生态-水文过程模拟包含了空间数据（即首先对流域的 SWAT 模型和 DLS 模型分别编制了流域的地形、土壤和土地利用）、历史气候数据和水文数据。地形用航天飞机雷达地形任务（SRTM）（http://srtm.csi.cgiar.org）的 90m 分辨率数字高程模型（DEM）表示。土壤数据包括质地、深度和排水属性，来自中国西部环境与生态科学数据中心（WestDC, http://westdc. westgis. ac. cn/）提供的协调世界土壤数据库（Harmonized World Soil Database，HWSD）（http://westdc. westgis. ac. cn/）。历史土地利用数据包括 25 种土地利用类型，来源于 Landsat TM/ETM 图像，由中国科学院数据中心提供（Deng et al., 2010；Wu et al., 2013）。特别是冰川数据来源于 West DC，土地利用属性直接来源于 SWAT 模型数据库，SWAT 模型校准和验证的历史水文数据包括四个水文站点的河流流量数据。水文观测资料，包括 1980~2010 年黑河流域的年度资料，均取自西部开发银行提供的《水文年鉴》。用于模型校准和验证的河流流量数据由中国科学院数据中心提供。摘要收集了黑河流域及附近 13 个气象站 1980~2010 年的日历史气象资料，包括日降雨量、最高和最低气温、太阳辐射、湿度、风速和风向。

SWAT 模型使用 2004 年观测数据进行校正，并于 2005 年使用研究区内四个测量站的每日水流观测数据进行验证。最后，选择 15 个参数与雪（SFTMP、SMTMP、SMFMX、SMFMN、TIMP）、径流（CN$_2$）、地下水（ALPHA_ BF、GW_ DELAY）、土壤（SOL_

AWC)、渠道（CH_ N、CH_ K2）、蒸发（ESCO）过程相关。灵敏度分析后，确定了 9
个较为敏感的参数进行校准。大部分参数根据多次试验进行调整，SWAT 模型采用程序序
列不确定度拟合版（SUFI-2）自动校准技术进行校准。

在 SUFI-2 条件下，与水文相关的敏感初始和默认参数同时变化，直到得到最优解。
最敏感的参数及其最佳取值范围和最佳拟合值如表 7-3 所示。最后，这些最佳拟合值用于
调整 2006～2030 年模拟的初始模型输入。利用 2005 年英洛霞水文站的日径流观测数据对
模型进行了验证（图 7-12）。验证结果表明，观测和模拟数据的 E_{ns} 为 0.78，R^2 为 0.81，
说明 SWAT 模型具有较高的行为性能。

表 7-3　校准参数及优化值列表

参数	说明	区间	最优解
TLAPS	气温直减率 [℃/km]	0，−10	−3.8
PLAPS	降雨直减率 [mm H_2O/km]	0，100	5.8
SFTMP	降雪温度 [℃]	−2，+2	0.9
SMTMP	融雪温度 [℃]	−5，+5	2.1
SNOEB	高地初始雪层含水量 [mm]	50，230	100
TIMP	积雪温度滞后因子	0.38−0.62	0.49
SMFMN	12 月 21 日融雪因子 [mm H_2O/℃-day]	3.05−3.51	3.25
SMFMX	6 月 21 日融雪因子 [mm H_2O/℃-day]	5.85−6.27	6.02
SURLAG	地表径流滞后时间 [days]	4.18−5.19	4.68

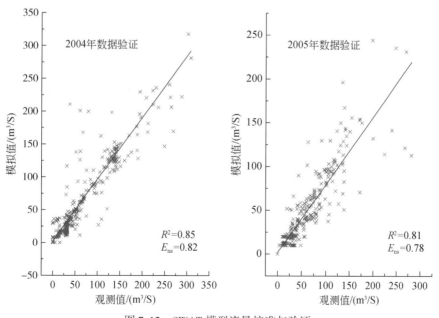

图 7-12　SWAT 模型流量校准与验证

7.3.2　气候和土地利用变化对流域水文的影响

根据土地利用数据和气候数据，设计了四个模拟实验。在 1981～2005 年的基线试验中，利用 2000 年、2005 年的土地利用数据和 1981～2005 年的气象站观测资料模拟了出水量。然后根据土地利用和气候变化设计了 2006～2030 年期间的三种情景，并与基线试验结果进行了比较（图 7-13）。第一种情景为 2006～2030 年，利用 2010 年和 2030 年的土地利用数据、2006～2030 年的气温数据和 1981～2005 年的降水数据模拟出水量。模拟结果表明，未来土地利用变化对出水量的影响随季节变化，土地利用变化对出水量的总体影响为负，按年平均出水量影响程度为−1.8%。2006～2030 年期间的第二种情景是基于气温和土地利用变化的情景。第二个实验使用 2010 年和 2030 年的土地利用数据、2006～2030 年的气温情景数据和 1981～2005 年的降水数据。气候变化场景的分析显示，2006～2030 年的平均气温将会比 1981～2005 的平均气温升高 0.8℃。第二次试验的模拟结果表明，土地利用和温度变化会使产水量变化 0.6%～1.1%，其变化范围相对于仅发生土地利用变化的情景下的模拟结果较小。原因可能是气温上升和少量积雪融化略微抵消了土地利用变化

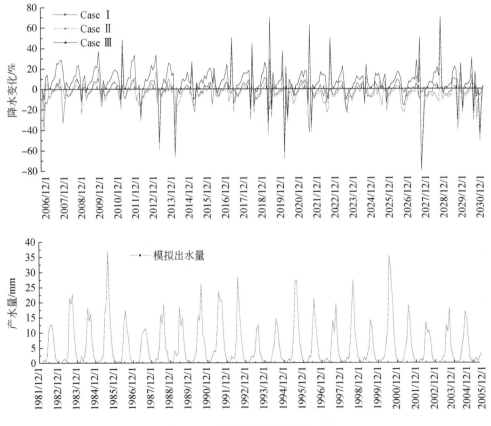

图 7-13　三种情景下的出水量对比

的不利影响。同时，气温升高会导致冬季降水以雨而非雪的形式增多，导致冬季流量增加、春季融雪高峰提前、夏季流量减少等水文后果。2006年至2030年期间的第三种情景涉及所有土地使用、温度和降水变化的情景。第三种情景使用2010年和2030年的土地利用数据、2006~2030年的气温和降水数据。模拟结果表明，这三个因素共同作用对流域出水量产生了积极影响，使流域出水量增加了约9.8%。流域出水量的增加主要是由降水变化引起的，2006~2030年的降水量将比1981~2005年增加10.8%左右。总的来说，模拟结果表明，在未来不同的气候和土地利用变化情景下，流域的产水量将会增加。

本节在SWAT模型模拟的基础上，分析了黑河中上游潜在气候和土地利用变化对流域产水量的影响。结果表明，气候变化对水分产量的影响大于土地利用变化。这说明，与预测的土地利用变化相比，预测的降水增加对流域生态-水文过程的影响更为显著。然而，通过对预测的径流变化的分析结果来看，利用生态-水文过程模型和GCMs气候数据进行模拟，旱季的不确定性要高于雨季。由于未来温室气体（GHG）排放情景、GCM结构、降尺度方法、LULC和生态-水文过程参数均存在各种不确定性，因此，很难准确预测土地利用变化的水文效应。特别是，由于气候和土地利用变化情景下未来水文预测的不确定性，水资源管理者在水资源的可持续管理和保护方面普遍面临着复杂问题。因此着重考虑土地利用和气候变化对黑河流域水资源规划的影响，可以将有价值的信息提供给未来的水资源管理者，以减轻水文效应的负面影响。

第 8 章 内陆河流域的水资源综合管理制度分析——以黑河流域为例

充分认识水资源的三种属性（自然资源属性、社会属性和经济属性）是实现水资源综合管理制度有效性的前提，兼顾社会发展、经济增长与环境保护的目标，在法律框架内，通过行政、技术与市场手段进行系统性管理。在社会发展的不同阶段，人类对于水资源的功能需求也不断变化，水资源管理的目标与方式也存在差异，因此水资源管理制度既要合理有效，又要发展和创新，与时俱进（李世强和王颖，2014）。内陆河流域长期以来粗放型和不合理灌溉用水方式导致部分地区地下水超采和生态用水挤占现象日益严重。农业生产用水与生态需水之间的用水竞争已经成为制约干旱区社会经济发展与生态文明建设的重要因素，亟须找到一种可持续的发展模式。把水资源作为一种稀缺性商品，引入市场调节机制，建立健全水权交易制度，完善农业水价形成机制，深化农业水价综合改革，不仅可以避免"公地悲剧"，提高农业用水效率与效益，而且有助于促进农业种植结构调整和农业现代化发展。

随着宏观经济体制的变革，经济增长方式的转换，传统水资源管理制度、政策及措施在化解水资源短缺危机方面的能力越来越有限，这需要根据经济社会外部环境条件的变化和水资源供求形势的变化相应地设置制度安排，选择针对性强的措施和对策。目前，我国水资源管理制度的变迁实践带有较强的政府直接干预色彩，政府作为公共权力的代表，在提供公共利益方面具有明显的优势。然而，随着市场机制的资源配置作用的广泛应用，水资源管理措施以及政策重心须发生相应的变化（周玉玺，2005）。因此，水资源管理制度的变迁一般采用自上而下的模式，政府是制度变迁的主要推动者、法律法规的制定者和制度规则实施的监督者，市场的隐形调控机制也在不断推动政府作用模式的改变，并且政府可以凭借自己的垄断权利，获取必要的财力来解决水资源管理的规模经济和信息不完全问题。

8.1 黑河流域的水资源管理制度研究

随着"丝绸之路经济带"重要节点的建设和新型工业化、城镇化和农业现代化的深入推进，对水资源的优化配置和保障需求越来越高，节水型社会建设是甘肃省经济发展需求下水资源可持续利用和生态环境保护的关键。甘肃省河西地区黑河流域、石羊河流域和疏勒河流域的生态环境治理曾受到党中央和国务院的高度关注。早在 2002 年甘肃省张掖市就作为全国第一个节水型社会建设试点，以水权制度改革和水资源高效利用为核心，提出了"灌区+用水户协会+水票"的水权水价机制构建方案。2014 年甘肃省民勤县、凉州区、民乐县、高台县与白银区五个区县被选为全国农业水价综合改革试点县（市、区），甘肃省在农业水价综合改革方面有丰硕的成果和宝贵的经验。黑河是一个资源型缺水流域，干流多年平均年径流量仅 15.8 亿 m^3。人均占有可利用水资源量 1250m^3，是全国人均水平的 54.2%，接近缺水（3000~1000m^3）下限值（王晓鹏，2016）。黑河流域开发历史悠久，自汉代即进入了农业开发和农牧交错发展时期，汉、唐、西夏年间移民屯田，唐代时张掖南部修建了盈科、大满、小满、大官与加官等五渠，清代开始开发高台、民乐与山丹等灌区（冉有华等，2009）。中华人民共和国成立以来，尤其是 20 世纪 60 年代中期以来，黑河流域中游地区进行了较大规模的水利工程建设，水资源开发利用步伐加快。随着人口的增加、经济的发展和进入下游水量的逐年减少，黑河流域水资源短缺问题越来越严重，突出表现为流域生态环境恶化，水事矛盾尖锐。随着流域经济的快速增长，黑河流域水资源开发力度逐年增大，逐渐呈现为过度开发趋势。国际上公认的内陆河流域水资源开发利用率（供水量/水资源总量）的警戒线为 40%，黑河流域一度达到了 112%。在流域层面，由于缺乏统一调度管理，上中游社会经济系统的水资源需求增多直接导致下游河道断流加剧，沙漠侵蚀日甚，绿洲极度萎缩，尾闾西居沿海 1961 年宣告枯竭，东居延海也于 1992 年消失。黑河流域水生态环境一度恶化的情况显示了在缺乏持续制度创新和理念创新的情况下地区水资源管理混乱低效的效应。

8.1.1 黑河流域水权制度建设的内容与特点

8.1.1.1 黑河流域水权制度建设的内容

黑河流域水权制度建设包含了黑河干流分水方案、张掖市节水型社会建设、试点灌区水权制度建设及用水户协会建设三方面的内容（刘韶斌等，2006）。以水权确权分配为前提的交易制度为构建市场机制的水资源管理模式奠定了良好的基础。而水权的初始分配，则是保证水权制度高效、公平与持续性运行的前提。水权分配包含了基于指标体系自下而上的目标权重分配模型和基于目标优化理论自上而下的分配模型两类。自下而上的分配模型能反映多方面的信息，从各个指标向上逐级合并获得总目标的比例权重，可操作性强，但分配方案受人为主观意识的影响较大；自上而下的分配模型从总目标开始向下逐级分解，获得最优解，更具客观性，但难以考虑多方面影响因素，不能全面反映分配原则。自上而下与自下而上结合的系统分析方法是开展农业水权初始分配的有效手段。

尊重事实、效率引导、系统分析方案有利于农业初始水权的重新核定。由于单一指标分配模式（如人口模式、汇流面积模式、GDP 模式等），不能全面体现分配原则所赋予的精神，容易顾此失彼。因此，选择反映尊重现状用水、公平性、效率、可持续性和政府宏观调控等五项原则的多指标综合分配模式，建立系统的权重指标自上而下分层细化开展。以县（市、区）社会经济系统用水总量控制指标为约束条件明晰区域生产、生活与生态用水总量，基于水资源普查信息核算出行业用水信息、产值、规模、技术与节水潜力。基于核算结果，综合考虑区域灌溉模式、种植结构、耕地面积等特征，进一步构建灌区（乡镇）农业水权分配指标体系，在灌区（乡镇）层面开展农业水权的初始分配。以农户尺度的农用地面积为基数，进一步将水权分配到农户、农民用水合作组织和农村集体经济组织。具体流程参见图8-1。

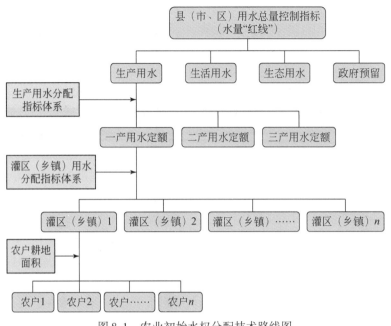

图 8-1 农业初始水权分配技术路线图

1. 区域"三生"水权的初始分配

根据区域水用途不同，可将区域水权划分为生活水权、生态水权与生产水权，以下简称"三生"水权。保障城乡居民的基本生活用水安全是实现社会公平的有效手段，属于政府必须保障供给的范畴。生态水权包括受水区地下水补给、水土保持、湖泊湿地等保护与改善生态环境用水的水权。生产水权包括第一产业（农业）水权、第二产业（工业）水权与第三产业（服务业）水权三种类型。根据我国《水法》第（二十一）条规定，"开发、利用水资源，应当首先满足城乡居民生活用水，并兼顾农业、工业、生态环境用水以及航运等需要"。因此，区域"三生"水权的分配应以优先保障基本生活用水，重视生态环境用水，留有区域经济发展充足的生产用水和政府预留水权为原则。基本生活用水包括城镇生活用水和农村生活用水，但由于农村与城镇经济发展的差异，两者的用水定额相差较大，所以基本生活用水水权配置总量＝农村人口数量×农村生活用水定额＋城镇人口数量×城镇生活用水定额。考虑到人口自然增长率和死亡率情况，在一定程度上动态配置生活水权。区域水权分配中，在优先保障生活用水的前提下，要兼顾生态和生产用水，其中，区域生态环境用水主要包括地下水补给，林地、草地、水生物和城市绿地、湿地的生态需水量，可划分为两级：一级为生态环境保护需水，即现状生态环境保护最低需水量，必须确保；二级为生态环境恢复需水量，即生态环境恢复到适宜水平所需的用水量，可根据水资源丰裕程度适当分配。生产水权在"三生"水权中总量最大、流动性最强，是水权体系中最活跃、最能体现水资源与经济发展关系的部分。在我国很多地区，因水资源短缺阻碍经济发展已是不争的事实。因此，在区域水权的分配中，应为区域经济发展留有充足的生产用水,保障区域整体经济发展目标顺利实现。

在经济发展留有余地的同时,保证生态与环境用水,考虑紧急情况下如救灾、抗旱与公共安全事故等突发事件的用水,政府需预留一部分必要的公共水权。区域水权的初始分配过程,要根据《水法》中的优先顺序安排,即基本生活用水>一级生态环境保护需水>生产用水。分配的过程中要以县(市、区)用水总量控制指标为绝对约束条件,即区域生活、生态、生产用水和政府预留用水之和等于区域水权总量;其中要保证地区生活用水不低于相应的目标值。在考虑优先顺序和满足以上两个约束条件下,对"三生"水权进行最优分配。

2. 区域"三产"水权的初始分配指标体系

区域的生产水权主要是指第一产业、第二产业与第三产业的生产性水权,以下简称"三产"水权。这三类水权具有排他性,竞争性强的特点,是未来市场上可进行水权交易的水权基础。区域水资源总量减去基本用水水量(生活用水、生态用水、政府预留水量)就是生产用水水量,也是区域"三产"初始水权分配的水资源总量。专家打分的层次分析法是解决既含定性又蕴含定量因素的多目标决策的水权分配问题的有效方法。各区域可派遣相同数量的行政代表进行打分,会增加判断的公平性,提高未来实施的可操作性。该方法关键步骤包括:①构建初始水权分配的指标体系。②为各层级的目标或指标赋权。③通过项目区各指标具体数值和权重确定最终的分配方案。

(1)建立初始水权分配的层次结构系统

初始水权层次结构系统自上而下包括目标层 A,准则层 B,指标层 C 和方案层 D 四层。目标层,表达整个层次结构的目标,决定着准则层和指标层元素的选择,是方案层各决策变量的响应函数。准则层包括现状原则 B_1、公平原则 B_2、效率原则 B_3、可持续原则 B_4 和政府宏观调控原则 B_5。指标层,指标也称变量,是对准则的具体刻画。下面把选择各指标的理由分别进行解释,具体的层次和指标见图 8-2 和表 8-1。

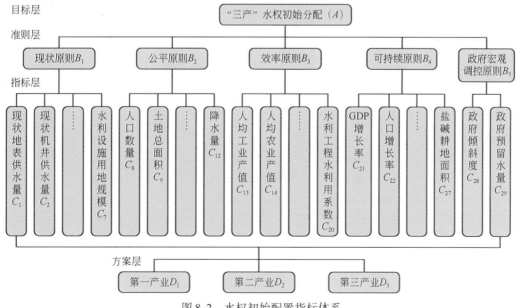

图 8-2　水权初始配置指标体系

表 8-1   区域初始水权分配指标和数据来源

原则	指标	单位	资料数据来源
现状原则 B_1	1. 现状地表供水量 C_1	万 m^3	综合水利年报（水务局）
	2. 现状机井供水量 C_2	万 m^3	综合水利年报（水务局）
	3. 生产用水总量 C_3	万 m^3	综合水利年报（水务局） 统计年鉴（统计局）
	4. 国内生产总值/GDP C_4	万元	统计年鉴（统计局）
	5. 农田有效灌溉面积 C_5	万亩	综合水利年报（水务局） 水资源管理年报（水务局）
	6. 水利工程供水能力 C_6	万 m^3	综合水利年报（水务局）
	7. 水利设施用地规模 C_7	万亩	综合水利年报（水务局）
公平原则 B_2	8. 人口数量 C_8	人	统计年鉴（统计局）
	9. 土地总面积 C_9	万亩	统计年鉴（统计局）
	10. 水利投资额 C_{10}	万元	综合水利年报（水务局）
	11. 汇流面积 C_{11}	km^2	监测资料（水文局）
	12. 降水量 C_{12}	mm	监测资料（水文局）
效率原则 B_3	13. 人均工业产值 C_{13}	元	统计年鉴（统计局）
	14. 人均农业产值 C_{14}	元	统计年鉴（统计局）
	15. 人均第三产业产值 C_{15}	元	统计年鉴（统计局）
	16. 万元 GDP 用水量 C_{16}	m^3	统计年鉴（统计局）
	17. 万元工业产值用水量 C_{17}	m^3	统计年鉴（统计局）
	18. 万元农业产值用水量 C_{18}	m^3	统计年鉴（统计局）
	19. 万元第三产业产值用水量 C_{19}	m^3	统计年鉴（统计局）
	20. 水利工程水利用系数 C_{20}		综合水利年报（水务局） 管理年报（水务局）
可持续原则 B_4	21. GDP 增长率 C_{21}	%	统计年鉴（统计局）
	22. 人口增长率 C_{22}	‰	统计年鉴（统计局）
	23. 绿化覆盖率 C_{23}	%	统计年鉴（统计局）
	24. 河道生态需水量 C_{24}	m^3	综合水利年报（水务局）
	25. 工业废水达标排放率 C_{25}	m^3/万元	环境年鉴
	26. 万元工业产值废水排放量 C_{26}	m^3	环境年鉴
	27. 盐碱耕地面积 C_{27}	万亩	综合水利年报（水务局）
政府宏观调控原则 B_5	28. 政府倾斜度 C_{28}		调查资料
	29. 政府预留水量 C_{29}	m^3	计算和评估

（2）权重确定

通过专家打分的 AHP 方法，对 B 层，C 层和 D 层的要素，分别以各自的上一级的要素为准则进行打分，确定指标权重向量。

（3）"三产"初始水权分配方案

以区域的《水资源公报》《综合水利年报》《水资源管理年报》《统计年鉴》等数据源为基础，查询区域上指标层各指标值的具体数值，结合权重分配各县区上的"三产"初始水权。

3. 农业初始水权分配

农业初始水权分配是把各县区农业初始水权逐级分配到灌区、农民用水合作组织最后再到农民。要结合各灌区现有的作物种植结构、灌溉制度、农业生产方式与水源情况，明确农业初始水权。

（1）灌区（乡镇）农业初始水权分配

从可操作性的角度出发，综合考虑以上各因素的前提下，建立了以基于现状、公平、效率与可持续为原则的指标体系。具体的层次和指标见表8-2。

表 8-2　灌区（乡镇）农业水权初始配置指标体系

原则	指标	单位	资料数据来源
现状原则 B_1	1. 现状地表灌溉量　C_1	万 m^3	综合水利年报（水务局）
	2. 现状机井灌溉量　C_2	万 m^3	综合水利年报（水务局）
	3. 农业产值　C_3	万元	统计年鉴（统计局）
	4. 农田有效灌溉面积　C_4	m^2	综合水利年报（水务局） 管理年报（水务局）
	5. 农田实灌亩均用水量（农作物平均灌溉定额）C_5	m^3	综合水利年报（水务局）
	6. 表水工程供水能力　C_6	万 m^3	综合水利年报（水务局）
	7. 机井工程供水能力　C_7	万 m^3	综合水利年报（水务局）
	8. 水利设施用地规模　C_8	万亩	综合水利年报（水务局）
公平原则 B_2	9. 农业人口数量　C_9	人	统计年鉴（统计局）
	10. 耕地总面积　C_{10}	万亩	统计年鉴（统计局）
	11. 农业水利投资额　C_{11}	万元	综合水利年报（水务局）
	12. 汇流面积　C_{12}	km^2	监测数据（水文局）
	13. 降水量　C_{13}	mm	监测数据（水文局）
效率原则 B_3	14. 人均农业产值　C_{14}	元	统计年鉴（统计局）
	15. 万元农业产值用水量　C_{15}	m^3	统计年鉴（统计局） 管理年报（水务局）
	16. 单方水粮食产量　C_{16}	公斤/m^3	统计年鉴（统计局） 管理年报（水务局）
	17. 粮食作物和经济作物种植比例　C_{17}		统计年鉴（统计局）

原则	指标	单位	资料数据来源
效率原则 B_3	18. 规模化种植经营面积（比例）C_{18}		
	19. 灌溉水有效利用系数 C_{19}		综合水利年报（水务局）管理年报（水务局）
	20. 节水灌溉面积比例 C_{20}		综合水利年报（水务局）管理年报（水务局）
可持续原则 B_4	21. 农业产值增长率 C_{21}	%	统计年鉴（统计局）
	22. 农业人口增长率 C_{22}	‰	统计年鉴（统计局）
	23. 地下水位变化 C_{23}		观测和评估
	24. 河道生态需水 C_{24}		评估和计算
	25. 盐碱耕地面积 C_{25}	万亩	综合水利年报（水务局）

通过专家打分的 AHP 方法，对 B 层，C 层和 D 层的要素，分别以各自的上一级的要素为准则进行打分，确定指标权重向量。以当地《水资源公报》《综合水利年报》《水资源管理年报》《统计年鉴》等数据源为基础，查询各灌区指标层各指标值的具体数值，结合权重分配各灌区上的农业初始水权。

（2）农户农业水权初始分配

在水资源"三条红线"管理制度下，依据灌区农业初始水权分配方案，灌区尺度上的农业初始水权分配是以县区的农业水权总量为约束条件，在政府宏观调控下依据现状、公平、效率、可持续发展为原则进行分配。由于灌区内部异质性较小，包括气候条件、引水状况、作物需水规律以及灌溉制度都差异不大，因此，主要考虑农户的接受程度，从灌区可用水量再分配农户尺度的地块需水配制，以耕地空间确权面积单一指标为分配原则。同一灌区内有确权的土地都应获得相同的农业水权可用量。然后，进一步根据耕地所在的空间确权信息，结合机井（或表水供水设施）空间分布情况，实现地块水权与水源的一一对应。

4. 黑河水量分配方案

改革开放后，随着国家"三西"（河西、定西、西海固）建设的部署和河西商品粮基地建设的深入，黑河流域的水资源开发利用统一规划提到议事日程。1986 年水电部兰州水利勘测设计院开始进行黑河干流（含梨园河）水利规划，并于 1989 年完成，经讨论于1992 年以原水电部名义提出了《黑河干流（含梨园河）水利规划报告》，并报国家计划委员会审批通过；1995 年国务院又审批了由水利部上报的不同来水情况下的《黑河干流水量分配方案》；2001 年 2 月，国务院召开第 94 次总理办公会议，提出了加强生态建设，加快治理步伐，要求到 2003 年，实现当黑河莺落峡来水 15.8 亿 m³ 时，正义峡下泄水量 9.5亿 m³ 的分水目标，以期逐步恢复黑河流域下游生态系统，实现碧波荡漾。

5. 张掖市节水型社会建设

2002 年 3 月，水利部把黑河流域中游的张掖市确定为全国第一个建设节水型社会的试点，其核心是建立与市场经济体制相适应的水资源管理体制和运行机制，以此来实现以水资源优化配置与高效利用为核心的生产关系，从而促进生产力的发展，确保黑河流域中下游分水方案的长久实施。张掖市开展的节水型社会建设的主要内容有以下几方面：一是编制完成了黑河中游水资源配置方案；二是建立了水资源配置的定额管理体系，核定了行业用水定额，明确了用水户的用水指标；三是选择临泽县的梨园河灌区、民乐县的洪水河灌区、甘州区的盈科灌区、高台县的骆驼城灌区开展了内部试点运行工作，选择山丹县和民乐县开展了综合性试点工作；四是实现了城乡水务一体化管理，市县（区）水利部门全部改为水务局；五是推行民主参与式管理，成立农民用水者协会 530 个；六是组织技术力量编制了一系列水资源管理办法，全市已基本完成了各项规划制度和方案编制，建立了用水总量控制和定额管理两套指标体系。

6. 梨园河灌区节水型社会建设

农业是黑河流域社会经济系统的用水主体，灌区节水是张掖市节水型社会建设的重要组成部分，其中以临泽县的梨园河灌区最具有代表性，其节水建设的内容及过程如下：

总量控制、定额管理。首先，核算出扣除国务院黑河分水方案确定的梨园河应下泄正义峡的指标，剩余水量作为全灌区的可利用水资源总量，然后，逐级分配给乡镇、村组，并层层制定总量控制目标；核算生活、工业、农业与生态等各行业的用水定额和基本计量水价，定额内用水实行计量水价，超过定额用水量则实行累进加价方式。

以水定地、配水到户。首先，以承认 2000 年的实际灌溉面积为原则，在确保生活、满足生态的前提下，系统地核定了水资源总量分配的灌溉面积（水权面积），严格执行新增耕地不再配置水权，禁止开荒然后，在水行政主管部门的监督指导下，村级农民用水者协会则根据确定的水权面积，将分配到本级的可用水总量指标进行分解，民主分配给每一个用水户，落实到地块，具体到每一个灌溉轮次。

水票运转、水量交易。首先，对核定的水权核发用水户水权证，水权证内的配水实行水票制，由用水户持水权证向水资源管理单位购买每个灌溉轮次的用水量，水资源管理单位则凭票供水。然后，规定了水权范围内的水量，无论拥有者利用与否，或是节余的水量均允许用水户进行自由交易，交易各方自愿达成水量转让协议后，即可提请农民用水者协会或水资源管理部门进行组织协调供水。

公众参与、共同管理。区域成立了用水者协会，实现了用水者参与水权、水价、水量的管理与监督。分配到村级的用水量指标，则是与集体土地所有制相联系的集体水权，由村级用水者协会负责下一级的分配和管理，并负责斗渠以下田间水利工程的管理、维护和水费收缴、水事纠纷调处及渠系内部水量交易管理。

8.1.1.2 黑河流域水权制度建设的特点

以点带面，完善水权制度建设。从 1992 年的《黑河干流（含梨园河）水利规划报告》，到 1997 年的《黑河干流水量分配方案》，乃至 2001 年的《黑河流域近期治理规划》，黑河流域的水量分配方案经历了一个空间上逐步细化、时间上不断深入、方案上不断改进的过程。在这个过程中，水量分配方案逐步从原则性向可操作性转变，从水量分配方案逐步向调度方案过渡，从单纯的水量分配向逐渐完善的水权制度建设演进。

以量确权，全面促进全流域水量分配。黑河流域水权制度建设，是以1992年原国家计划委员会批复的黑河水量分配方案为基础进行的。"九二"水量分配方案虽没有规定水权，以水量指标规定了上中下游的分配水量，即大体上规定了黑河干流水资源在青海、甘肃、内蒙古三省（自治区）的分配额与分配规则，完成了水资源从流域到区域的初始化配置。

随着黑河流域治理工程的推进，为使黑河流域中上游从已使用的水量中下泄符合"九二"分水规定的水量，甘肃省将分配的水量又在子流域和子区域上层层分解，规定了各行各业的可用水量，特别是将农业可用水量分解到户，并以水权方式确定下来，完成了区域水权到用户水权的转移分配，基本完成了完整的水权的初始化架构。从省界断面的水量分配，到落实水量分配的措施，促进了全流域各层次水资源的分配，完成了水权初始化过程。

以工带（促）管，全面提高水权保障能力。黑河流域水权制度建设及其真正实施，是在落实国务院关于《黑河流域近期治理规划》批示的契机下进行的。"九二"分水方案虽然早获批准，但因种种原因在2000年前仍未真正落实，关键在于缺少落实水权的必要工程和管理手段。从规划编制的基础年份到2000年的近10年间，中游水资源利用发生了变化。在中游耗水量已远远超过了分配水量的情况下，黑河流域通过节水工程措施的实施带动管理政策措施的落实，全面提高了水权分配的保障能力。

要从中游已经占用的水量中向正义峡增泄水量，同时又不过多地损害区域经济社会发展能力，黑河流域采取的是通过全面渠道衬砌和田间节水工程，在提高了灌区输水效率和灌溉水资源利用率的同时，节约出水量下泄。节约出的水量是由国家投资取得的，因此保障其下泄的管理措施不仅应运而生，而且易于落实。

以水定产，全面促进节水型社会建设。水量分配方案，确定了上中下游的可耗水量，也就是确定了流域上中下游经济社会发展的水资源利用边界。随着外部边界的明晰，使中游地方政府和群众明白了今后经济发展的水资源条件必须走内涵式发展的道路，必须以水定产，以供定需，全面的节水型社会建设由此展开。以水定产的核心是社会经济发展模式必须适应水资源承载能力。张掖市在总量控制、定额管理的方针指导下，大力调整产业结构，严格控制新垦耕地，压缩高耗水产业规模和高耗水作物的面积，对各行各业的水利用效率提出指导性定额，并制定出了相应的管理办法，形成了较系统的节水型社会政策体系，全面促进了节水型社会建设。

水票流转，完善配水管理，促进水权交易。水票是黑河流域水权制度建设的创新性内容。灌区配水的水票制度包括灌区取水许可、农户水权证及水票三部分，为灌区水资源管理提供了三大有利条件：一是使灌区的取水以团体方式获得了合法的许可，有利于总量控制；二是使农民分配的水权有了形式化载体，有利于夯实水权制度的基础；三是将水量分配与水费计收有机联系起来，有利于灌区可持续发展。水票制度在灌区层面的核心是农民通过购买（农户水权范围内的）水票获得配置水量的权利，同时完成了交纳水费和获得权利的程序。根据规定，剩余的水票可在不同层次上进行转让与流转，在事实上允许了水权交易。

8.1.2　黑河流域现行水票与定额管理制度

8.1.2.1　黑河流域现行水票制度的形成

张掖市人均水量和亩均水量分别只有全国平均水平的 75% 和 29%，但这里是黑河流域最大的用水区，水流经此段，水量迅猛消耗，根本原因在于张掖市集中了黑河流域的社会经济用水量，不断增长人口的生活用水，不断扩大耕地规模的农业耗水，绿色宜居城市建设的生态需水，这些因素综合叠加导致中游社会经济用水挤压下游的生态用水，黑河流域下游长期断流，直接影响中游和下游、经济和生态的水量消耗分配关系，并且左右着中、下游生态系统演变走向（吕克军，2014）。在 2000 年，国家已经按照"八七分水方案"的政策性方向指导，由国务院出台关于黑河上中下游三个区域的水资源分配最新方案，明文规定，黑河流域中游主管单位张掖市必须每年减少应用黑河水资源量 5.81 亿 m^3。为实现这一目标，张掖市首先建立了以水权制度为核心的水资源管理体系，西街村作为首批试水实验村庄，每个农户都有一本水权证，每本水权证都明白地标明每户每年的用水量，通过水权证确权，在水权确定的基础上给农民分配水权。

水票作为水权的载体，连接着农户、政府和市场（胡育荣，2012）。水票制是张掖市节水型社会试点建设的重大创新，水票制在实施之后，受到了学界和舆论的广泛关注。水票制实质上是水资源定额管理的延伸，可以跨越地域在全国范围内得到适用。水票连接了水量、水权和水价，将定额管理与经济手段相结合，促进科学用水。水票制就是水管单位按照用水计划，预售水票，凭票供水，按方收费（聂大田和卓沛杰，1983）。河西走廊各灌区的具体做法如下。

编制用水计划。各灌区根据历年河源流量资料，用经验频率分析并结合气象预报，预估当年的水文情况，计算逐月河源来水量；根据作物种植面积，灌溉制度以及各级渠道水的利用率，计算毛需水量。在充分利用全灌区水利资源、合理安排配水时间、尽可能适时适量灌溉农田的前提下，编制灌区引水计划，渠系配水计划和支、斗渠（用水单位）用水计划，经灌区委员会讨论通过，作为科学用水和发售水票的依据。实行水票制较早的临泽县梨园灌区、张掖县大满灌区，都按上述办法坚持编制用水计划。几年来执行的结果基本符合实际，从而使售出的水票都能及时兑现，保证了水票制的顺利实施。

预售水票。水票于每年（或季、轮）灌水前，由水管处（所）按用水计划发售。大多数灌区使用的是专用水票，票面上印有水量（m^3），并以不同颜色区别灌水轮次；有的灌区使用三联单，用发票代替水票。高台县南华灌区则用《灌溉用水供应证》代替水票。《灌溉用水供应证》内印有用水制度，用水计划（应灌作物、面积、配水时间、水量等）和购水量及实用水量登记表，在灌水前预购水量，灌水后登记结账。用水单位必须交清上年水费，完成维修工日，才能购买当年水票。有水库调节的灌区，上轮水的水票节余可以在下轮水中使用，但下轮水票的水不能提前使用；无水库调节的灌区，水票在各轮之间不能互换使用。为了促使按计划节约用水，还规定超计划用水要加倍收费。为了促使多利用一些地下水，以补地表水源的不足，规定用井水浇地一亩次，可从全灌区水费给予补助0.6～0.7元（油、电费）。有的灌区还根据各季水量的供需情况规定了不同的水价。例如，大满灌区在夏灌期间水源不足，水费就高一些；春灌和秋、冬灌期间河源水量较丰，水费就低一些。鼓励灌区充分利用多余水源，实行储水灌溉，补充地下水。

测流、供水。目前灌区专门量水设施较少，大部分用标准断面和建筑物测流；有的用浮标测流，定期用流速仪校正水位–流量关系曲线和浮标系数，一般每日测流三次。流量有变化随时加测。有些灌区把测流方法交给群众，以便于监督。大多数灌区实行配（量）水到斗、算账到队的办法。管理站按配水计划，于放水前数小时把接水时间、流量、水量和灌溉面积通知斗长和生产队，用水单位拿通知单按时到斗口接水，交票用水。为了防止发生问题，管理站指定专人收票，并给用水单位收据，以备查询、结账、总结。每轮灌水结束，拿测水记录和收回的水票到管理站统一结算，要求水过账清，水量水票对口。年终水管单位要对水量、水票、水费和效益做出决算，并写出工作总结。

8.1.2.2 黑河流域现行定额管理制度

黑河干流水量调度由国家统一实行，实施的原则是总量控制、分级管理、分层负责。黑河干流水量受到严格的控制，国家相关部门制定了具体的黑河水量调度的基本原则。

（1）年总量控制原则

根据国务院和全国水行政主管部门批准的分水方案，对正义峡下泄水量和鼎新片等各用水户用水量实行年总量控制下的水量计算方法。在实时调度中，各时段水量分配关系仅作为参考。

（2）平行线原则

实施黑河水量分配，按照分步实施、逐步到位的原则，在正义峡分配下泄水量指标到位以前，年度分水采用平行线原则，即按1997年国务院批准的水量分配方案，莺落峡至正义峡年度分水关系线向下平移，作为逐步到位时当年的分水关系线；当莺落峡多年平均来水量为15.8亿 m³ 时，相应正义峡下泄指标分别按8.0亿 m³、8.3亿 m³、9.0亿 m³、9.5亿 m³ 分4年逐步到位。

（3）逐月滚动修正原则

根据调度年内已发生时段的来水和断面下泄水量情况，对余留期的调度计划进行滚动修正，逐步逼近年度分水方案。

（4）年际间调度水量偏离值"多退少补"原则

中游水量调度采用断面水量累计结算的基本方法，同时遵循经商定的允许误差规则，即对于方案中确定的正义峡断面年下泄水量指标，实时调度中经有关方面协商并请报上级水行政主管部门批准后，允许存在一定的调度误差，对于多下泄水量造成的误差一般不作明确界定，但全部计入以后调度年下泄指标；调度误差值应在下一调度年先行结算，多退少补。

黑河流域对用水实行定额管理，在顺序上城乡居民生活用水为第一，生态环境用水排后，农业、工业用水居中。甘肃省确定的行业用水定额主要分为五大类定额，包括城镇生活、工业、农业灌溉、农村生活、牲畜养殖共五大类定额（刘芳芳，2015）。部分定额标准如表8-3～表8-5所示：

表 8-3　甘肃省农村居民定额用水表

类别	定额单位	用水定额
水源水量充足地区	L/(人·d)	60
水源水量缺乏地区	L/(人·d)	40

表 8-4　甘肃省牲畜用水定额用水表

类别	定额单位	用水定额	备注
大牲畜	L/(头·d)	60	马、牛、骆驼等
猪	L/(只·d)	40	
羊	L/(只·d)	10	
家禽	L/(只·d)	1.0	鸡、鸭、鹅等

资料来源：《甘肃省行业用水定额（修订本）》

表 8-5　甘肃省河西地区井灌区主要作物用水定额表　（单位：m³/亩）

作物名称	保证率	灌溉方式	灌溉定额	灌水定额	灌水时期
春小麦	50%	畦灌	360	65	播前、拔节、抽穗
		块灌	380	70	
玉米	50%	畦灌	460	90	播前、拔节、抽雄
		沟灌	420	70	
		块灌	480	95	
		大田滴灌	300	20	
棉花	50%	畦灌	280	45	生长期
		块灌	320	55	
		大田滴灌	120	20	
蔬菜	50%	畦灌	450	45	生长期
		沟灌	410	40	
		块灌	530	55	
		日光温室滴灌	320	14	

资料来源：《甘肃省行业用水定额（修订本）》

8.1.3　黑河流域现行水价管理制度

水价是水资源市场化管理的重要经济手段，有助于促进水资源可持续利用。农业作为黑河流域乃至全国尺度上的用水大户，开展农业水价综合改革，是提升区域水资源综合利用效率的有效途径。合理的水价是关乎农业水价改革成败的关键。水价偏低容易导致用水者缺乏节水意识、供水单位亏损，进而引发用水效率低下等问题，最终加剧水资源短缺造成的用水矛盾。水价偏高又会给用水者带来负担，造成收取水费困难、管理者和用水者之间的矛盾纠纷等。科学合理的农业用水定价机制，需要从供给侧和需求侧进行综合考虑，兼顾供水成本和农户的承受能力。同时为了实现水资源的精细化有序管理，还需要结合区域社会经济发展特征，在有条件的地区开展分级水费计收。

黑河流域的张掖市对水价管理制度有明确的规定。供水价格采取的是政府定价的模式，并开设了专家论证和价格听证等环节。张掖市的水价制度一方面根据季节变动收取不同水费，另一方面实行行业用水差异化原则。农业灌溉用水方面，又按农田所在区域是灌区或是井灌区有不同的标准，推行水票制，先购票、后供水。收费标准是按照河水灌区 2 元/（年·亩），井灌区 4 元/（年·亩）。从区域水价来看，中游地区都根据本区人民的水价承受能力，制定了不同的农业用水价格（刘芳芳，2015）。例如，民乐县农业用水价格为 0.1 元/m³，甘州区的农业用水价格又是 0.156 元/m³。超过规定用水额以上部分，要按照规定中的累进加价制度，根据超出的数量确定比例（30%、50% 或 100%），依此数据缴纳水费。城市居民生活用水价格按 0.5 元/m³ 的阶梯计价，比例是 1∶1.5∶2。

8.1.3.1 现行水价管理制度的发展过程

1. 公益性无偿供水阶段（1949～1979 年）

这一阶段以公益性供水为主，基本不收取水费，无水价可言。1964 年，原水利电力部提出了《水费征收和管理的试行办法》，开始改变无偿供水的状况。1965 年 10 月 13 日，国务院以国水电字号文件批转了水利电力部制定的《水利工程水费征收使用和管理办法》。这是我国第一个有关水利工程供水收取费用的重要文件，它确立了按成本核定水费的基本模式，但该政策基本没有得到执行（贺立成，2005）。

2. 政策性有偿供水阶段（1980～1985 年）

我国水价格制度建设重新起步的标志是财政体制改革。国务院提出所有水利工程管理单位，凡有条件的要逐步实行企业管理，按制度收取水费，做到独立核算，自负盈亏。各省、自治区、直辖市对水利工程管理单位开始实行"自收自支、自负盈亏"的管理模式，水价格改革开始起步。1980 年，国务院有关部委组织开展全国水利工程供水成本调查，在调查研究中首次提出了"水的商品属性"，为有偿供水奠定了基础。在这之后的几年里，全国有十几个省出台了供水收费的政策。1982 年，中央文件指出，城乡工农业用水应重新核定水费。1985 年，国务院颁布了《水利工程水费核定计收和管理办法》，规定"水费标准应在核算供水成本的基础上，根据国家经济政策和当地水资源状况，对各类用水价格分别核定"。《水利工程水费核定计收和管理办法》把供水作为一种有偿服务行为，提出以供水成本为基础核定水费的征收标准。

3. 水价格改革起步阶段（1986～1993 年）

按照《水利工程水费核定计收和管理办法》的有关规定，从 1986 年起，全国大部分省、自治区、直辖市人民政府先后制定了相应的实施办法和相关文件。1988 年，《水法》

规定"使用供水工程供应的水，应当按照规定向供水单位缴纳水费"。这是我国最高立法机关第一次对水利工程有偿供水做出法律规定。1990 年，国务院办公厅印发了《关于贯彻执行水利工程水费核定计收和管理办法的通知》，推进了水价格改革工作。1991 年，水利部制定了《乡镇供水水价核定原则》试行，促进了水价格改革。1992 年初，国家价格主管部门将水利工程供水列入重点工商品目录。水利工程供水开始向商品转变。限于当时的历史条件，水利工程供水没有列入商品定价范畴。由于各种行政性收费、事业性收费以及基金、集资等收费项目较多，政府为规范管理，将各种收费项目分为政府性基金和行政事业性收费两类进行管理。1992 年底，国家物价局和财政部将水费列入行政事业性收费。

4. 水价格改革发展阶段（1994 年至今）

1994 年 12 月，财政部以财农（94）字 397 号文件颁发了《水利工程管理单位财务制度》，明确规定"水管单位的生产经营收入包括供水、发电及综合经营生产所取得的收入"。第一次将水利工程水费定义为生产经营收入，这是对水利工程供水以及水费收入性质认识上的突破，我国水价格制度改革实现了质的跨越。1997 年，国务院发布了《水利产业政策》，规定"新建水利工程的供水价格，按照满足运行成本和费用，缴纳税金、归还贷款和获得合理利润的原则制定。原有工程的供水价格，要根据国家的水价政策和成本补偿、合理收益的原则，区别不同用途，在三年内逐步调整到位，以后再根据供水成本变化情况适时调整。"以及"根据工程管理的权限，由县级以上人民政府物价主管部门会同水行政主管部门制定和调整水价。"此后，我国的水价格改革步入了新的发展时期。2000 年底，《中共中央关于制定国民经济和社会发展第十个五年计划的建议》提出，水资源可持续利用是我国国民经济和社会发展的战略问题，改革水价格管理体制，建立合理的水价格形成机制，调动全社会节水和防治水污染的积极性。随着我国市场经济体制的建立和完善，原有的水价格制度已经难以适应国民经济和社会发展的需要。因而必须制定新的适应社会主义市场经济体制的水价格制度，促进水资源可持续利用。2002 年 8 月 29 日，第九届全国人民代表大会常务委员会第二十九次会议通过《中华人民共和国水法》修正案。规定"供水价格应当按补偿成本、合理收益、优质优价、公平负担的原则确定，用水实行计量收费和超定额累进加价制度"。这些法律条款为水价格改革提供了重要的法律依据（冯尔兴，2006）。

具体到黑河流域，从时间序列来看，黑河灌区农业水价的形成及其改革过程可以划分为三个阶段：第一阶段是 1949 年到 1978 年，从无偿供水到收取少量维护费阶段。新中国成立之初农田灌溉实行无偿供水，后来从兴修水利的实践中人们认识到不仅修建水利工程需要投入大量的资金，而且在使用过程中也需要开支进行维修管护。为此，黑河灌区开始实行"收支两条线"，以财政补偿为主，适当收取水费作为灌区维修管护补助。第二阶段是从 1979 年到 1991 年，低标准有偿供水阶段。1982 年黑河灌区按照甘肃省农业水费的统一标准 0.005~0.007 元/m³ 收取水费。1985 年国务院颁布《水利工程水费核定、计收和管理办法》，对水费的计收、核定和管理都做了具体规定，到 1989 年灌区先后进行了三次水价调整方案，农业灌水价达到供水成本的 30% 左右。第三阶段从 1992 年至今，灌区加大水价改革力度，逐渐向市场经济过渡。1994 年《水利工程供水价格管理办法》指出，

"水利工程供水价格由供水生产成本、费用、税金和利润构成",明确提出了水费的计收标准。1998年再次调整了农业灌水价,改按亩收费为按量收费,同时放开了民办水利价格。

8.1.3.2 现行水价管理制度的问题

在目前黑河流域的水价管理制度中存在着许多不容忽视的问题,主要表现在以下几个方面:水价形成机制不合理。完整的水价必须体现资源成本和环境成本,迄今为止黑河灌区只对部分城市用水征收水资源费,而且征收标准很低（0.02~0.05元/m³）,农业用水至今仍未征收水资源费。另外,生活用水的污水处理费计收制度尚未建立,农民投工投劳的机会成本也没有被考虑。农业与城镇水价标准不对称。目前张掖市农业平均水价为0.071元/m³,在全国处于较高的水平。但张掖市城镇水价偏低（居民生活用水和工业用水分别为0.85元/m³和1.20元/m³）,居民水费支出仅占可支配收入的0.7%,与国内其他城市相比,处于较低的水平,不符合张掖市水资源短缺的现实,不利于节水积极性的提高（表8-6）。

表8-6 我国部分地区水价 （单位:元/m³）

地区	农业	居民	工业	地区	农业	居民	工业	地区	农业	居民	工业
北京	0.02	2.8	5.6	新疆	0.075	1.36	2.22	山东	0.05	2.25	1.7
内蒙古	0.023	1.95	3.3	天津	0.04	2.6	2.27	山西	0.062	2.45	1.7
上海	0.015	1.03	1.1	辽宁	0.03	1.4	1.6	河南	0.04	1.75	1.8
四川	0.031	1.35	1.6	甘肃	0.065	1.45	1.3	黑龙江	0.024	1.8	4.6
陕西	0.039	1.95	1.86	河北	0.075	2.0	1.65				

数据来源:全国水务网,2006年3月居民水价（不含污水处理费和、水价附加等）

没有实施科学的水价调节机制。张掖市农业水价尚未建立起一套有效调价机制,水价的弹性与变动空间较小,大部分灌区实行的还是单一水价,缺乏根据水资源丰枯程度、市场供求关系和物价变化情况及时调整水价的机制,没有体现灌区来水季节性较强的特点,不利于种植结构多元化和用水高峰调节。

现行水价没有体现时代要求。张掖市水价成本核算从1998年到2003年共进行过三次,但农业水价至今仍然执行1998年的标准。随着人口的增加和经济结构的调整,用水成本已经显著提高,农民收入的增幅也使水价有了一定的提升空间,亟待适时调整水价。

水费计收方式陈旧。目前张掖市农业水价仍实行按亩计收的方式,即按用水户种植面积对配给水量平均分配,每轮灌水前只需交固定水费就放水,两部制水价等先进的水费计收方式还未在大多数灌区应用。与此同时,农业水利工程管理环节多,对水费收缴监督力度不够,实际收取率不到70%。

计量设施不完善。目前在黑河灌区,除个别试点如张掖市甘州区党寨村于2005年投入精量计水设施外,多数灌区灌水量计量仅限于渠道斗口,而以下农渠仍按灌水时间估算用水量,田间工程计量设施极不健全,这导致在实施定额管理时,人们只能靠经验来判断水量，很不精确，还无法实现配水到地块、按实际灌水量实施计量收费的目标。同时，总量控制和定额控制两套指标体系也无法精确建立，水费计收困难，水权得不到保障。

在具体实施中，首先，开展农户农业用水水价承受能力调查，分析不同灌区（乡镇）农户对农业灌溉用水水价的承受能力。其次，梳理区域全成本水价构成，对区域工程成本水价、运营成本水价等开展核算，汇总获得灌区（乡镇）全成本水价。再次，分析区域水资源特征和灌溉模式，识别季节性缺水时段，结合不同时段水量、水质等信息开展多要素水价分析，制定灌区（乡镇）阶梯水价标准。最后，综合考虑各灌区（乡镇）农户水价承受能力、全成本水价、阶梯水价，针对不同灌区（乡镇）制定相应水价征收标准体系。具体的流程如下：

1. 农户水价承受能力分析

农户对水价的承受能力可以从支付能力和支付意愿两方面衡量，其中支付能力可以通过分析水资源费负担变化情况匡算，农户支付意愿可以采用农户支付意愿调查结合条件估值方法获取。综合二者可以更为全面地反映农户的农业水价承受水平。

具体实施中首先收集研究区域当前及以往历史时期水价情况信息，结合区域农户调查及统计资料，核算区域水费占农业生产收益的真实占比情况，及其历史变化，分析农户真实水费负担。

采用问卷调查形式，开展农户农业水价支付意愿调查，对不同作物、不同灌溉区域、不同灌溉时段农户支付水费的意愿进行调查分析，采用条件估值方法，推算农户在不同条件下的水费支付意愿，结合灌溉定额数据，获取水价承受能力信息。

综合农户支付能力与支付意愿，获取不同区域农户的水价承受能力上限。

2. 全成本水价核算

全成本定价方式是在现行的成本定价基础上，通过把全部外部成本（包括资源消耗和环境污染成本）内部化，并转嫁给资源消耗性商品，以及在生产过程中造成环境污染的商品的生产者和消费者，弥补个人成本和社会成本之间的差距。全成本水价的构成，主要包括资源成本、工程成本、环境成本、利润和税收五部分，具体可用 $P = C_r + C_p + C_e + E + T$ 表达，其中，C_r 表示资源成本，即用水户需要支付的天然水的价格，C_p 表示工程成本，是指通过具体的或抽象的物化劳动把资源水变成产品水，进入市场成为商品水所花费的代价，C_e 表示环境成本，是指水资源开发利用活动造成生态环境功能降低的经济补偿价格，E 表示供水的利润，T 表示税收。

目前，全国大多数省份对农业水利工程水费暂免征营业费，据此，本文在水价核算时暂不考虑税金。农业用水价格按补偿供水生产成本、费用的原则核定，不计利润。农业用水对环境的影响属于不可避免的面源污染，无法集中处理，可以假设河流水体的自净能力能够解决农业用水造成的环境污染，也就是说可以认为农业供水的环境成本为零。进一步地将农业全成本水价模型简化为：$P = C_r + C_p$，其中资源水价，按当地水资源费实际情况收取，核算重点为工程成本水价，主要包括工程建设成本与折旧以及工程运营成本。具体核算内容如表 8-7 所示。

表8-7 全成本水价核算科目

全成本核算内容	成本计算科目	具体项目费用		
资源水价	水资源有用价值	水质级别		
		水量		
	水资源稀缺价值	水资源当量		
		区域相关数据		
工程水价	水文监测	直接投资（站名、竣工年限、投资、贷款利率）		
		运行费用		固定运行费
				可变运行费
				利税
		年费用		运行费
				维修费
				折旧
				还贷
	水资源计量、监测设施（机井水表、渠系水量计量设备、取水口监控设备等）	直接投资（站名、竣工年限、投资、贷款利率）		
		直接损失		
		运行费用		固定运行费
				可变运行费
				利税
		年费用		损失折现
				运行费
				维修费
				折旧
				还贷
	水源工程（水库、引水、提水、井群、自备井、外调水）	直接投资（投资、贷款利率）		
		运行费用		固定运行费
				可变运行费
				利税
		年费用		运行费
				维修费
				折旧
				还贷
	输水工程（河道、渠道、管线、农田官网灌溉渠系）	水源工程生态环境影响补偿费		
		直接投资（投资、贷款利率）		
		运行费用		固定运行费
				可变运行费
				利税
		年费用		运行费
				维修费
				折旧
				还贷

水利工程成本、费用采用如下分摊方法（表8-8）。

表8-8　各科目设置内容相应计算方法

成本和费用分摊方法	多目标水利工程投资和费用的分摊方法	防洪服务分摊比例：防洪库容/死库容+兴利库容+防洪库容	
		供水兴利分摊比例：死库容+兴利库容/死库容+兴利库容+防洪库容	
	不同供水保证率的洪水目标间的成本和费用分摊	供水保证率法	供水成本和费用=供水生产成本和费用总额×某一供水目标供水保证率分配系数
		其他方法（其中，A为年工业、城镇供水量；B为年农业供水量；C为工业、城镇供水保证率；D为农业供水保证率）	工业城镇供水分配系数=A＊C供水分配系数率；配系数
			农业供水分配系数=B＊D分配系数率；配系数
	固定资产折旧费	固定资产折旧费采用直线折旧法计算	
	维修费	固定资产维修费采用按固定资产原值的一定费率预提的办法核定	

年运行费包括供水生产成本、管理费用、营业费用和财务费用，具体参照表8-9核算。

表8-9　运营成本费用核算科目

供水生产成本		供水生产人员工资
	直接材料	燃料动力费
		其他直接材料
		小计
	其他	供水生产人员福利
		水文观测费
	直接支出	临时设施
		其他（含社会保险费等）
		小计
	制造费用	租赁费
		机物料消耗
		水质检测费
		运输费
		办公费
		差旅费
		水电费
		取暖费
		低值易耗品
		劳动保护费
		其他
		小计
		合计

		供水生产人员工资
期间费用	管理费用	管理人员工资
		工会经费
		办公费
		差旅费
		水电费
		业务招待费
		取暖费
		修理费（运输设备、工具及仪器）
		低值易耗品
		劳动保护费
		工程养护费
		固定资产折旧（运输设备、工具及仪器）
		手续费
		印刷费
		邮电费
		物业管理费
		会议费
		培训费
		劳务费
		公务用车维护费
		管理人员福利
		其他
		小计
	营业费用	代收水费手续费
		办公费
		差旅费
		修理费（其他）
		低值易耗品
		折旧（固定资产其他类的折旧）
		其他
		小计
	合计	
财务费用		长期贷款利息等
总计		

3. 阶梯水价核算

引入阶梯水价的目的是在不同水资源条件下，通过价格变化反映水资源的稀缺性，通过价格调控减少浪费，提高效率。亦或者是通过阶梯水价，对用户的超权使用征收额外费用，增强水资源利用的公平性。针对上述目的，从分析区域水资源特征和灌溉模式入手，识别季节性缺水时段和超额使用用户。结合不同时段水量、水质等信息，开展多要素水价分析，制定灌区（乡镇）阶梯水价标准。

具体实施中，采用模糊数学方法，在核算中综合考虑不同来水背景下区域农业用水水量、水质等影响区域水资源价格的各类因素（表8-10），以区域农户用水承受能力为上限，分析不同水量、水质标准下的农业水资源价格。

表 8-10　阶梯水价模糊评价指标

准则层	指标层	数据来源
水量	单位面积农田灌溉用水水量	水务局监测数据
	可用地下水水资源量	水务局监测数据
	可用表水水资源量	水务局监测数据
	径流系数	水务局监测数据
	干旱指数	水务局监测数据
水质	化学耗氧量	环保部门监测数据
	氨氮	环保部门监测数据
	总氮	环保部门监测数据
	总磷	环保部门监测数据

4. 灌区（乡镇）农业水费计收标准体系构建

综合考虑灌区（乡镇）农户水价承受能力、全成本水价、阶梯水价，进一步参考中华人民共和国水利部财务司《水利工程供水生产成本费用核算管理规定》和水利部水利管理司《水利工程供水价格理论与核定方法》中农业工程水价的制定原则，即粮食作物用水价格按供水生产成本、费用核定；经济作物用水价格在供水生产成本、费用和税金的基础上，根据收益情况加合理利润核定；水产养殖用水价格按高于经济作物用水价格低于工业消耗水价格核定。

构建灌区（乡镇）农业水费计收指标体系，明确不同区域、不同季节、不同来水条件下的农业水费征收标准。并探索"先补后收，补收结合"的创新型水费收取模式。

8.2　黑河流域的水价调控效应分析

8.2.1　水价改革的定量分析

根据张掖市《关于深化水权水价综合改革的意见》，2015 年张掖市农业用水价格综合改革具体内容为：全市农业地表水价格由现行的 0.1 元/m³ 提高到初步测算的 0.235 元/m³ 成本水价；同时开始全面征收地下水水资源费，对甘州、临泽、高台和肃南四县区确定地下水价格为 0.1 元/m³，山丹、民乐县地下水价格则为 0.08 元/m³。也就是说，与改革前 0.1 元/m³ 的地表水价格相比，张掖市农业地表水价格将上涨 135%；与改革前 0.01 元/m³ 的地下水费相比，张掖市农业地下水价格将上涨约 837%。基于此，模拟分析张掖市农业水价改革的经济影响和节水效益。

本部分利用的依然是张掖市有关经济特征和数据构建的张掖 CGE 模型。其模型中包括的生产与需求模块与之前章节所介绍的一致，不再赘述。下文详细叙述此处引入的均衡与闭合模块。

均衡与闭合模块。模型假定当经济达到一般均衡状态时，是一个完全竞争市场。因此，模型的均衡模块包括两部分：一是市场出清，即供需相等，包括商品市场和要素市场；二是零利润，厂商接受的价格等于边际成本。对于本地产品来说，本地总供给要等于中间使用、投资需求、居民消费、输出、政府消费、库存，以及流通需求的加总；对于外地输入品来说，总输入要等于中间使用、投资、居民消费、政府消费和库存的加总。

模型采用短期闭合假定：①资本总量固定，在行业间也不能自由流动，各行业投资回报率是不同的，从而影响行业投资。②由于存在价格黏性，实际工资不变，劳动力在各部门自由流动，总就业量由模型内生决定。③政府支出和税率外生。劳动力增长、技术进步和资本累积共同驱动经济增长。④由于在张掖市，水并非完全是商品，政府对水资源的调控作用很大，水价受政府管控，因此模型中假设水价外生。⑤土地供给总量不变，但在行业间跟随租金不完全流动。

8.2.1.1 对宏观经济的影响

张掖市水价改革对经济的影响取决于两方面的综合作用：一方面，提高张掖市农业用水价格将增加农业生产成本，进而传导到其他行业，对经济产生冲击；另一方面，农业生产受到打击，在水与土地之间是 Leontief 投入关系的情况下，将释放大量的土地进入市场，带动土地租金下降，从而给整个经济带来用地成本下降优势。具体水价改革对宏观经济的影响如表 8-11，表 8-12 所示。

表 8-11　张掖市水价改革的宏观影响　　　　　　　　　　　　（单位:%）

宏观变量	相对于基期变动	宏观变量	相对于基期变动
GDP	−0.09	总用水量	−9.6
投资	−0.05	地表水	−6.7
居民消费	−0.05	地下水	−17.0
输出	−0.05	其他水	0.8
输入	−0.001	名义工资	−0.07
CPI	−0.07	资本价格	0.23
就业	−0.07	土地价格	−23.7

表 8-12   基于 2014 年统计数据的各宏观指标变化情况

宏观指标	2014 年指标数值	相对变化量	水价改革后指标数值
GDP/亿元	353.43	-0.32	353.11
就业/万人	73.69	-0.05	73.64
总用水量/亿 m³	24.12	-2.31	21.81
地表水	16.28	-1.09	15.19
地下水	7.16	-1.22	5.94
其他水	0.68	0.01	0.69
万元 GDP 耗水量/m³	682	–	618
单方水 GDP/(元/m³)	14.7	–	16.2

注: GDP、就业和总用水量数据来自 2014 年张掖市国民经济和社会发展统计公报, 分类型水资源数据在 2011 年水利普查的基础上根据 2014 年张掖市总用水量更新得到。相对变化量根据 2014 年各指标统计数据和表 8-11 模拟结果计算得到

水价改革对经济存在微弱冲击, GDP 下降 0.09%。张掖市农业用地表水和地下水占了张掖市整个经济总用水量的 94.6%, 因此提高农业用水价格将增加整个经济的用水成本, 从而给经济带来一定的负面影响。如果按照 2014 年张掖市经济总量 353.43 亿元计算, 水价改革将使 GDP 总量减少 0.32 亿元。经济规模的收缩同时导致投资和居民消费分别下降约 0.05%。

就区域间贸易情况来看, 张掖市向外输出出现结构调整, 输出总量下降 0.05%; 外地输入微弱下降 0.001%。作为全国十大商品粮基地、重要的西菜东运基地, 农业是张掖市的输出大户, 提高农业用水价格直接导致玉米、水果、蔬菜、小麦等农产品成本上涨, 输出价格提高, 从而向外输出减少。输入减少的原因在于, 其他行业受益于土地价格下降从而成本下降, 与外地商品相比更具竞争力, 所以外地输入减少。由于土地供给总量一定, 农业用地占了张掖市土地使用总量的 99.4%, 农业生产受到打击直接导致土地需求大幅减少, 土地租金大幅下降 (-23.70%), 给其他行业带来了成本下降优势。

虽然水价改革对土地市场负面影响较大, 但对劳动力和资本市场影响几乎可忽略不计。经济规模收缩导致对劳动力要素需求减少, 从而使就业减少 0.07%、名义工资下降 0.07%, 按照 2014 年张掖市 73.69 万的就业人数计算, 就业减少 500 人, 影响有限。资本价格微弱上涨 0.23%, 原因在于土地价格下降给其他行业带来了成本优势, 从而其他行业产出扩张, 在行业资本固定的情况下, 给资本价格带来了上涨压力。尽管农产品价格上涨, 但由于其他非农产品受益于土地价格的下降, 最终居民消费价格小幅下降, 下降了 0.05%。

总用水量节约 9.6%, 其中地下水节水效果最突出。模型结果显示, 提高农业用地表水和地下水价格可以起到良好的节水效果: 节约总用水 9.6%, 其中地表水节约 6.7%、地下水节约 17.0%。按照 2014 年的用水数据, 将节约 1.09 亿 m³ 地表水、1.22 亿 m³ 地下水, 总用水量减少 2.31 亿 m³。对其他水的消费有微弱增加, 原因是相对于价格提高了的地表水和地下水, 其他水变得便宜, 从而引起对地表水和地下水使用的替代。水价改革在提高用水效率方面的效益也很大, 按照 2014 年万元 GDP 耗水量和单方水 GDP 来计算, 将

使万元 GDP 耗水量下降 9.4%，下降为 618m³；单方水 GDP 产出提高 10.2%，达到 16.2 元/m³。

综上，张掖市水价改革虽然对经济有负面影响，但影响有限；且在节约水资源、提高用水效率方面的效益更大。

8.2.1.2 对行业的影响

模拟结果显示，除几个农业部门外，其他行业产出均有不同程度的扩张。这些行业的产出扩张主要受益于土地价格的大幅下降，从而获得成本优势，产出平均增加 0.6%。

1. 受损行业

产出受损的仅限于几个用水强度高的农业部门（表 8-13），包括玉米（-7.7%）、水果（-5.5%）、棉花（-3.3%）、蔬菜（-2.3%）、小麦（-1.7%），平均下降 4.1%。这几个农业部门单位产出的用水成本较高，水价改革导致较大的成本上涨，直接导致输出需求下降，产出收缩。

值得注意的是，尽管水价改革直接冲击农业部门，但仍然有两个农业部门产出增加，其中油料业产出增加 1.9%、其他农业产出增加 0.9%。这两个农业部门与上述农业部门产出表现差距这么大的原因在于，土地在这两个农业部门投入中的比例要远大于水的占比，土地占油料业初级要素投入的 14%，而水仅占不到 1%，而其他农业土地和水的占比分别为 5% 和 0.3%，最终土地成本下降占据优势，从而产出扩张。

表 8-13 张掖市水价改革的受损行业

受损行业	相对于基期变动/%		樊式分解	需求分解
	行业产出	行业价格		
玉米	-7.7	2.2	Export	Export
水果	-5.5	1.5	Export	Export
棉花	-3.3	0.9	Export	Export
蔬菜	-2.3	0.6	Export	Export
小麦	-1.7	0.5	Export	Export

注：樊式分解和需求分解都是 CGE 模型中对行业产出变动的分解。樊式分解把产出变动分解为：local market（本地需求变动导致的产出变动）、dom share（与输入品价格相比导致的产出变动）、export（输出需求变动导致的产出变动）。需求分解则把行业产出变动分解为：intermediate（中间使用需求变动导致的产出变动），investment（投资需求变动导致的产出变动），household（居民消费需求变动导致的产出变动），government（政府支出变动导致的产出变动），export（输出需求变动导致的产出变动），stock（库存变动导致的产出变动）和 margins（流通需求变动导致的产出变动）。本文只列示导致产出变动的最主要因素

2. 主要受益行业

提高农业用水价格会引发要素市场的一系列变化，其中比较突出的是土地需求市场。由于农业部门生产萎缩，释放大量土地进入市场，导致土地租金大幅下降，从而给整个经济带来用地成本下降的积极影响。其中，受益比较突出的就是用地成本占比较大的行业（表 8-14），包括以下两类。

表 8-14　张掖市水价改革的主要受益行业

主要受益行业	相对于基期变动/%		樊式分解	需求分解
	行业产出	行业价格		
邮政	2.8	−1.7	Export	Export
金属制品	2.2	−0.8	Export	Export
水生产和供应	2.1	−0.8	Dom Share	Intermediate
油料	1.9	−0.5	Export	Export
通用专用设备制造业	1.6	−0.6	Dom Share	Invest
造纸印刷及文体用品制造业	1.4	−0.4	Export	Export
非金属矿制品	1.0	−0.6	Dom Share	Intermediate
金属冶炼及压延业	1.0	−0.6	Local Market	Intermediate
家具制造业	0.9	−0.2	Dom Share	Intermediate
其他农业	0.9	−0.2	Export	Export

第一类，土地要素占比较高的输出型行业获得成本优势。包括邮政（2.8%，29%）（2.8%是产出变动，29%是产出中的输出比例，下同）、金属制品（2.2%，59%）、油料（1.9%，99%）、造纸印刷及文体用品制造业（1.4%，57%），以及其他农业（0.9%，99%）。这些行业的土地投入占要素投入的比例分别为34%、39%、14%、15%、5%，由于用地成本大幅下降使这些行业获得成本优势，从而输出价格降低，刺激输出需求。

第二类，土地成本优势和下游建筑业拉动共同作用。比如水生产和供应业，土地占了该行业要素投入的33%，因此获得成本优势；同时，水生产和供应业的中间去向中有43%被用于建筑业。建筑业受益于土地成本的下降从而输出需求增加，产出扩张。建筑业的扩张直接带动了上游水生产和供应业产出增加。非金属矿制品、金属冶炼及压延业，以及家具制造业也是属于这一类情况。

通用专用设备制造业产出扩张一方面是由于获得用地成本下降优势，另一方面是投资拉动的。75%的通用专用设备制造业产出被用于投资，且主要用作建筑业的投资，因此建筑业扩张也部分拉动了对通用专用设备制造业的需求。

8.2.2　价格杠杆的调控机制与实证分析

价格杠杆通常被认为是解决资源稀缺问题、提高资源利用效率的有力工具。张掖市现行农业用水价格偏低，仅仅覆盖了完全成本水价的65%且实收率低，导致价格机制无法有效发挥作用。用水价格偏低，一方面会导致供水服务中的低效问题，另一方面也会降低水资源的利用效率（Rogers et al.，2002）。无论是学术界还是政策制定者都认识到，要解决水资源问题，水价改革是关键之一。为此，为充分发挥价格杠杆的调节作用，促进节约用水和水资源可持续利用，张掖市于2015年4月对一区五县的农业供水价格进行全面改革，全市农业地表水价格由现行的0.1元/m³提高到初步测算的0.235元/m³成本水价，同时开始全面征收地下水费。

水价改革除了节约用水总量，也会引起行业间水、土资源的重新配置，主要表现为水土资源从农业部门向非农业部门转移。农业部门由于受到农业用水价格提高的负面冲击，从而产出收缩，对水资源和土地的需求减少；同时由于水价改革仅针对农业部门的地表水和地下水，在农业部门内还存在三种类型水资源的替代，因此农业部门内三种水资源的变化也会有所差异。非农业部门产出都扩张，因此对水和土的需求都是增加的，增加来自两部分：产出扩张直接增加对水资源和土地的需求，另外由于土地价格大幅下降从而引发水土资源对资本和劳动的替代，又形成了一部分对水土的需求。

图 8-3 给出了水价改革后张掖市各行业土地使用面积的变化。很显然，总的土地需求量是下降，根据模型结果，张掖市土地需求量将下降约 1 万 hm^2。总体来看，农业部门对土地的需求是减少的，非农业部门对土地的需求增加，即表现出土地从农业部门向非农业部门转移的趋势。其中，对土地需求减少最多的是玉米种植业，释放了 $8093hm^2$ 的土地；其次是水果、蔬菜、小麦以及棉花，分别减少了 $2881hm^2$、$1822hm^2$、$1086hm^2$ 和 $110hm^2$ 的土地需求。这几个农业部门都是张掖市土地的主要使用者，所占用的土地分别占张掖市土地使用总量的 30%、12%、8%、18%、1%，因此产出收缩释放的土地较多。除上述几个部门，其他行业对土地的需求都是增加的。其中，其他农业和油料业是对土地需求增加贡献最大的两个部门（分别增加 $2703hm^2$、$1097hm^2$）。这两个农业部门也是张掖市的土地使用大户，分别使用了张掖市 21% 和 9% 的土地，因此产出扩张带来的土地使用量增加也比较明显。剩余行业使用很少的土地，因此产出扩张带来的土地用量增加也很小，为 $0.02 \sim 8.7hm^2$。

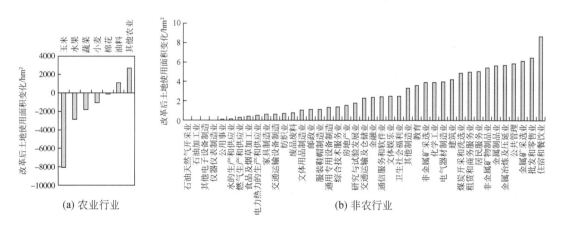

图 8-3   水价改革后各行业土地使用面积的变化

提高农业用水价格确实能够节约水资源，按照 2014 年数据，将节约用水 2.31 亿 m^3，且全部来自用水强度高的农业部门（图 8-4）。其中对节水贡献最大的是玉米种植业，节约 1.34 亿 m^3；其次是水果，节约 0.47 亿 m^3；蔬菜、小麦和棉花分别节约 3498 万 m^3、2035 万 m^3、171 万 m^3 用水。这几个部门用水强度比较高，因此产出收缩节约的用水量也相对明显。

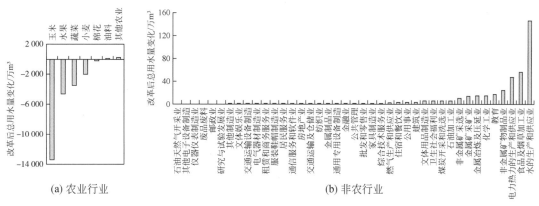

图 8-4　水价改革后各行业总用水量的变化

除上述几个农业部门，其他行业对水的需求都是增加的。其他农业、水的生产和供应业及油料是用水量增加最多的三个部门（239 万 m³、146 万 m³、91 万 m³）。尽管农业用水价格上涨，但油料和其他农业受益于土地租金下降，产出扩张，因此用水需求也是增加的。同时相对于其他非农行业，这两个农业部门的用水强度较高，因此产出增加形成的用水量增加也突出。水的生产和供应业同样是一个需水强度比较高的部门，因此增加的用水量仅次于其他农业。剩余的产业由于用水强度相对较低，因此产出扩张带来的用水增加也不明显。

张掖市水价改革针对的水资源类型是地表水和地下水，因此两类水资源的需求总量均下降，其中地下水效果更明显，下降 1.22 亿 m³，比地表水多下降 0.13 亿 m³。张掖市地表水的使用部门仅限于农业和水生产供应业。图 8-5 是水价改革后张掖市地表水使用量的行业变化情况，其中玉米、水果、蔬菜、小麦和棉花是节约地表水使用量的部门，而其他农业、油料，以及水的生产和供应业是增加地表水使用量的三个部门。尽管农业用水价格提高，但其他农业和油料业的地表水使用量是增加的，原因有两方面：一方面，产出扩张直接形成新的水资源需求；另一方面由于地表水价格提高幅度要远低于地下水涨价幅度，引发了地表水和其他水对地下水的替代，又增加了一部分对地表水的需求。

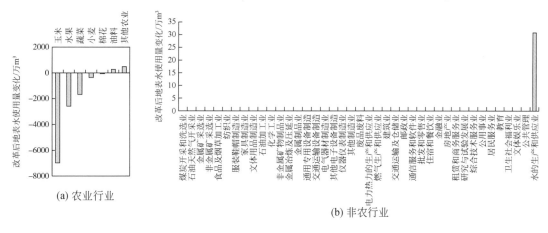

图 8-5　水价改革后各行业地表水使用量的变化

地下水的使用部门较多，但节水的主要贡献仍然是用水强度高的农业部门（图8-6）。与地表水行业变化显著不同的是，所有农业部门的地下水使用量都是减少的。油料和其他农业的地下水使用量也减少的原因在于，尽管油料和其他农业的产出是扩张的，但由于地下水的价格上涨幅度远高于地表水和价格不变的其他水，引发了油料和其他农业部门内其他类型水资源对地下水的替代，因此地下水使用量是减少的。水生产供应业、食品制造及烟草加工业使用的地下水在非农行业中是最多的，因此这两个部门产出扩张带来的地下水增加量也最突出。

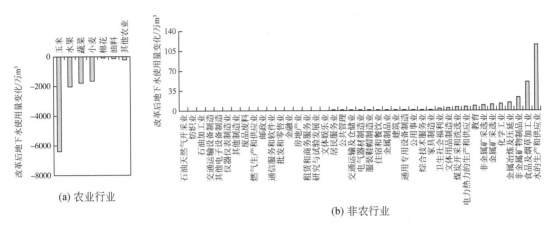

图8-6   水价改革后各行业地下水使用量的变化

仅玉米和水果两个行业对其他水的使用量是减少的，剩余行业都是增加的，最终导致其他水使用总量增加约60万 m³。玉米和水果分别使用了45%和16.8%的其他水，因此产出下降带来的节水效果比较明显。蔬菜、小麦和棉花的其他水使用量没有随着产出下降而减少的原因在于，其他水的价格优势引发了其他水对地表水和地下水的替代，因此这三个部门的其他水使用量并没有下降（图8-7）。在促使其他水使用量增加的行业中，幅度最大的是电力部门，与其基期用水量有关。电力部门使用了9.8%的其他水，仅次于农业部门，因此产出扩张带来的对其他水的需求增加也最大。

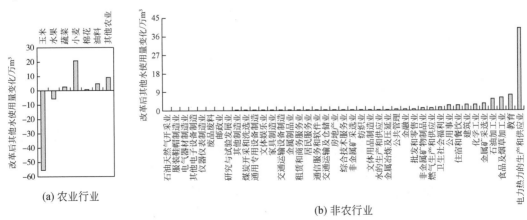

图8-7   水价改革后各行业其他水使用量的变化

　　本部分以张掖市为例，采用引入水土账户的 CGE 模型分析张掖市水价改革的经济影响以及节水效益。结果表明，水价改革对经济只有微弱影响，仅带来 0.09% 的 GDP 损失；但在节约水资源方面的效益却很大，使总用水量减少 9.6%、万元 GDP 耗水量下降 9.4%、单方水 GDP 产出提高 10.2%，节约的水资源类型主要是地下水，且全部来自用水强度高的农业。绝大多数行业都受到积极影响，仅玉米、果蔬、棉花、小麦等几个对水资源依赖程度高的农业受到打击，产出平均下降 4.1%。

　　水价改革不仅减少了水土资源的需求总量，而且引起了行业间水土资源的重新配置，主要体现为水土资源从农业部门向非农业部门转移的趋势。基于该研究结果以及张掖市经济发展特点，我们提出如下建议：

　　第一，关注水价改革对玉米、果蔬等特色优势产业的负面影响。长期以来，张掖市以粮食和蔬果生产为优势，大力发展玉米制种、高原夏菜等特色优势产业。而这些产业对水资源依赖程度高，对水价变动敏感，因此水价改革对这些行业的冲击比较大，政府应该关注、减缓水价改革过程中对这些特色优势产业的冲击。

　　第二，重视水价改革提供的种植结构调优选择。油料和其他农业在水价改革中不但没有受到冲击，而且产出还扩张了，原因就在于这两个农业部门对水资源的依赖程度没有其他农业部门那么敏感，这为张掖市种植结构调优也提供了一个新方向。近年来张掖市以油料、蔬菜和中药材为主的经济作物发展较快，这三大作物占到了经济作物面积的 83.7%，也许政府可以利用水价改革契机，推动以油料为主的经济作物更快发展。

　　第三，注意对自来水等其他类型水资源的消费转移。尽管其他类型水占张掖市用水总量不到 3%，但在水价改革中其他类型水的耗用总量是增加的，因此也有必要关注水价改革中由于价格替代引起的不同类型水资源之间的消费转移。

　　第四，就全国而言，推进通过价格杠杆促进经济节水的改革。通过价格杠杆在对经济较小冲击的前提下可以实现较大的节水效益，在当前用水效率仍然有待提高的背景下，通过价格杠杆节水，比如提高水资源价格、减少生产用水补贴等，对加强我国的水资源管理意义重大。

　　农业水价改革的初衷是通过提高水价来实现节约用水和维护水利工程的良性运行。但水价提高在短期内会增加农民的用水负担，影响农户种粮积极性，甚至引发不必要的矛盾。建立并实施农业用水精准补贴和节水奖励的综合制度，有助于降低农户用水负担，保护农民种粮积极性，调动农民参与改革、实施节水的热情。农业水价补贴是指在农业综合水价改革中，在发挥水价促进节水杠杆的同时为确保总体不增加农户定额内用水的水费支出，对农户每单位农业用水的实际支付与边际供水成本或全部成本价之间的差额进行补贴的活动，其是一种社会再分配、实现利益调整的方式。政府有必要通过财政补贴的形式介入农业水价的制定，在减轻农民水费负担的同时，实现保障社会稳定发展的目标。

　　水危机已经严重制约了人类的可持续发展。全球各国包括中国政府都在积极应对水资源稀缺问题，从需求管理角度衍生的水资源管理方式成了主要的解决策略，其中市场配置水资源是最为常见的一种策略，可交易水权制度成为水资源配置主要的市场运作手段。而交易成本又是水权交易是否发生、发生频率的高低的一个重要影响因素，因此，评估水权交易成本是建立可交易水权制度时一项重要的任务。水权交易制度的建立能够督促水权拥有方进行节水，而水权交易实施的关键问题之一是定价问题。考虑到水权交易主体的信息不对称，水资源本身价值、权属价值的计算复杂性和水资源分布的时空不均性及复杂性，如果直接对水权价格所包含的各个成分进行解耦并直接定价，很难给出一个普适性的模型或算式。因此，从水权交易的操作过程出发，采用一种既利于操作又利于揭示真实价格的定价方法就显得极为必要。市场主导，政府引导，用户参与的水资源综合管理制度建立是确保区域水资源安全的有效策略。

第9章　内陆河流域水资源综合管理研究展望

　　社会经济系统已成为影响流域水循环的主导力量，传统的水资源管理模式与理念需要提升，对有限的水资源在生产、生活与生态之间进行优化配置，进而提高用水效率，缓解流域水资源的社会经济服务功能与生态服务功能的不平衡，维持流域可持续发展战略。因此，需要将社会经济耗水与生态需水作为建设水−生态−社会经济耦合系统的"总阀门"，把流域作为建设水−生态−经济社会协调发展耦合系统的主轴线，研究现状条件下的各类用水结构、水资源的利用效率，推求合理的工农业生产布局，探索适合本地区的社会经济发展规模和发展方向，分析预测未来居民生活水平提高、产业发展以及生态环境保护不同情景下的水资源需求；研究其水资源空间优化配置涉及的生态−水文的控制因素，空间显性的社会经济数据制备、多主体博弈的智能决策规则等问题，在空间尺度上最优化地动态配置水资源以产生最大生态环境−社会−经济综合效益成为亟待解决的问题；考虑不同尺度、产业与区域差异，以水资源−社会经济模型为核心，实现社会经济系统与生态水文过程的耦合；基于气候变化、土地利用规划、社会经济发展中长期预测定制不同的情景方案，开展情景驱动模型分析预测流域水−生态−社会经济耦合系统的演变规律，为流域水资源综合管理提供决策信息与科技支撑。

　　开展水权制度、产业和城市化发展、土地利用和绿洲规模变化及气候变化等不同情景对黑河流域水−生态−社会经济耦合系统效益影响的综合研究，有助于加深与拓宽对干旱区生态用水与社会经济用水内部诸要素关联机制的科学认识。人类活动具有自然地理过程所不具有的复杂性。社会经济系统与生态−水文过程之间不但体现为刚性的响应关系，更体现为基于人类预判性的、更具弹性的、多种社会经济与政策行为耦合的反馈关系（刘昌明和王红瑞，2003；徐中民等，2008）。建立合理的水权制度、适时开展水权交易，运用市场机制和经济手段来合理配置水资源是目前国际社会在提高水资源利用效率、解决水事冲突、促进水资源可持续有效利用管理问题十分倚重的政策举措，是关系到需水管理策略能否有效实现的关键与保障（Okuda et al.，2005；Mahmoud et al.，2011；王金霞，2012）。

　　流域水−生态−社会经济耦合系统的运行及其效益依赖于对自然与人文要素的综合影响的研究，因此应加强各方面影响因素的综合研究，以实现干旱区水资源的生态环境系统服务功能和经济社会服务功能均衡的目标。产业和城市化发展、绿洲规模与结构深受水资源的制约，该部分社会经济用水直接影响流域水资源利用效率（石敏俊等，2011；Sahrawat et al.，2010）。相关研究表明，若黑河流域水资源对城市化的约束强度为 0.44 ~ 0.94，则水资源将成为制约其城市化发展的重要因素（方创琳和鲍超，2004）。气候变化是水资源规划、投资和管理面临的新挑战，综合未来气候变化影响的水资源规划与风险管理是未来水资源管理的发展方向（夏军等，2009；李志，2010；Buytaert et al.，2010）。目前，相关研究已经建立起陆面–生态–水文过程耦合模型，若将其与宏观尺度社会经济模型、气候模式相结合，则将使得模拟人类活动与气候变化对水–生态系统的综合影响更加容易（程国栋，2009；刘昌明和赵彦琦，2012；Kaneko et al.，2004）。因此，以系统的思路开展多子系统耦合、多尺度嵌套的集知识库、模型库与数据库为一体的流域水资源综合管理决策支持系统研究，模拟不同的社会经济发展与气候变化情景下水资源时空演变规律，对从整体上深入理解干旱区生态用水与社会经济用水内部诸要素的关联机制具有重要意义。

随着当代社会经济的发展与生态危机的出现，人与水和谐相处成为流域发展的主题。尽管世界各国结合自己的国情开展了大量研究，并对管理措施进行了改进，能够为黑河流域水资源综合管理决策支持系统的建立提供经验借鉴，但由于流域系统是一个动态、多变、非平衡、开放耗散的"非结构化"或"半结构化"系统，涉及自然水循环和社会经济水循环二元过程，对现有模式与体系进行生搬硬套必然是不科学的。在向高精度流域模拟化发展的同时，应尝试建立流域综合管理决策系统并应用到流域综合管理实践中去。以流域高精度、实时更新的数据库为基础，设定一定的工作环境，容纳大量相互联系的模型并保证其正常运行，以实时输出模拟结果，解决目前系统中普遍存在的自然地理数据与社会经济数据的统一、不同尺度的模型等问题，提高系统模拟的精度、信度与实用性，是当前流域水资源综合管理系统建设的重要方向。当前关于水资源配置的宏观与微观研究成果积累较多，宏观尺度的结构动态优化配置与微观尺度多主体博弈决策的耦合研究则相对不足，同时受宏观经济数据的时间尺度与空间尺度的制约，序列年和区县尺度的水资源社会经济核算体系尚待建立，探索不同尺度水资源利用效率转化规律的研究也有待开展。研究社会经济发展与气候变化情景驱动的生态–水文演化的机制，构建流域的跨产业、多尺度、动态的水资源利用优化配置模型，成为服务流域水资源综合管理研究与指导流域生态恢复与保护亟须解决的科学问题。

参 考 文 献

蔡红艳,张树文,张宇博.2010. 全球环境变化视角下的土地覆盖分类系统研究综述. 遥感技术与应用,
　　25(1):161-167.

常福宣,张洲英,陈进.2010. 适合长江流域的水资源合理配置模型研究. 人民长江,47(7):5-9.

陈昌春.2013. 变化环境下江西省干旱特征与径流变化研究. 南京:南京大学博士学位论文.

陈建生,赵霞,盛雪芬,等.2006. 巴丹吉林沙漠湖泊群与沙山形成机理研究. 科学通报,51(23):
　　2789-2796.

陈腊娇,朱阿兴,秦承志,等.2011. 流域生态水文模型研究进展. 地理科学进展,30(5):535-544.

陈敏鹏,林而达.2010. 代表性浓度路径情景下的全球温室气体减排和对中国的挑战. 气候变化研究进展,
　　6(6):436-442.

陈南祥,徐建新,黄强.2007. 水资源系统动力学特征及合理配置的理论与实践. 郑州:黄河水利出版社.

陈卫宾,董增川,张运凤.2008. 基于记忆梯度混合遗传算法的灌区水资源优化配置. 农业工程学报,24
　　(6):10-13.

陈锡康.2011. 投入产出技术. 北京:科学出版社.

陈晓楠,段春青,邱林,等.2008. 基于粒子群的大系统优化模型在灌区水资源优化配置中的应用. 农业工
　　程学报,3:103-106.

陈莹,许有鹏,陈兴伟.2011. 长江三角洲地区中小流域未来城镇化的水文效应. 资源科学,33(1):64-69.

陈佑启,杨鹏.2001. 国际上土地利用/土地覆盖变化研究的新进展. 经济地理,21(1):95-100.

程国栋.2009. 黑河流域水–生态–经济系统综合管理研究. 北京:科学出版社.

程国栋,赵传燕.2008. 干旱区内陆河流域生态水文综合集成研究. 地球科学进展,23(10):1005-1012.

程国栋,徐中民,钟方雷.2011a. 张掖市面向幸福的水资源管理战略规划. 冰川冻土,6:1193-1202.

程国栋,赵传燕,王瑶.2011b. 内陆河流域森林生态系统生态水文过程研究. 地球科学进展,26(11):
　　1125-1130.

崔海燕.2008. 黑龙江省水资源投入产出分析. 哈尔滨:东北农业大学博士学位论文.

邓群,夏军,杨军,等.2008. 水资源经济政策 CGE 模型及在北京市的应用. 地理科学进展,27(3):
　　141-151.

邓文茂,刘建华,刘玉山,等.2008. 澳大利亚水资源管理及水权制度建设的经验与启示. 江西水利科技,
　　34(1):31-35.

邓祥征.2011. 环境 CGE 模型及应用. 北京:科学出版社.

邓祥征,战金艳,苏红波,等.2008. 黄淮海平原土地系统结构变化的模拟与分析. 安徽农业科学,(4):
　　1542-1546.

段志刚.2004. 中国省级区域可计算一般均衡建模与应用研究. 武汉:华中科技大学博士学位论文.

方创琳,鲍超.2004. 黑河流域水–生态–经济发展耦合模型及应用. 地理学报,(5):781-790.

封志明,杨艳昭,李鹏.2014. 从自然资源核算到自然资源资产负债表编制. 中国科学院院刊,(4):
　　449-456.

冯尔兴.2006. 黑河灌区(张掖市)节水农业制度创新研究. 兰州:甘肃农业大学博士学位论文.

冯起,尹振良,席海洋.2014. 流域生态水文模型研究和问题. 第四纪研究,34(5):1082-1093.

傅伯杰,赵文武,陈利顶.2006. 地理–生态过程研究的进展与展望. 地理学报,61(11):1123-1131.

高超,张正涛,陈实,等.2014.$RCP_{4.5}$情景下淮河流域气候变化的高分辨率模拟. 地理研究,33(3):
　　467-477.

高颖.2012. 资源—经济—环境 CGE 模型的构建与应用. 北京:经济科学出版社.

宫攀,陈仲新,唐华俊,等.2006. 土地覆盖分类系统研究进展. 中国农业资源与区划,(2):35-40.

贺立成.2005. 论我国水价格制度的改革与完善. 长春:吉林大学博士学位论文.

洪宇,王雨.2008. 发展中国家水权制度研究. 合作经济与科技,(9):119-120.

胡亚南,刘颖杰.2013.2011—2050 年 RCP4.5 新情景下东北春玉米种植布局及生产评估. 中国农业科学,
    46(15):3105-3114.

胡育荣.2012. 节水型社会视野下我国农村水权配置研究. 南京:南京农业大学博士学位论文.

黄晓荣,汪党献,裴源生.2005. 宁夏国民经济用水投入产出分析. 资源科学,27(3):135-139.

黄奕龙,傅伯杰,陈利顶.2003. 生态水文过程研究进展. 生态学报,23(3):580-587.

黄英娜,张巍,王学军.2003. 环境 CGE 模型中生产函数的计量经济估算与选择. 环境科学学报,23(3):
    350-354.

贾洪飞.2011. 综合交通客运枢纽仿真建模关键理论与方法. 北京:科学出版社.

贾绍凤.2001. 工业用水零增长的条件分析——发达国家的经验. 地理科学进展,20(1):51-59.

贾绍凤,张士锋,杨红,等.2004. 工业用水与经济发展的关系——用水库兹涅茨曲线. 自然资源学报,
    19(3):279-284.

江志红,张霞,王冀.2008.IPCC-AR4 模式对中国 21 世纪气候变化的情景预估. 地理研究,27(4):787-799.

康尔泗.1994. 天山冰川消融参数化能量平衡模型. 地理学报,61(5):467-476.

康绍忠,粟晓玲,杨秀英,等.2005. 石羊河流域水资源合理配置及节水生态农业理论与技术集成研究的总
    体框架. 水资源与水工程学报,16(1):1-9.

雷波,刘钰,许迪,等.2009. 农业水资源利用效用评价研究进展. 水科学进展 20(5):732-738.

李昌彦,王慧敏,佟金萍,等.2014. 基于 CGE 模型的水资源政策模拟分析——以江西省为例. 资源科学,
    36(1):84-93.

李翀,彭静,廖文根.2006. 河流管理的生态水文目标及其量化分析——以长江中游为例. 理论前沿,(23):
    8-10.

李慧慧,万武族.2010. 决策树分类算法 C4.5 中连续属性过程处理的改进. 计算机与现代化,(8):8-10.

李鹏恒.2007. 基于森林的北京市 2003 年社会核算矩阵的编制及其扩展. 北京:北京林业大学博士学位论
    文.

李启家,姚似锦.2002. 流域管理体制的构建与运行. 环境保护,(10):8-11.

李善同,许新宜.2004. 南水北调与中国发展. 北京:经济科学出版社.

李世强,王颖.2014. 基于中国水资源管理制度的分析. 黑龙江水利科技,(8):205-207.

李晓锋,姚晓军,孙美平,等.2018.2000—2014 年我国西北地区湖泊面积的时空变化. 生态学报,38(1):
    96-104.

李新,程国栋.2008. 流域科学研究中的观测和模型系统建设. 地球科学进展,23(7):756-764.

李新,程国栋,康尔泗,等.2010. 数字黑河的思考与实践 3:模型集成. 地球科学进展,25(8):851-865.

李新,程国栋,马明国,等.2010. 数字黑河的思考与实践 4:流域观测系统. 地球科学进展,25(8):866-876.

李新,刘绍明,马明国,等.2012. 黑河流域生态—水文过程综合遥感观测联合试验总体设计. 地球科学进
    展,27(5):481-498.

李新,马明国,王建,等.2008. 黑河流域遥感-地面观测同步试验:科学目标与试验方案. 地球科学进展,
    23(9):897-914.

李艳梅,张雷.2008. 中国能源消费增长原因分析与节能途径探讨. 中国人口资源与环境,18(3):83-87.

李志,刘文兆,张勋昌,等.2010. 气候变化对黄土高原黑河流域水资源影响的评估与调控. 地球科学,

40(3):352-362.

梁勇,成升魁,闵庆文.2003.水资源管理模式的变迁与比较研究.水土保持研究,10(4):35-37.

廖守亿.2005.复杂系统基于Agent的建模与仿真方法研究及应用.长沙:国防科学技术大学博士学位论文.

林而达,刘颖杰.2008.温室气体排放和气候变化新情景研究的最新进展.中国农业科学,(6):1700-1707.

林英志,邓祥征,战金艳.2013.区域土地利用竞争模拟模型与应用——以江西省为例.资源科学,35(4):729-738.

刘保珺.2003.关于SDA与投入产出技术的结合研究.现代财经,23(7):48-51.

刘昌明,刘文彬,傅国斌,等.2012.气候影响评价中统计降尺度若干问题的探讨.水科学进展,23(3):427-433.

刘昌明,王红瑞.2003.浅析水资源与人口、经济和社会环境的关系.自然资源学报,18(5):635-644.

刘昌明,赵彦琦.2012.中国实现水需求零增长的可能性探讨.中国科学院院刊,27(4):439-446.

刘芳芳.2015.黑河流域水资源管理问题研究.兰州:甘肃农业大学博士学位论文.

刘冠飞.2009.基于投入产出模型的天津市虚拟水贸易分析.天津:天津大学博士学位论文.

刘纪远,刘明亮,庄大方,等.2002.中国近期土地利用变化的空间格局分析.中国科学D辑:地球科学,32(12):1031-1040,1058-1060.

刘金平,张国良.1995.土地资源资产化管理.国土与自然资源研究,(4):17-19.

刘宁.2013.中国水文水资源常态与应急统合管理探析.水科学进展,24(2):280-286.

刘攀,冯茂源,郭生练,等.2016.社会水文学研究方法和难点.水资源研究,5(6):521-529.

刘萍,许卓首,王玲,等.2009.气候变化对黄河流域水资源影响研究进展,气象与环境科学,32(1):275-278.

刘韶斌,王忠静,刘斌,等.2006.中国水利,(21):21-23.

刘时银,姚晓军,郭万钦,等.2015.基于第二次冰川编目的中国冰川现状.地理学报,70(1):3-16.

刘铁芳,刘彦兵,黄姗姗.2014.产业结构与水资源消耗结构的关联关系研究.系统工程理论与实践,34(4):861-869.

刘勇洪.2005.基于MODIS数据的中国区域土地覆盖分类研究.北京:中国科学院研究生院(遥感应用研究所)博士学位论文.

刘玉卿,徐中民,南卓铜,等.2012.基于SWAT模型和最小数据法的黑河流域上游生态补偿研究.农业工程学报,28(10):124-130.

吕金飞,金笙,刘俊昌,等.2006.林业投入产出分析综述.林业经济问题,26(2):129-132.

吕克军.2014.水票制:节水型社会治理机制的创新.武汉:华中师范大学博士学位论文.

栾德序.1985.投入产出模型在县级经济中的应用——海伦县实物型投入产出模型应用情况简介.数量经济技术经济研究,(5):17-22,28.

马静,陈涛,申碧峰,等.2007.水资源利用国内外比较与发展趋势.水利水电科技进展,27(1):6-10,13.

马明.2001.基于CGE模型的水资源短缺对国民经济的影响研究.北京:中国科学院地理科学与资源研究所博士学位论文.

马忠,张继良.2008.张掖市虚拟水投入产出分析.统计研究,25(5):65-70.

孟丽红,陈亚宁,李卫红.2011.干旱区内陆河流域水资源可持续利用的生态经济研究.中国人口·资源与环境,S2:121-124.

聂大田,卓沛杰.1983.河西走廊灌区实行水票制.中国水利,(2):27-29.

裴源生,赵勇,秦长海,等.2008.广义水资源高效利用理论与核算.河南:黄河水利出版社.

钱正英,陈家琦,冯杰.2009.从供水管理到需水管理.中国水利,(5):20-23.

钱正英.2001.中国水资源战略研究中几个问题的认识.河海大学学报(自然科学版),29(3):1-7.

秦长海,甘泓,贾玲,等.2014.水价政策模拟模型构建及其应用研究.水利学报,45(1):109-116.

秦长海,甘泓,张小娟,等.2012.水资源定价方法与实践研究:海河流域水价探析.水利学报,43(4):
    429-436.

曲耀光,樊胜岳.2000.黑河流域水资源承载力分析计算与对策.中国沙漠,20(1):2-9.

冉有华,李新,卢玲.2009.基于多源数据融合方法的中国1km土地覆盖分类制图.地球科学进展,(2):
    192-203.

阮本清.2001.流域水资源管理.北京:科学出版社.

邵薇薇,徐翔宇,杨大文.2011.基于土壤植被不同参数化方法的流域蒸散发模拟.水文,31(5):6-14.

沈大军.2001.水价理论与实践.北京:科学出版社.

沈大军,陈素,罗健萍.2006.水价制定理论、方法与实践.北京:中国水利水电出版社.

沈大军,梁瑞驹,王浩等.1999.水价理论与实践.北京:科学出版社.

石敏俊,王磊,王晓君.2011.黑河分水后张掖市水资源供需格局变化及驱动因素.资源科学,33(8):
    1489-1497.

苏芳,徐中民.2008.张掖甘州区农村居民不同收入群体家庭虚拟水消费比较.冰川冻土,(5):883-889.

王根绪,程国栋.1998.近50a来黑河流域水文及生态环境的变化.中国沙漠,18(3):43-48.

王浩,龙爱华.2011.社会水循环理论基础探析Ⅰ:定义内涵与动力机制,水利学报,42(4):379-387.

王浩,王建华.2012.中国水资源与可持续发展.中国科学院院刊,27(3):352-358.

王金霞.2012.资源节约型社会建设中的水资源管理问题.中国科学院院刊,27(4):447-454.

王苗苗.2013.基于SDA法的张掖市水资源需求管理评价.兰州:西北师范大学博士学位论文.

王其藩.1998.系统动力学.北京:清华大学出版社.

王瑞萍,张雪,孙崇亮.2012.土地利用变化对流域产流影响的模拟分析.油气田地面工程,31(12):92-94.

王树果,李新,韩旭军,等.2009.利用多时相ASAR数据反演黑河流域中游地表土壤水分.遥感技术与应
    用,24(5):582-587.

王伟,宋明顺,陈意华,等.2008.蒙特卡罗方法在复杂模型测量不确定度评定中的应用.仪器仪表学报,
    (7):1446-1449.

王晓鹏.2016.黑河流域水资源管理现状与展望.商,(14):81.

王亚俊,孙占东.2007.中国干旱区的湖泊.干旱区研究,4:422-427.

王茵.2006.水资源利用的经济学分析.哈尔滨:黑龙江大学博士学位论文.

王勇.2010.澳大利亚流域治理的政府间横向协调机制探析——以墨累—达令流域为例.科学经济社会,
    (1):162-165.

王勇,肖洪浪,任娟,等.2008.基于CGE模型的张掖市水资源利用研究.干旱区研究,25(1):28-34.

王勇,肖洪浪,邹松兵,等.2010.基于可计算一般均衡模型的张掖市水资源调控模拟研究.自然资源学报,
    25(6):959-966.

王玉洁,秦大河.2017.气候变化及人类活动对西北干旱区水资源影响研究综述.气候变化研究进展,
    13(5):483-493.

吴兵.2004.中国经济可计算一般均衡分析决策支持系统的研究与应用.上海:华东师范大学博士学位论
    文.

夏军,黄浩.2006.海河流域水污染及水资源短缺对经济发展的影响.资源科学,28(2):2-7.

夏军,刘春蓁,任国玉.2011.气候变化对我国水资源影响研究面临的机遇与挑战.地球科学进展,26(1):

1-12.

夏军,刘晓洁,李浩,等.2009. 海河流域与墨累-达令流域管理比较研究. 资源科学,31(9):1454-1460.

夏明,张红霞.2013. 投入产出分析 理论方法与数据. 北京:中国人民大学出版社.

夏婷婷.2008. 城市水资源优化配置及郑州市案例研究. 上海:同济大学博士学位论文.

夏炎,陈锡康,杨翠红.2010. 关于结构分解技术中两种分解方法的比较研究. 运筹与管理,19(5):27-33.

项后军,周昌乐.2001. 人工智能的前沿——智能体(Agent)理论及其哲理. 自然辩证法研究,(10):29-33.

萧木华.2002. 从新水法看流域管理体制改革. 水利发展研究,2(10):22-25.

肖斌,高甲荣,刘国强,等.2000. 国外流域管理机构与法规述评. 西北林学院学报,15(3):112-117.

肖强,胡聃,郭振,等.2011. 水资源投入产出方法研究进展. 生态学报,31(19):5475-5483.

谢元博.2010. 泾河流域非点源污染特性分析与SWAT模型模拟. 西安:西安理工大学博士学位论文.

熊喆,延晓冬.2014. 黑河流域高分辨率区域气候模式建立及其对降水模拟验证. 科学通报,59(7):605-614.

徐建华.2002. 现代地理学中的数学方法. 北京:高等教育出版社.

徐文婷,吴炳方,颜长珍.2005. 用SPOT-VGT数据制作中国2000年度土地覆盖数据. 遥感学报,9(2):204-214.

徐中民,张志强,程国栋,等.2002. 额济纳旗生态系统恢复的总经济价值评估. 地理学报,57(1):107-116.

徐中民,钟方雷,焦文献.2008. 水-生态-经济系统中人文因素作用研究进展. 地球科学进展,(7):723-731.

许健,陈锡康,杨翠红.2002. 直接用水系数和完全用水系数的计算方法. 水利规划设计,(4):28-30,36.

薛俊波,孙翊,吴静,等.2010. 中国宏观经济政策模拟系统的开发及其应用. 中国科学院院刊,25(4):428-433.

薛领,杨开忠,沈体雁.2004. 基于agent的建模——地理计算的新发展. 地球科学进展,(2):305-311.

严冬,周建中.2010. 水价改革及其相关因素的一般均衡分析. 水利学报,41(10):1220-1227.

杨星辰.2012. 山东省保险业的产业关联效用分析与启示. 济南:山东大学博士学位论文.

姚俊强,杨青,陈亚宁,等.2013. 西北干旱区气候变化及其对生态环境影响. 生态学杂志,32(5):1283-1291.

叶艳妹,吴次芳.1999. 试论深化土地资源的资产化管理. 中国土地科学,(4):27-30.

尤培培.2009. 基于CGE模型的电价变动对国民经济各部门价格影响研究. 北京:华北电力大学博士学位论文.

余瑞.2014. 基于WRF模式的黑河中游城镇化对地表水平衡的影响研究. 武汉:湖北大学博士学位论文.

曾祥旭.2011. 低生育水平下中国经济增长的可持续性研究. 成都:西南财经大学博士学位论文.

翟建青,占明锦,苏布达,等.2014. 对IPCC第五次评估报告中有关淡水资源相关结论的解读. 气候变化研究进展,10(4):240-245.

张波,虞朝晖,孙强,等.2010. 系统动力学简介及其相关软件综述. 环境与可持续发展,35(2):1-4.

张春梅,张小林,吴启焰,等.2012. 城镇化质量与城镇化规模的协调性研究——以江苏省为例. 地理科学,1:16-22.

张红艳.2008. 基于活动的建筑工程项目生命周期成本确定方法研究. 天津:天津理工大学博士学位论文.

张景华,封志明,姜鲁光.2011. 土地利用/土地覆被分类系统研究进展. 资源科学,33(6):1195-1203.

张令梅.2004. 新技术在节水农业中的应用. 水利科技与经济,10(6):33-34.

张瑞恒,侯瑞山,吴文盛,等.2003. 水资源经济论. 北京:中国大地出版社.

张绍峰,王先锋,牛永生,等.2005. 黄河流域水资源保护决策支持体系研究. 人民黄河,27(9):34-36.

张松磊. 2010. 基于 CGE 模型的煤价—电价波动影响研究. 北京:华北电力大学博士学位论文.

张威,付新峰,2011. 黄河流域水生态现状与气候变化适应情况等. 人民黄河,33(5):51-53.

张寅生,姚檀栋,蒲健辰. 1998. 我国大陆型山地冰川对气候变化的响应. 冰川冻土,20(1):4-9.

张永刚,张茜. 2015. 基于 DEA 方法的农村金融效率研究. 经济问题,(1):60-63,113.

张余庆,陈昌春,杨绪红,等. 2013a. 基于 SUFI-2 算法的 SWAT 模型在修水流域径流模拟中的应用. 水电能源科学,(9):24-28.

张余庆,陈昌春,杨绪红,等. 2013b. 信江流域土地利用变化的径流响应研究. 水电能源科学,31(8):27-30,58.

章平. 2010. 产业结构演进中的用水需求研究——以深圳为例. 技术经济,(7):65-71.

赵慧珍,段延宾,曹玉升,等. 2008. 基于云模型的灌区实时优化调度分层耦合模型. 华北水利水电学院学报,29(5):26-29.

赵文智,程国栋. 2008. 生态水文研究前沿问题及生态水文观测试验. 地球科学进展,23(7):781-790.

赵永,王劲峰,蔡焕杰. 2008. 水资源问题的可计算一般均衡模型研究综述. 水科学进展,19(5):756-762.

郑玉歆,樊明太,等. 1999. 中国 CGE 模型及政策分析. 北京:社会科学文献出版社.

周健. 2014. 张掖市产业结构与土地利用的互动关系分析. 河南科学,32(7):1364-1366.

周立华,樊胜岳,王涛. 2005. 黑河流域生态经济系统分析与耦合发展模式. 干旱区资源与环境,(5):67-72.

周玉玺. 2005. 水资源管理制度创新与政策选择研究. 泰安:山东农业大学博士学位论文.

宗明华. 1989. 企业规模结构的理论优化模型. 云南工学院学报,(1):69-76.

邹建伟. 2012. 军山湖流域农业非点源入湖负荷估算及评价. 南昌:南昌大学博士学位论文.

左其亭,窦明,吴泽宁. 2005. 水资源规划与管理. 北京:中国水利水电出版社.

左其亭,王中根. 2006. 现代水文学. 郑州:黄河水利出版社.

Ahrends H, Mast M, Rodgers C, et al. 2008. Coupled hydrological-economic modelling for optimised irrigated cultivation in a semi-arid catchment of West Africa. Environmental Modelling & Software,23(4):385-395.

Alcamo J, Flörke M, Märker M. 2007. Future long-term changes in global water resources driven by socio-economic and climatic changes. Hydrological Sciences Journal,52(2):247-275.

Arnell N W. 2004. Climate change and global water resources:SRES emissions and socio-economic scenarios. Global Environmental Change,14(1):31-52.

Bao C, Fang C L. 2012. Water resources flows related to urbanization in China:Challenges and perspectives for water management and urban development. Water Resources Management,26(2):531-552.

Bartelmus P. 1986. Environmental and Development. Allen & Unwin:London.

Bergez J E, Leenhardt D, Colomb B, et al. 2012. Computer-model tools for a better agricultural water management:Tackling managers' issues at different scales-A contribution from systemic agronomists. Computers and Electronics in Agriculture,86:89-99.

Berrittella M, Rehdanz K, Hoekstra A Y, et al. 2007. The economic impact of restricted water supply:A computable general equilibrium analysis. Water Resource. 41(8):1799-1813.

Berrittella M, Rehdanz K, Richard S J. 2006. The economic impact of the South-North Water Transfer Project in China:A computable general equilibrium analysis. FEEM Working Paper,154.

Bracken L J, Oughton E A. 2009. Interdisciplinarity within and beyond geography:Introduction to special section. Area,41(4):371-373.

Buytaert W, Vuille M, Dewulf A, et al. 2010. Uncertainties in climate change projections and regional downscaling in the tropical Andes: Implications for water resources management. Hydrology and Earth System Sciences, 14(7):1247-1258.

Cai X, Mckinney D C, Lasdon L S. 2003. Integrated hydrologic-agronomic-economic model for river basin management. Journal of water resources planning and management, 129(1):4-17.

Calzadilla A, Rehdanz K, Tol R S. 2010. The economic impact of more sustainable water use in agriculture: A computable general equilibrium analysis. Journal of Hydrology, 384(3):292-305.

Calzadilla A, Rehdanz K, Tol R S. 2011. The GTAP-W Model: Accounting for Water Use in Agriculture. Kiel Institute, Germany.

Chave P. 2001. The Eu Water Framework Directive: An Introduction. London: IWA Publishing.

Chen Y, Zhang D, Sun Y, et al. 2005. Water demand management: a case study of the Heihe River Basin in China. Physics and Chemistry of the Earth, Parts A/B/C, 30(6):408-419.

Chou C E, Hsu S H, Huang C H, et al. 2001. Water Right Fee and Green Tax Reform - A Computable General Equilibrium Analysis. GTAP working paper.

Claudious C. 2008. Globalizing integrated water resources management: A complicated option in Southern Africa. Water Resources Manage, 22(9):1241-1257.

Daniel P L. 2003. Standard of Sustainability for Water Resources System. Beijing: Tsinghua University Press.

Deng X Z, Jiang Q, Su H B, et al. 2010. Trace forest conversions in Northeast China with a 1-km area percentage data model. Journal of Applied Remote Sensing, 4(1):1-13.

Deng X Z, Su H B, Zhan J B. 2008. Integration of Multiple Data Sources to Simulate the Dynamics of Land Systems. Sensors, 8(2):620-634.

Diao X, Roe T. 2003. Can a water market avert the "double-whammy" of trade reform and lead to a "win-win" outcome? J. Environ. Econ. Manag, 45(3):708-723.

Dinar A, Roe T, Tsur Y, et al. 2005. Feedback links between economy-wide and farm-level policies: with application to irrigation water management in Morocco. Journal of Policy Modeling, 27(8):905-928.

Dixon J A. 1994. Economic analysis of environmental impacts. London: Routledge.

Dixon P B, Rimmer M T, Wittwer G. 2011. Saving the South Murray-Darling Basin: The economic effects of a buyback of irrigation water. The Economic Record, 87(276):153-168.

Feng S, Li L X, Duan Z G, et al. 2007. Assessing the impacts of South-to-North Water Transfer Project with decision support systems. Decision Support Systems, 42(4):1989-2003.

Field C, Van Aalst M. 2014. Climate change 2014: impacts, adaptation, and vulnerability. New York: Cambridge University Press.

Giri C P. 2012. Remote Sensing of Land Use and Land Cover-Principles and Applications. Florida: CRC Press.

Gleick P H. 1993. Water in crisis: a guide to the world's fresh water resources. New York: Oxford University Press.

Gomez C M, Tirado D, Rey-Maquieira J. 2004. Water exchanges versus water works: Insights from a computable general equilibrium model for the Balearic Islands. Water Resour. Res., 40(10):287-301.

Harou J J, Pulido-Velazquez M, Rosenberg D E, et al. 2009. Hydro-economic models: Concepts, design, applications, and future prospects Review Article. Journal of Hydrology, 375(4):627-643.

Hawken P, Lovins L H, Lovins A B. 1999. Natural Capitalism: Creating the Next Industrial Revolution. US Green Building Council.

Hock R. 1999. A distributed temperature-index ice-and snowmelt model including potential direct solar radiation. Journal of Glaciology, 45(149):101-111.

Horridge M, Madden J, Wittwer G. 2005. The impact of the 2002-2003 drought on Australia. J. Policy Model, 27 (3):285-308.

John J P. 1999. Economic instruments in the management of australia's water resources: A critical view. Water Resources Management, 15(4):5-7.

Julien J, Manuel P V, David E, et al. 2009. Hydro-economic models: Concepts, design, applications, and future prospects Review Article. Journal of Hydrology, 375(4):627-643.

Kandela N J, Azia G M, Khanaka H H. 2012. A genetic study on enterocin-production from enterococcus faecalis isolated from different clinical sources. Iraqi Journal of Biotechnology, 11(2):503-518.

Kaneko S, Tanaka K, Toyota T, et al. 2004. Water efficiency of agricultural production in China: regional comparison from 1999 to 2002. International Journal of Agricultural Resources, Governance and Ecology, 3(3):231-251.

Lange G M, Mungatana E, Hassan R. 2007. Water accounting for the Orange River Basin: An economic perspective on managing a transboundary resource Original Research Article. Ecological Economics, 61(4):660-670.

Li X, Lu L, Cheng G, et al. 2001. Quantifying landscape structure of the Heihe River Basin, north-west China using FRAGSTATS. Journal of Arid Environments, 48(4):521-535.

Mahmoud M I, Gupta H V, Rajagopal S. 2011. Scenario development for water resources planning and watershed management: Methodology and semi-arid region case study. Environmental Modelling & Software, 26(7): 873-885.

Makhamreh Z. 2011. Using remote sensing approach and surface landscape conditions for optimization of watershed management in Mediterranean regions. Physics and Chemistry of the Earth, 36(5-6):213-220.

Medellín-Azuara J, Harou J J, Howitt R E. 2010. Estimating economic value of agricultural water under changing conditions and the effects of spatial aggregation. Science of the Total Environment, 408(23):5639-5648.

Migała K, Piwowar B A, Puczko D. 2006. A meteorological study of the ablation process on Hans Glacier. SW Spitsbergen. Pol Polar Res., 27(3):243-258.

Mitchell B. 2005. Integrated water resource management: institutional arrangement, and land-use planning. Environment and Planning A, 37(8):1335-1352.

Mukherjee N I. 1995. A watershed computable general equilibrium model: Olifants river catchment, Transvaal, South Africa. Baltimore, The Johns Hopkins University.

Muller M. 2006. A general equilibrium approach to modeling water and land use reforms in Uzbekistan. Bonn: University of Bonn.

Munro D S. 1990. Comparison of melt energy computations and ablatometer measurements on melting ice and snow. Arctic and Alpine Research, 22(2):153-162.

Ohmura A. 2001. Physical basis for the temperature-based melt-index method. Journal of Applied Meteorology, 40(4):753-761.

Okuda T, Suzuki T, Hatano T. 2005. Virtual water analysis comparing at two points in time on China by using multi-regional IO tables. Environmental Systems Research, 33:141-147.

Pearce D W, Warford J J. 1993. World without end: Economics, environment and sustainable development. New York: Oxford University Press.

Perilla O L U, Gómez A G, Gómez A G, et al. 2012. Methodology to assess sustainable management of water resources in coastal lagoons with agricultural uses: An application to the Albufera lagoon of Valencia (Eastern Spain), Ecological Indicators, 13(1):129-143.

Petit O, Baron C. 2009. Integrated water resources management: from general principles to its implementation by the state. The case of Burkina Faso. Natural Resources Forum,33(1):49-59.

Pollard S, Du Toit D. 2009. Integrated water resource management in complex systems: how the catchment management strategies seek to achieve sustainability and equity in water resources in South Africa. Water SA (Online),34:671-680.

Reddy V R,Syme G J. 2014. Social sciences and hydrology:An introduction. Journal of Hydrology,518(PA):1-4.

Reed P M,Hadka D,Herman J D,et al. 2013. Evolutionary multiobjective optimization in water resources:The past, present,and future. Advances in water resources,51:438-456.

Rehan R, Knight M A, Haas C T, et al. 2011. Application of system dynamics for developing financially self-sustaining management policies for water and wastewater systems. Water Research,45(16):4737-4750.

Riahi K,Nakicenovic N. 2007. Greenhouse gases-integrated assessment. Special issue of Technological Forecasting and Social Change,74(7):873-1108.

Rogers P,Radhika D S,Qamesh B. 2002. Water is an economic good:How to use price to promote equity,efficiency and sustainability. Water Policy,21(3):1-17.

Sahrawat K L,Wani S P,Pathak P,et al. 2010. Managing natural resources of watersheds in the semi-arid tropics for improved soil and water quality:A review. Agricultural Water Management,97(3):375-381.

Said A, Sehlke G, Stevens D K, et al. 2006. Exploring an innovative watershed management approach: From feasibility to sustainability. Energy,31(13):2373-2386.

Savenije H H G,Van der Zaag P. 2008. Integrated water resources management:Concepts and issues. Physics and Chemistry of the Earth,33(5):290-297.

Seung C K,Harris T R,Englin J E,et al. 1999. Application of a computable general equilibrium(CGE)model to evaluate surface water reallocation policies. The Review of Regional Studies,29(2):139-155.

Seung C K,Harris T R,MacDiarmid T R, et al. 1998. Economic impacts of water reallocation:A CGE analysis for Walker river basin of Nevada and California. The Journal of Regional Analysis and Policy,28(2):13-34.

Shoven J B, Whalley J. 1984. Applied general-equilibrium models of taxation and international trade: An introduction and survey. Journal of Economic Literature,22(3):1007-1051.

Simon U,Brüggemann R,Pudenz S. 2004. Aspects of decision support in water management—example Berlin and Potsdam(Germany)II—improvement of management strategies. Water Research,38(19):4085-4092.

Sivapalan M, Savenije H, Blöschl G. 2012. Socio-hydrology: A new science of people and water. Hydrological Processes,26(8):1270-1276.

Solomon S. 2007. Climate change 2007-the physical science basis:Working group I contribution to the fourth assessment report of the IPCC. New York:Cambridge University Press.

Sophocleous M. 2000. From safe yield to sustainable development of water resources—the Kansas experience. Journal of Hydrology,235(1-2):27-43.

Tortajada C. 2004. Institutions for IWRM in Latin America. In Biswas, A. K., Varis, O. & Tortajada, C. (Eds.), Integrated Water Resources Management in South and Southeast Asia. New Delhi:Oxford University Press.

Turner R K. 1993. Sustainable environmental management:Principles and practice. London:Belhaven Press.

Van Heerden J H,Blignaut J,Horridge M. 2008. Integrated water and economic modelling of the impacts of water market instruments on the South African economy. Ecological economics,66(1):105-116.

Wang Y,Xiao H L ,Wang R F,et al. 2009. Water scarcity and water use in economic systems in Zhangye City Northwestern China. Water Resources Management,23(13):2655-2668.

Warner J,Wester J,Bolding P. 2008. Going with the flow:river basins as the natural units for water management?

Water Policy,10:121-138.

Wittwer G. 2012. Economic Modeling of Water: The Australian CGE Experience. Springer Science & Business Media.

Wu F,Zhan J,Yan H,et al. 2013. Land cover mapping based on multisource spatial data mining approach for climate simulation:A case study in the farming-pastoral ecotone of North China. Advances in Meteorology, 520803:1-12.

Xie J,Sidney S. 2000. Environmental policy analysis:An environmental computable general-equilibrium approach for developing countries. Journal of Policy Modeling,22(4):453-489.

索　引

B

冰川消融	4，5

C

CGE 模型	62，68
城镇化	157
产业结构	166

D

地表水与地下水联合调度	9，13
DLS 模型	159，188

G

干旱区	1
感应度系数	128
供需矛盾	181
干流水量	207

H

河长制	16
黑河流域	28，32

I

IWRM 模式	12，13

J

径流形成区	10
径流散失区	10，11
集成流域管理	12
降尺度	143，144
节水效果	168，175
结构分解分析	177
基准情景	68，104，192
节水型社会	200，206
价格杠杆	223

K

空间分配	153，189

L

流域管理	13，15，22

N

内陆河流域	27，29，32
内陆湖泊	5
农业种植结构	200

O

耦合系统	32，37
耦合关系式	45

Q

气候变化	30
气候变化情景	134，143

S

三条红线	8，11
水–生态–经济	37，68，229
水安全	20
水资源管理	7，12
水危机	7，227
水土资源综合管理	8
水权	11，208，229
水法	11，15，22
数字黑河	36
生态水文学	38
生态需水	38
社会经济数据库	102
水资源核算	118
数据挖掘	139

SWAT 模型   90，196

适应性管理   166

水票   208

水价   219

T

投入产出模型   46

土地资源核算   119

土地利用   181

土地覆被分类系统   138

土地利用变化   181

W

WESIM 模型   74，102

完全用水系数   123

温室气体排放   134

X

西北干旱区   3

系统动力学模型   52

信息增益率   141

Y

影响力系数   128

影子价格   176

Z

直接用水系数   123